高等职业教育示范专业系列教材

电子技术基础

第2版

主　编　庄丽娟

参　编　万　琰　陆淑伟　朱丽霞　岳东海

主　审　薛茂元

机械工业出版社

本书是根据高等职业院校相关专业教学标准中人才培养目标对专业基础课程的基本要求，以及高等职业教育教学改革的发展趋势，在2010年初版的基础上，根据当前的教学实际情况修订的。在内容取舍上以“技术应用能力培养”为主线，详述“是什么”“做什么”“怎么做”，简述“为什么”。本书注重实践，强化应用，注意引入新知识。

全书共分9章，内容包括半导体器件、基本放大电路、集成放大电路、电源电路、数字电路基础、组合逻辑电路、时序逻辑电路、波形产生与变换电路、数/模和模/数转换电路，并提供了电子技术的基础实验、技能训练和综合训练内容。基础实验既有实验室操作实验，又有计算机仿真实验，技能训练和综合训练可作为课程配套的实训周内容或课程设计的内容。

本书可作为高等职业院校、成教学院、技师学院的机电一体化技术、电气自动化技术、光伏发电技术与应用、工业机器人技术和计算机应用技术等专业的教材，还可以作为相关工程技术人员的参考学习用书。

为方便教学，本书配有免费电子课件，练习和自测题的参考答案，以及综合模拟试卷及答案等，凡选用本书作为授课用书的教师，均可来电索取（010-88379375），或登录 www.cmpedu.com 网站，注册后免费下载。

图书在版编目（CIP）数据

电子技术基础/庄丽娟主编．—2版．—北京：机械工业出版社，2021.5（2025.1重印）

高等职业教育示范专业系列教材

ISBN 978-7-111-67872-4

Ⅰ.①电…　Ⅱ.①庄…　Ⅲ.①电子技术-高等职业教育-教材　Ⅳ.①TN

中国版本图书馆CIP数据核字（2021）第054896号

机械工业出版社（北京市百万庄大街22号　邮政编码100037）

策划编辑：于　宁　责任编辑：于　宁　王宗锋

责任校对：陈　越　封面设计：马精明

责任印制：任维东

北京中科印刷有限公司印刷

2025年1月第2版第8次印刷

184mm×260mm · 13.5印张 · 332千字

标准书号：ISBN 978-7-111-67872-4

定价：42.50元

电话服务	网络服务
客服电话：010-88361066	机　工　官　网：www.cmpbook.com
010-88379833	机　工　官　博：weibo.com/cmp1952
010-68326294	金　　书　　网：www.golden-book.com
封底无防伪标均为盗版	机工教育服务网：www.cmpedu.com

前 言

本书初版于2010年问世经过十余年教学使用，得到学校师生的好评和市场的认可，已多次重印。本次修订充分吸收了近年来教学改革的成果，进一步贴近职业院校教师和学生的需求。

与现有的一些教材相比，本书具有以下特点：

1. 将模拟电子技术内容与数字电子技术内容融合编排在一起，既有理论教学，又有实践教学，两者有效整合。

2. 在内容安排上，注意引入新知识、新内容，例如基础实验部分既包括实验室操作内容，又编排了计算机仿真内容，并设计了实验记录表格，可以更好地满足不同情况的师生需求。

3. 为突出学生实际动手能力的培养，编排了相对独立的技能训练内容和综合训练内容，为项目化教学提供方便，同时也可作为课程配套的实训内容。

4. 为激发学生多做多练，在每一章后面增加了自测题，以方便学生及时了解自己的学习情况，也便于教师掌握实际教学效果。

全书共分9章，建议安排84学时左右，另外建议配套两周的实训课时或课程设计。

本书第1、3、7章由常州工业职业技术学院庄丽娟修订，第2章由庄丽娟和漯河职业技术学院万琰修订，第4章由庄丽娟和常州信息职业技术学院岳东海修订，第5、6章及每章的基础实验由常州工业职业技术学院朱丽霞修订，第8、9章由常州工业职业技术学院陆淑伟修订。庄丽娟负责全书的最后修改和统稿。

在本书编写过程中，承蒙常州工业职业技术学院薛茂元老师认真审阅，在此表示感谢。同时对第1版编者山东潍坊职业学院的王衍凤、河南济源职业技术学院的崔艳艳曾经做出的工作表示感谢。

由于编者水平有限，书中难免有错漏和欠妥之处，恳请读者批评指正。

编 者

目 录

前言

第 1 章　半导体器件 …… 1

学习目标 …… 1

1.1　二极管 …… 1

1.1.1　PN 结 …… 1

1.1.2　半导体二极管 …… 2

1.2　晶体管 …… 4

1.3　场效应晶体管 …… 6

1.3.1　结型场效应晶体管 …… 6

1.3.2　绝缘栅型场效应晶体管 …… 8

1.3.3　场效应晶体管的使用注意事项 …… 9

1.4　基础实验 …… 9

1.4.1　计算机仿真部分 …… 9

1.4.2　实验室操作部分 …… 10

1.5　技能训练——常用电子仪器仪表的使用 …… 12

本章小结 …… 17

练习 …… 18

自测 …… 19

第 2 章　基本放大电路 …… 21

学习目标 …… 21

2.1　放大器的基本知识 …… 21

2.1.1　放大电路的基本组成 …… 21

2.1.2　放大电路的主要技术指标 …… 22

2.1.3　放大电路的工作状态分析 …… 22

2.2　共发射极放大电路 …… 23

2.2.1　静态偏置方式 …… 23

2.2.2　动态性能分析 …… 24

2.2.3　失真现象分析 …… 26

2.3　共集电极放大电路 …… 27

2.4　多级放大电路 …… 28

2.4.1　多级放大电路的组成 …… 28

2.4.2　多级放大电路的性能指标 …… 29

2.5　反馈放大电路 …… 29

2.5.1　反馈的基本概念 …… 29

2.5.2　负反馈放大电路的基本类型 …… 31

2.5.3　负反馈对放大电路性能的影响 …… 32

2.6　基础实验 …… 34

2.6.1　计算机仿真部分 …… 34

2.6.2　实验室操作部分 …… 36

2.7　技能训练——焊接技术练习与负反馈放大器的组装调试 …… 37

2.7.1　焊接技术实训 …… 37

2.7.2　负反馈放大器的组装与调试 …… 39

本章小结 …… 41

练习 …… 41

自测 …… 43

第 3 章　集成放大电路 …… 47

学习目标 …… 47

3.1　集成运放及其组成 …… 47

3.1.1　集成运放的组成 …… 47

3.1.2　集成运放的主要参数 …… 48

3.2　运放的输入级——差动放大器 …… 48

3.2.1　零点漂移的概念 …… 48

3.2.2　典型差动放大电路分析 …… 49

3.3　运放的输出级——互补对称电路 …… 51

3.3.1　乙类互补对称电路 …… 51

3.3.2　甲乙类互补对称电路 …… 53

3.4　集成运放的应用 …… 53

3.4.1　集成运放的理想特性 …… 54

3.4.2　集成运放的线性应用 …… 55

3.4.3 集成运放的非线性应用 …… 57
3.5 集成功率放大器 …… 58
3.5.1 5G37 的应用 …… 58
3.5.2 LM386 的应用 …… 58
3.6 基础实验 …… 59
3.6.1 计算机仿真部分 …… 59
3.6.2 实验室操作部分 …… 60
3.7 技能训练——音频功率放大器的组装与调试 …… 61
本章小结 …… 63
练习 …… 63
自测 …… 65

第4章 电源电路 …… 68

学习目标 …… 68
4.1 单相整流和滤波电路 …… 68
4.1.1 单相半波整流电路 …… 68
4.1.2 单相桥式整流电路 …… 69
4.1.3 滤波电路 …… 70
4.2 连续调整型直流稳压电路 …… 71
4.2.1 硅稳压管稳压电路 …… 72
4.2.2 串联型线性稳压电路 …… 72
4.2.3 三端集成稳压器 …… 73
4.3 晶闸管可控整流电路 …… 73
4.3.1 单向晶闸管的基本知识 …… 73
4.3.2 单相半波可控整流电路 …… 74
4.3.3 单相半控桥式整流电路 …… 75
4.3.4 单结晶体管触发电路 …… 76
4.4 基础实验 …… 78
4.4.1 计算机仿真部分 …… 78
4.4.2 实验室操作部分 …… 80
4.5 技能训练——双路直流稳压电源的组装与调试 …… 81
本章小结 …… 83
练习 …… 84
自测 …… 85

第5章 数字电路基础 …… 87

学习目标 …… 87
5.1 数制与码制 …… 87
5.1.1 常用数制 …… 87
5.1.2 不同进制数的相互转换 …… 88
5.1.3 码制 …… 89
5.2 逻辑代数的基本知识 …… 89
5.2.1 逻辑代数的基本运算 …… 90
5.2.2 逻辑代数的定律和运算规则 …… 92
5.2.3 逻辑函数的代数化简法 …… 93
5.2.4 逻辑函数的卡诺图化简法 …… 94
本章小结 …… 97
练习 …… 97
自测 …… 99

第6章 组合逻辑电路 …… 101

学习目标 …… 101
6.1 门电路 …… 101
6.1.1 TTL 门电路 …… 101
6.1.2 CMOS 门电路 …… 104
6.2 组合逻辑电路的分析方法和设计方法 …… 106
6.2.1 组合逻辑电路的分析方法 …… 107
6.2.2 组合逻辑电路的设计方法 …… 107
6.3 编码器 …… 108
6.3.1 编码器的分类 …… 108
6.3.2 集成优先编码器 …… 109
6.4 译码器 …… 110
6.4.1 二进制译码器 …… 111
6.4.2 二-十进制译码器 …… 112
6.4.3 显示译码器 …… 112
6.5 数据选择器和数据分配器 …… 114
6.5.1 数据选择器 …… 114
6.5.2 数据分配器 …… 116
6.6 加法器和数值比较器 …… 117
6.6.1 加法器 …… 117
6.6.2 数值比较器 …… 118
6.7 基础实验 …… 120
6.7.1 计算机仿真部分 …… 120
6.7.2 实验室操作部分 …… 121
6.8 技能训练 …… 122

6.8.1 组合逻辑电路的设计与测试 …… 122
6.8.2 智力竞赛抢答器的组装与调试 …… 124
本章小结 …… 126
练习 …… 126
自测 …… 128

第7章 时序逻辑电路 …… 130

学习目标 …… 130
7.1 触发器 …… 130
7.1.1 基本RS触发器 …… 130
7.1.2 同步RS触发器 …… 132
7.1.3 边沿JK触发器 …… 132
7.1.4 维持阻塞D触发器 …… 134
7.1.5 T触发器和T′触发器 …… 135
7.1.6 CMOS触发器 …… 135
7.1.7 触发器的相互转换 …… 136
7.2 同步计数器 …… 137
7.2.1 计数器概述 …… 137
7.2.2 同步计数器的分析步骤与同步二进制计数器 …… 137
7.2.3 集成同步计数器 …… 139
7.3 异步计数器 …… 140
7.3.1 异步计数器的工作原理 …… 140
7.3.2 集成异步计数器 …… 141
7.4 寄存器 …… 142
7.4.1 数码寄存器 …… 142
7.4.2 移位寄存器 …… 143
7.4.3 集成移位寄存器 …… 144
7.4.4 移位寄存器的应用 …… 145
7.5 基础实验 …… 146
7.5.1 计算机仿真部分 …… 146
7.5.2 实验室操作部分 …… 149
7.6 技能训练——六十进制计数译码显示电路的组装与调试 …… 151
本章小结 …… 153
练习 …… 153
自测 …… 156

第8章 波形产生与变换电路 …… 159

学习目标 …… 159
8.1 正弦波振荡电路 …… 159
8.1.1 正弦波振荡电路的基本知识 …… 159
8.1.2 *RC*正弦波振荡电路 …… 160
8.1.3 *LC*正弦波振荡电路 …… 162
8.2 555定时器及其应用 …… 165
8.2.1 555定时器介绍 …… 165
8.2.2 多谐振荡器 …… 166
8.2.3 单稳态触发器 …… 167
8.2.4 施密特触发器 …… 168
8.3 基础实验 …… 169
8.3.1 计算机仿真部分 …… 169
8.3.2 实验室操作部分 …… 171
8.4 技能训练——双态笛音电路的组装与调试 …… 172
本章小结 …… 173
练习 …… 173
自测 …… 175

第9章 数/模和模/数转换电路 …… 178

学习目标 …… 178
9.1 概述 …… 178
9.2 数/模转换器 …… 178
9.2.1 数/模转换器的基本知识和主要指标 …… 178
9.2.2 集成DAC举例 …… 179
9.3 模/数转换器 …… 180
9.3.1 模/数转换器的基本知识和主要指标 …… 181
9.3.2 集成ADC举例 …… 182
本章小结 …… 183
练习 …… 183
自测 …… 183

附录 …… 185

附录A Multisim 10软件的认识和使用 …… 185

附录 B　半导体分立器件型号命名方法（摘自 GB/T 249—2017） ……… 191
附录 C　半导体集成电路型号组成及意义（摘自 GB/T 3430—1989） ……… 193
附录 D　常用基本逻辑单元国标符号与非国标符号对照表 ……… 194
附录 E　常用数字集成电路一览表 ……… 195
附录 F　综合训练一——半导体收音机的组装与调试 ……… 197
附录 G　综合训练二——数字电子钟的组装与调试 ……… 204
参考文献 ……… 208

第1章 半导体器件

学习目标

◇ 掌握半导体二极管、晶体管、场效应晶体管的符号、特性和主要参数。

◇ 学会识别常用二极管、晶体管，并能用万用表对其进行检测。

◇ 能初步使用函数信号发生器、晶体管毫伏表、双踪示波器。

1.1 二极管

半导体二极管在电子技术中得到了广泛的应用，其核心是PN结。下面先介绍PN结的相关知识。

1.1.1 PN结

1. 半导体的基本知识

（1）半导体的特性　导电能力介于导体和绝缘体之间的物质称为**半导体**。目前用得最多的半导体材料是硅和锗，它们都是四价元素，具有热敏性、光敏性和掺杂性。在纯净的半导体中掺入微量杂质，可显著提高其导电能力，根据掺入杂质的不同，可形成N型和P型两种不同的**杂质半导体**。

（2）N型和P型半导体　在硅(或锗)晶体中掺入微量的五价元素磷(P)或砷(As)形成的半导体材料，导电主要靠电子，称为**电子型半导体**，简称**N型半导体**。在硅(或锗)晶体中掺入微量的三价元素硼(B)或铟(In)形成的半导体材料，导电主要靠空穴，称为**空穴型半导体**，简称**P型半导体**。

必须指出，无论是N型半导体还是P型半导体，对外表现都是电中性的。

2. PN结及其单向导电性

在一块完整的晶片上，通过一定的掺杂工艺，一边为P型半导体，另一边为N型半导体，则在它们的交界处形成一个具有特殊物理性能的薄层，称为PN结。

（1）PN结正向偏置　将P区接电源正极，N区接电源负极，称为**PN结正向偏置**，简称**正偏**，如图1-1a所示。由于外加电源产生的外电场方向与PN结的内电场方向相反，削弱了内电场，使PN结变薄，有利于两区多子向对方扩散，形成持续的正向电流，此时PN结处于正向导通状态，表现为图1-1a实验电路中灯泡发亮。

（2）PN结反向偏置　将P区接电源负极，N区接电源正极，称为**PN结反向偏置**，简称**反偏**，如图1-1b所示。由于外加电源产生的外电场方向与PN结的内电场方向一致，加强了内电场，使 PN 结加宽，阻碍了多子的扩散运动，只有少子形成很微弱的反向电流，此时 PN 结处于反向截止状态，表现为图 1-1b 实验电路中灯泡熄灭。

综上所述，PN 结具有单向导电性，即加正向电压时 PN 结导通，加反向电压时 PN 结截止。

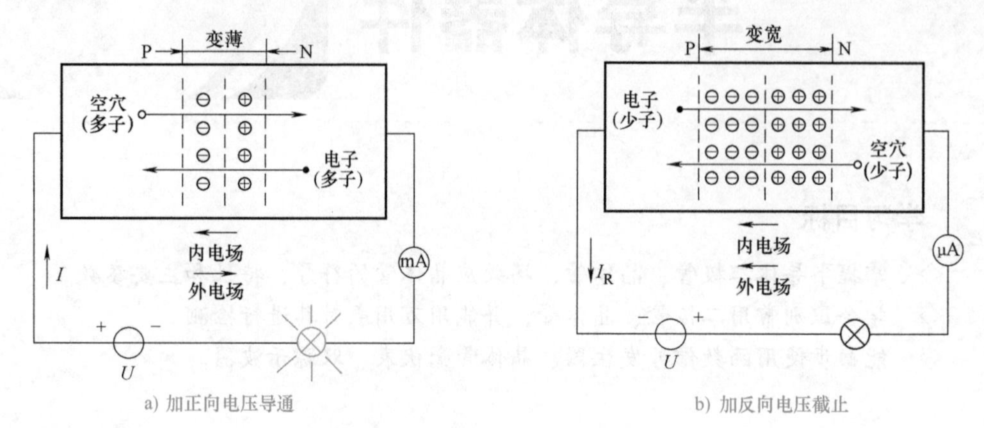

a) 加正向电压导通 b) 加反向电压截止

图 1-1 PN 结的单向导电性实验电路

1.1.2 半导体二极管

1. 结构、符号和类型

在形成 PN 结的 P 型半导体和 N 型半导体上，分别引出两根金属电极，并用管壳封装，就制成了二极管，其结构、外形及在电路中的符号如图 1-2 所示。

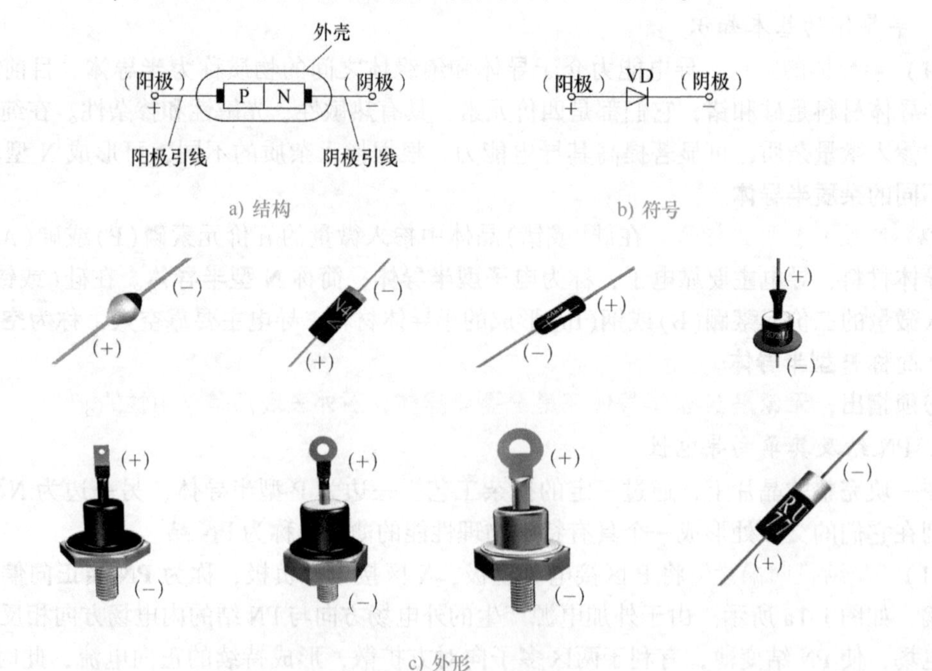

a) 结构 b) 符号

c) 外形

图 1-2 二极管的结构、符号及外形

二极管按材料分，有硅二极管、锗二极管和砷化镓二极管等；按结构分，有点接触型二极管、面接触型二极管；按用途分，有整流二极管、稳压二极管、开关二极管、发光二极管、光电二极管和变容二极管等。

2. 伏安特性和主要参数

（1）伏安特性 半导体二极管是一种非线性器件，以电压为横坐标、电流为纵坐标，得到二极管的电压-电流特性曲线，即伏安特性曲线，如图 1-3 所示，图中虚线为锗管的伏安特性，实线为硅管的伏安特性。实际使用中，常用晶体管特性图示仪测得二极管的伏安特性曲线。

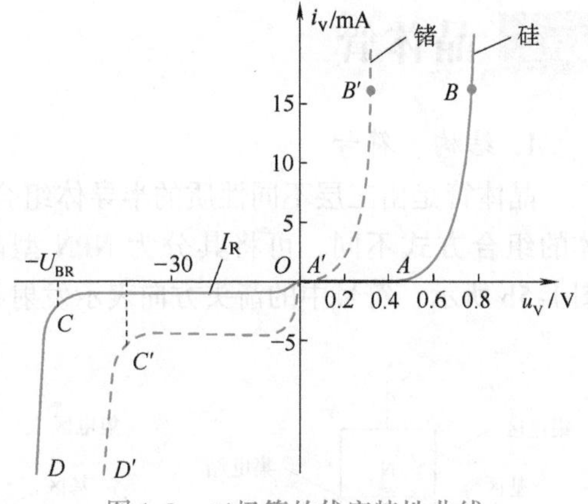

图 1-3 二极管的伏安特性曲线

二极管两端加正向电压时，产生正向电流。当正向电压较小时，正向电流极小(几乎为0)，这一部分称为**死区**，相应的电压称为**死区电压**，硅管约为 0.5V，锗管约为 0.1V，如图 1-3 中 $OA(OA')$段。当正向电压大于死区电压时，二极管正向导通。正向导通后两端压降基本恒定，硅管约 0.7V，锗管约 0.3V，此时，正向电压的微小增加会引起正向电流的急剧增大。二极管加反向电压时截止，但反向电压值增加到反向击穿电压 U_{BR}时，反向电流急剧增大，二极管被击穿。

（2）二极管的主要参数

1）最大整流电流 I_F，指长期运行允许通过的最大半波正向电流平均值。

2）最高反向工作电压 U_{RM}，指正常工作时，二极管所能承受的反向工作电压最大值。一般产品手册上给出的最高反向工作电压值是试验击穿电压 U_{BR}的一半左右。

各种不同用途的二极管，如稳压二极管、检波二极管、光电二极管、发光二极管等，还有各自的特殊参数。

3. 特殊二极管

常用特殊二极管有稳压二极管、光电二极管、发光二极管等。

稳压二极管简称**稳压管**，它的电路符号如图 1-4a 所示。稳压二极管是利用反向击穿特性来实现稳压的，稳压二极管正常工作时，工作于反向击穿状态，此时的击穿电压称为**稳定工作电压**。

光电二极管是一种常用的光敏器件，也工作在反偏状态，主要用于需要光电转换的自动探测装置、控制装置以及光导纤维通信系统中，作为接收器件。其电路符号如图 1-4b 所示。

发光二极管与普通二极管一样，也是由 PN 结构成的，具有单向导电性，工作在正向偏

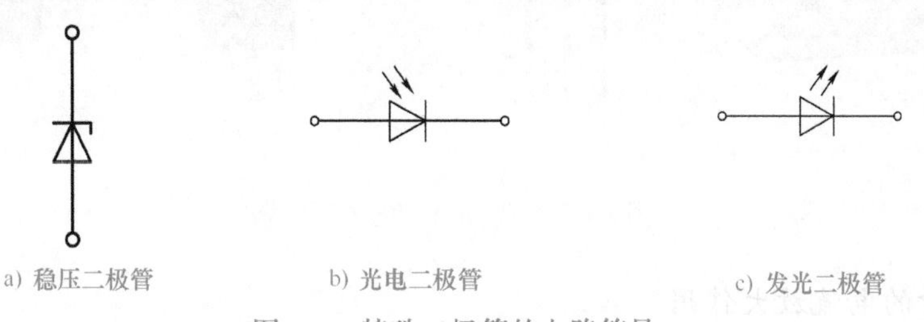
a) 稳压二极管 b) 光电二极管 c) 发光二极管

图 1-4 特殊二极管的电路符号

置状态。常用作设备的电源指示灯以及音响设备、数控装置中的显示器等。其电路符号如图 1-4c 所示。

1.2 晶体管

1. 结构、符号

晶体管是由三层不同性质的半导体组合而成的。其结构示意图如图 1-5a 所示，按半导体的组合方式不同，可将其分为 NPN 型晶体管和 PNP 型晶体管。晶体管的电路符号如图 1-5b 所示，符号中的箭头方向表示发射结正向偏置时的电流方向。

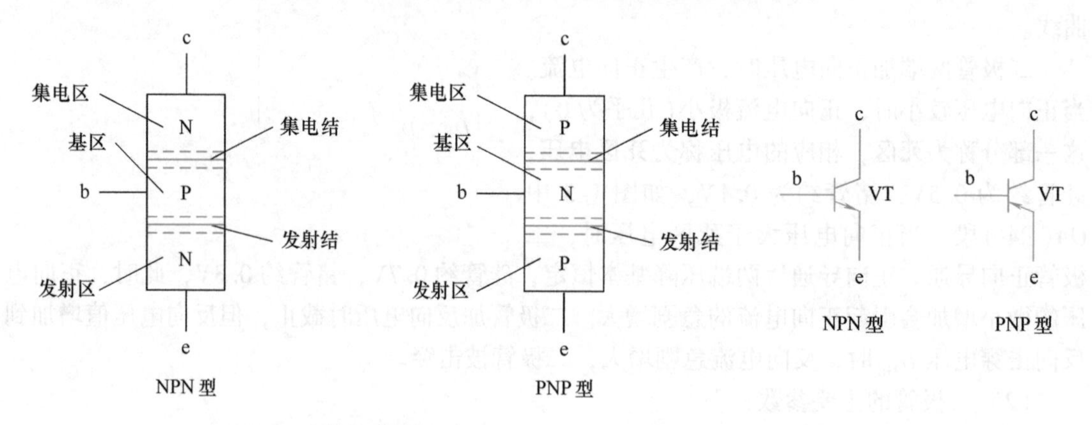

图 1-5 晶体管的结构示意图与电路符号

2. 晶体管的分类和外形结构

晶体管的种类很多，常见的分类形式有：

1）按结构类型不同，分为 NPN 型晶体管和 PNP 型晶体管。

2）按制作材料不同，分为硅管和锗管。

3）按工作频率不同，分为高频管和低频管。

4）按功率大小不同，分为大功率管、中功率管和小功率管。

5）按工作状态不同，分为放大管和开关管。

常见晶体管的外形结构如图 1-6 所示。

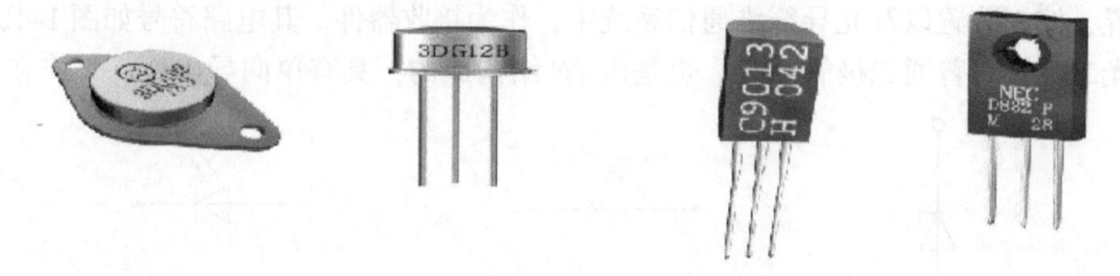

图 1-6 常见晶体管的外形结构

3. 晶体管的电流放大作用

晶体管实现电流放大作用的外部条件是发射结正向偏置，集电结反向偏置。图 1-7a

为 NPN 型晶体管的偏置电路，三个电极之间的电位必须满足 $U_C > U_B > U_E$，图 1-7b 为 PNP 型晶体管的偏置电路，电源极性和 NPN 型晶体管相反，三个电极之间的电位必须满足 $U_C < U_B < U_E$。

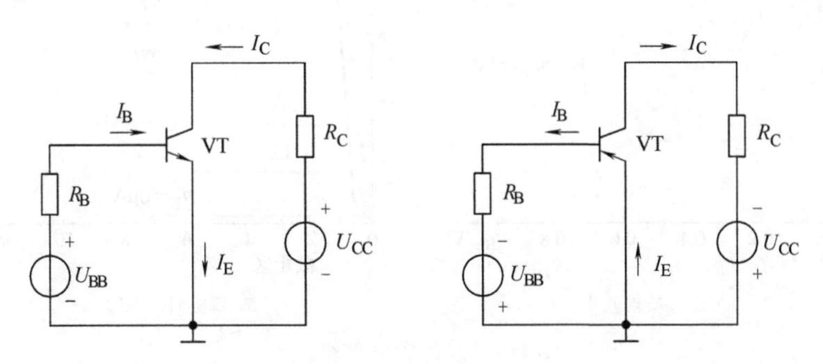

a) NPN 型晶体管的偏置电路　　b) PNP 型晶体管的偏置电路

图 1-7　晶体管具有放大作用的外部条件

不论是 NPN 型晶体管还是 PNP 型晶体管，都满足

$$I_E = I_B + I_C$$

晶体管的交流电流放大系数 β 为

$$\beta = \frac{\Delta I_C}{\Delta I_B}$$

β 值表示晶体管电流放大能力的强弱，一般为几十到几百倍。若太小，则晶体管的放大作用差；若太大，则晶体管的性能不稳定。

4. 晶体管的特性曲线

晶体管的特性曲线是指各电极间电压和电流之间的关系曲线。晶体管的特性曲线可用图 1-8 所示电路测试后逐点描绘，也可以用晶体管特性图示仪直观地显示出来。

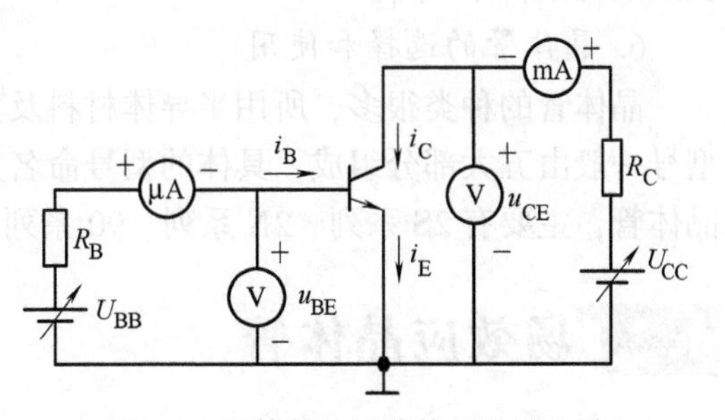

图 1-8　晶体管特性曲线的测试电路

(1) 输入特性曲线　晶体管的输入特性曲线如图 1-9a 所示，以硅管为例，该曲线是指当电压 u_{CE} 一定时，输入回路中的基极电流 i_B 与基-射电压 u_{BE} 之间的关系曲线。由图 1-9a 可见，输入特性曲线与二极管正向特性曲线形状一样，也有一段死区。另外，当发射结完全导通时，晶体管也具有恒压特性。常温下，硅管的导通电压为 0.6 ~ 0.7V，锗管的导通电压为 0.2 ~ 0.3V。

(2) 输出特性曲线　是指当 i_B 一定时，输出回路中的 i_C 与 u_{CE} 之间的关系曲线，给定不同的 i_B 值，可对应地测得不同的曲线，这样不断地改变 i_B，便可得到一组输出特性曲线，如图 1-9b 所示。

晶体管的输出特性曲线可以分为三个区域：**放大区、饱和区和截止区**，分别对应着晶体管的三种工作状态。**当发射结正偏、集电结反偏时，晶体管处于放大状态**，此时，i_C 由 i_B 决定，而与 u_{CE} 关系不大，即 i_B 固定时，i_C 基本不变，具有恒流特性，改变 i_B 可以改变 i_C，

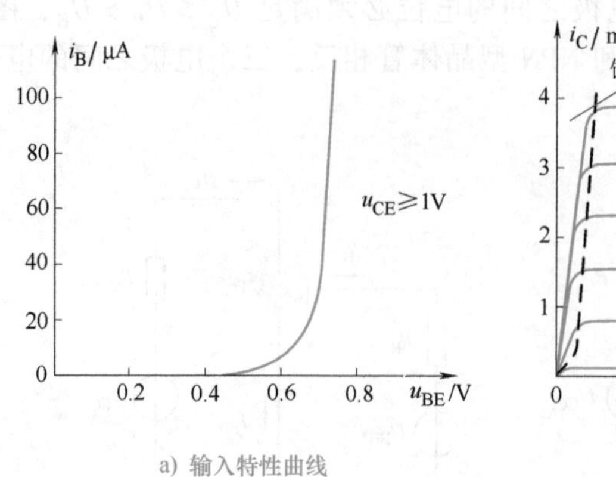

a) 输入特性曲线

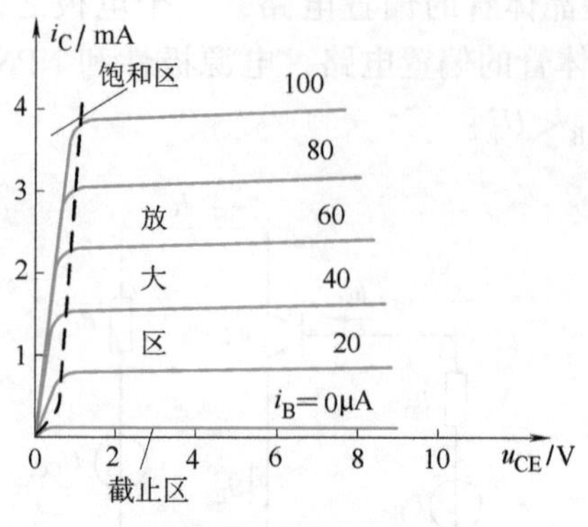

b) 输出特性曲线

图 1-9 晶体管的特性曲线

且 i_B 远小于 i_C，表明 i_C 是受 i_B 控制的受控电流源，有电流放大作用；**当发射结和集电结均处于正向偏置时，晶体管处于饱和状态**，此时，i_C 由外电路决定，而与 i_B 无关，所对应的 u_{CE} 值称为**饱和压降**，用 u_{CES} 表示，相当于开关闭合；**当发射结零偏或反偏、集电结反偏时，晶体管处于截止状态**，此时，$i_B=0$，$i_C=I_{CEO}=(1+\beta)I_{CBO}\approx 0$，晶体管的 c、e 极间相当于开路状态，类似于开关断开。

5. 晶体管的主要参数

晶体管的主要参数有性能参数和极限参数两大类，性能参数除了前面讲述的电流放大系数外，还有极间反向电流 I_{CBO} 和 I_{CEO}，由于该电流是少子定向运动形成的，故要注意温度影响。极限参数主要有集电极最大允许电流 I_{CM}、集电极-发射极间的击穿电压 $U_{(BR)CEO}$ 及集电极最大耗散功率 P_{CM}。

6. 晶体管的选择和使用

晶体管的种类很多，所用半导体材料及其用途、功率大小等也各不相同，国产晶体管的型号一般由五大部分组成，具体的型号命名方法可参考附录 B。另外，市场上还常见到进口晶体管，主要有 2S 系列、2N 系列、90 系列，管子的主要参数请参考相关手册。

1.3 场效应晶体管

晶体管是利用基极的小电流控制集电极的大电流来实现其放大作用的，属于电流控制型器件，它的主要缺点之一是输入电阻较低。**场效应晶体管是利用电场效应来控制输出电流的半导体器件，属于电压控制型器件**，它的特点是输入电阻很高，还具有功耗小、噪声低、抗辐射能力强、热稳定性好、制造工艺简单、易于集成等优点，因此在电子电路中得到了广泛的应用。场效应晶体管按结构不同，分为结型场效应晶体管和绝缘栅型场效应晶体管两类。

1.3.1 结型场效应晶体管

在一块 N 型硅半导体两侧制作两个 P 型区域，形成两个 PN 结，把两个 P 型区相连后引出一个电极，称为**栅极**，用字母 G 或 g 表示，在 N 型硅半导体两端分别引出两个电极，称为**漏极和源极**，用字母 D(或 d) 和 S(或 s) 表示。两个 PN 结中间的区域是电流流通的路径，称导电沟道，此为 **N 沟道结型场效应晶体管**。其结构和符号如图 1-10a、b 所示。

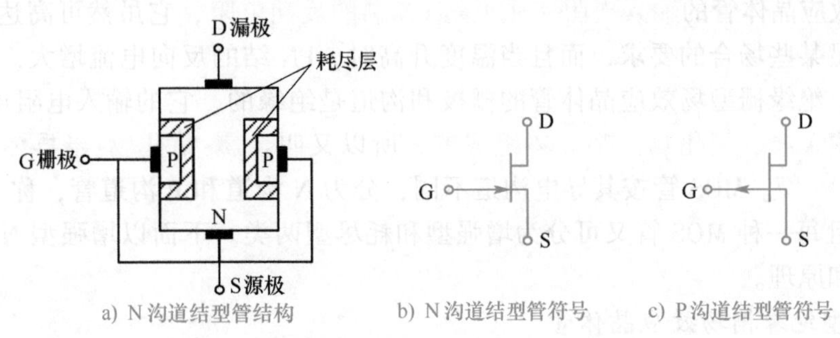

图 1-10　结型场效应晶体管的结构与符号图

同理，在 P 型硅半导体两侧各制作一个高浓度的 N 型区域，形成两个 PN 结，漏极和源极之间由 P 型半导体构成导电沟道，称为 **P 沟道结型场效应晶体管**，其电路符号如图 1-10c 所示。

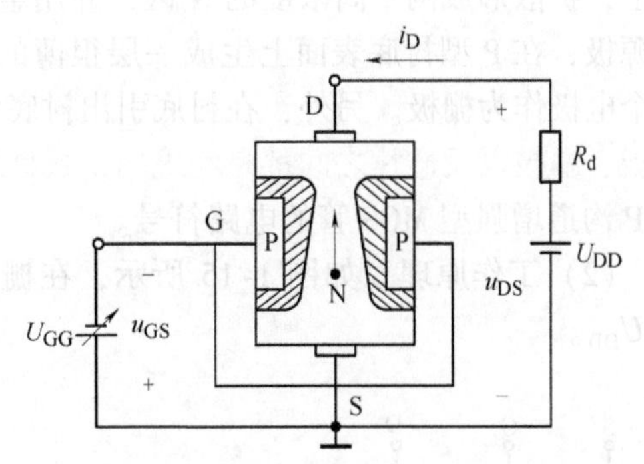

图 1-11　N 沟道结型场效应晶体管的偏置电路

以 N 沟道结型场效应晶体管为例，加上偏置电压，如图 1-11 所示。注意：栅源之间加的是反向电压 u_{GS}。此时，耗尽层加宽，沟道变窄，阻值变大，在漏源电压 u_{DS} 作用下，将产生漏极电流 i_D，当 u_{GS} 改变时，沟道电阻也随之改变，从而引起电流 i_D 变化，即实现了电压 u_{GS} 对电流 i_D 的控制作用。其转移特性曲线如图 1-12 所示，输出特性曲线如图 1-13 所示。

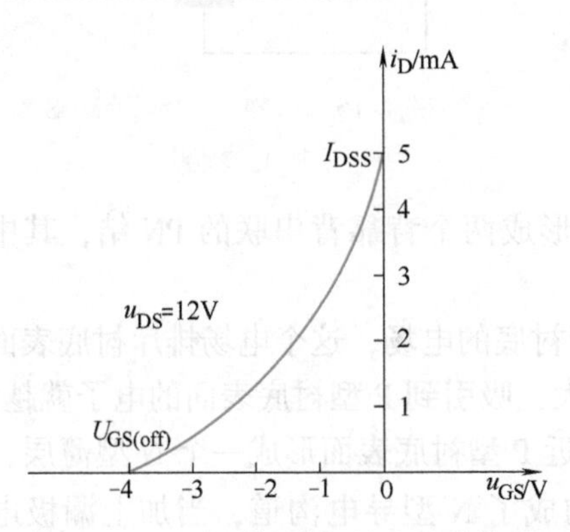

图 1-12　N 沟道结型场效应晶体管的转移特性曲线

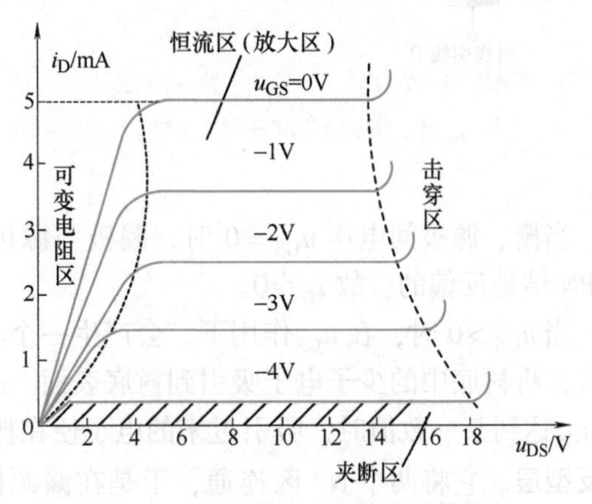

图 1-13　N 沟道结型场效应晶体管的输出特性曲线

1.3.2 绝缘栅型场效应晶体管

结型场效应晶体管的输入电阻实质上是PN结的反向电阻，它虽然可高达$10^8\Omega$左右，但仍不能满足某些场合的要求，而且当温度升高时，PN结的反向电流增大，输入电阻还要显著下降。绝缘栅型场效应晶体管的栅极和沟道是绝缘的，它的输入电阻可高达$10^{15}\Omega$左右。它是由金属、氧化物、半导体组成的，所以又叫**金属-氧化物-半导体场效应晶体管**，简称**MOS管**。MOS管按其导电沟道不同，分为N沟道和P沟道管，称**NMOS管**和**PMOS管**，且每一种MOS管又可分为增强型和耗尽型两类。下面以增强型NMOS管为例说明其结构和原理。

1. *增强型绝缘栅场效应晶体管*

（1）结构与符号　图1-14a为增强型N沟道MOS管的结构图，是在一块P型半导体衬底上，扩散形成两个高浓度的N区，并用金属导线引出两个电极作为场效应晶体管的漏极和源极，在P型衬底表面上生成一层很薄的二氧化硅绝缘层，再覆盖一层金属薄层并引出一个电极作为栅极。另外，在衬底引出衬底引线B，通常在管内与源极S相连。由于栅极与源极、漏极以及硅片之间都是绝缘的，故称之为**绝缘栅型**。图1-14b、c分别列出了N沟道和P沟道增强型MOS管的电路符号。

（2）工作原理　如图1-15所示，在栅、源之间加正向电压U_{GG}，漏源之间加正向电压U_{DD}。

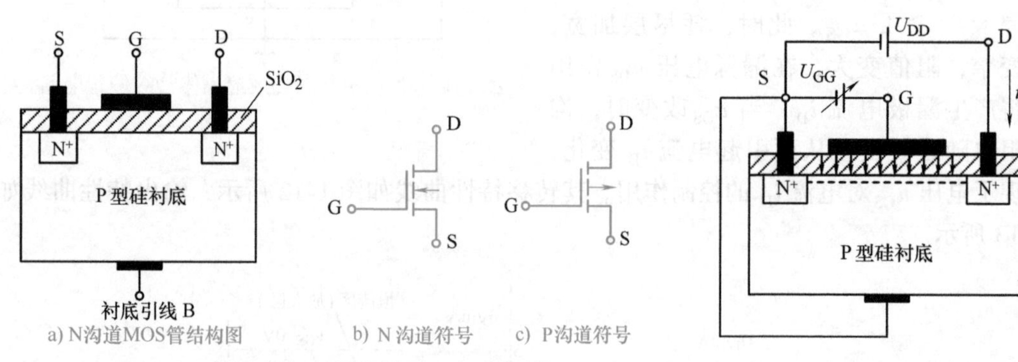

a) N沟道MOS管结构图　b) N沟道符号　c) P沟道符号

图1-14　增强型MOS管的结构及电路符号

图1-15　增强型N沟道MOS管加上偏置电压

当栅、源极间电压$u_{GS}=0$时，漏极与源极之间形成两个背靠背串联的PN结，其中一个PN结是反偏的，故$i_D\approx0$。

当$u_{GS}>0$时，在u_{GS}作用下，会产生一个垂直于衬底的电场，这个电场排斥衬底表面的空穴，将衬底中的少子电子吸引到衬底表面。u_{GS}越大，吸引到P型衬底表面的电子就越多，当u_{GS}达到某一数值时，吸引过来的电子便在栅极附近P型衬底表面形成一个N型薄层，称为**反型层**。它将两个N^+区连通，于是在漏源极间构成了N型导电沟道，当加上漏极电压u_{DS}时，就会产生漏极电流i_D，我们把开始形成沟道时的栅源电压u_{GS}称为**开启电压**，用$U_{GS(th)}$表示。改变栅源电压就可以改变沟道的宽度，也就可以有效地控制漏极电流i_D。

由于这种场效应晶体管没有原始导电沟道，只有当$u_{GS}\geqslant U_{GS(th)}$时才形成导电沟道，故称为**增强型场效应晶体管**。其特性曲线如图1-16所示。

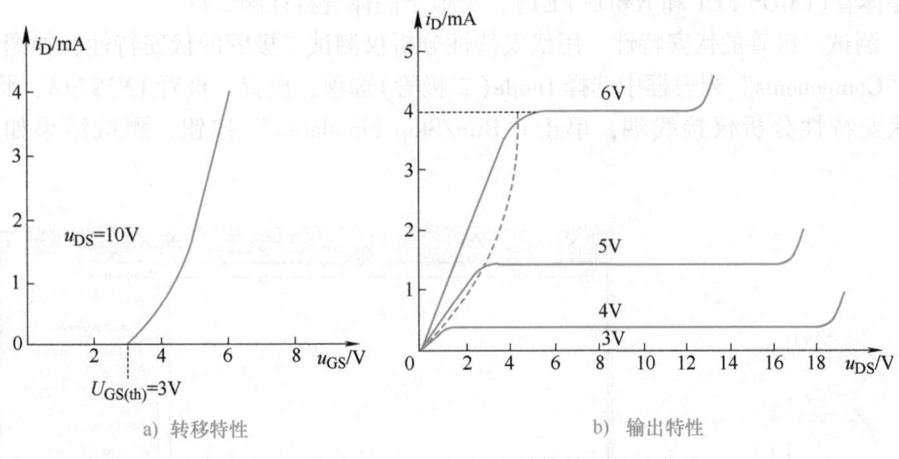

a) 转移特性　　b) 输出特性

图 1-16　增强型 NMOS 场效应晶体管的特性曲线

2. 耗尽型绝缘栅场效应晶体管

耗尽型 MOS 管的结构与增强型类似，不同之处在于这种管子制造时，在绝缘层中掺入了大量的正离子，故即使 $u_{GS}=0$，也有导电沟道存在，只要加上电压 u_{DS}，就会产生电流 i_D。限于篇幅，耗尽型 NMOS 管的特性曲线这里不再给出。

1.3.3　场效应晶体管的使用注意事项

1）使用场效应晶体管时，各极电源极性应按规定接入，特别**注意结型场效应晶体管的栅源电压要使 PN 结反偏**。

2）MOS 管的衬底和源极通常连在一起，只引出三个电极，也有的管子将衬底引出，有四个管脚。使用时，若衬底和源极分开，则衬底和源极间的电压要保证衬底和源极间 PN 结为反向偏置。

3）MOS 管的输入电阻很高，使栅极的感应电荷不易泄放，易造成管子的击穿。故**应避免栅极悬空以减少外界感应**，储存时应使三个电极短接，焊接时电烙铁必须良好接地或断电利用电烙铁余热焊接。

1.4　基础实验

1.4.1　计算机仿真部分

1. 实验目的

1）熟悉掌握 Multisim 10 仿真软件的使用方法。

2）掌握 Multisim 10 仿真软件虚拟仪器的使用。

3）在 Multisim 10 仿真软件工作平台上测试半导体二极管、晶体管的伏安特性。

2. 实验内容及步骤

（1）伏安特性分析仪功能介绍　伏安特性分析仪（IV Analyzer）主要用来测量单个器件的伏安特性曲线，可测的器件包括二极管（Diode）、双极型晶体管（PNP BJT 和 NPN BJT）和场效应晶体管(PMOS FET 和 NMOS FET)，类似于晶体管特性测试仪。

(2) 测试二极管的伏安特性　用伏安特性分析仪测试二极管的伏安特性，如图 1-17 所示。在“Components”列表框中选择 Diode(二极管)选项，放置二极管 1N3879A，将二极管连接到伏安特性分析仪接线端，单击“Run/Stop Simulation”按钮，测试结果如图 1-17 所示。

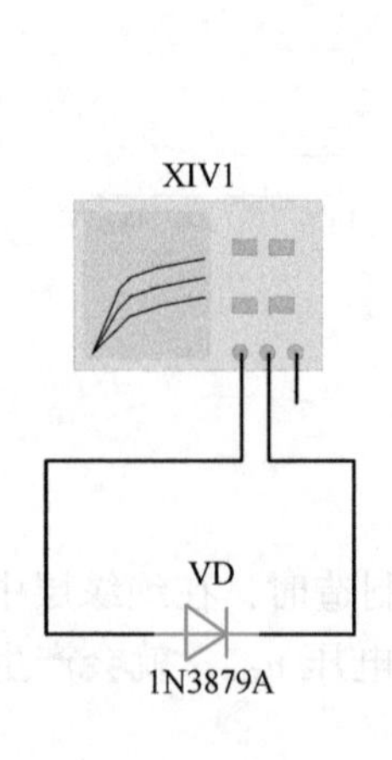

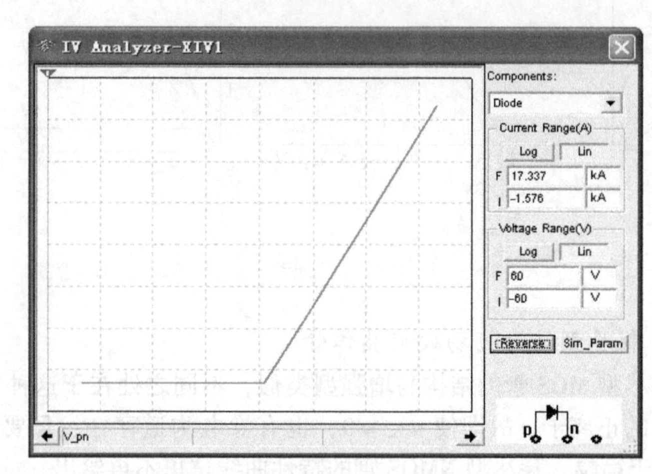

图 1-17　测量二极管的伏安特性

(3) 测试晶体管的伏安特性　对晶体管 BC107BP 的伏安特性的测试方法与二极管类似，连线图和测试结果如图 1-18 所示。

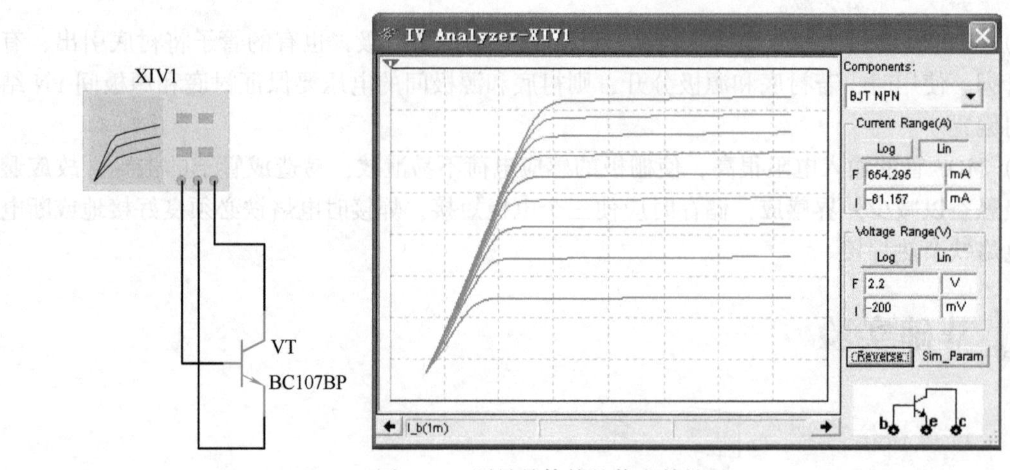

图 1-18　测量晶体管的伏安特性

1.4.2　实验室操作部分 

1. 实验目的

掌握用万用表简易测试二极管和晶体管。

2. 实验器材

1) 万用表 1 块。

2）二极管 2AP9、2AP10、2CZ11 和晶体管 3AX31、3DG6、3DG12 若干。

3. 实验内容及步骤

（1）用万用表简易测试二极管

1）将万用表的选择开关置于电阻“R×100”或“R×1k”档，将万用表调零。

2）首先将万用表的红、黑表笔分别接二极管的两端测量，若测得电阻值小，再进行第二次测量，将红、黑表笔对调测试，若测得电阻值大，则表明该二极管是好的。其中，在测得阻值小的那次测试中，与黑表笔相连接的管脚为二极管的正极，与红表笔相连接的管脚为二极管的负极，如图 1-19 所示。

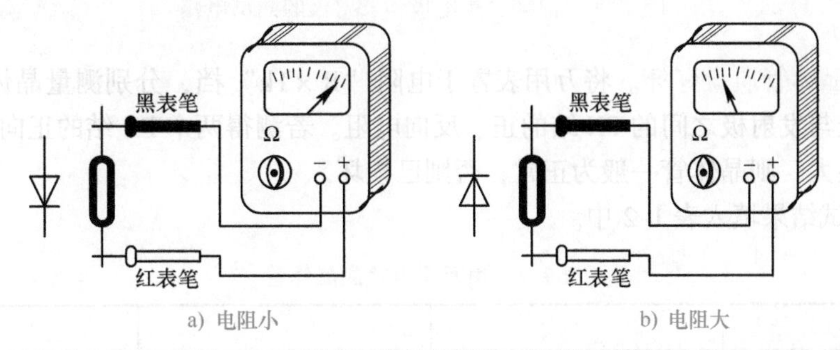

图 1-19 用万用表简易测试二极管示意图

3）若上述两次测试的阻值都很小，则表明二极管内部已短路；若上述两次测试的阻值都很大，则表明二极管内部已断路；出现短路或断路情况即表明该二极管已损坏。

4）将测试结果填入表 1-1 中。

表 1-1 用万用表检测二极管的记录表

二极管编号	第一次测量的阻值	第二次测量的阻值	判断管子质量
1			
2			
3			

（2）用万用表简易测试晶体管

1）判断基极和管型。将万用表的选择开关置于电阻“R×1k”档，将万用表调零。假设晶体管中的任一电极为基极，并将黑(红)表笔始终接在假设的基极上，再用红(黑)表笔分别接触另外两个电极，轮流测试，直到测出的两个电阻值都很小时为止，则假设的基极是正确的。这时，若黑表笔接基极，则该管为 NPN 型晶体管；若红表笔接基极，则为 PNP 型晶体管。

2）判断集电极和发射极。确定基极后，假定另外两个电极中的一个为集电极，用手指将假定的集电极与已知的基极捏在一起(注意：两个电极不能相碰)，若已知被测管子为 NPN 型晶体管，则以万用表的黑表笔接在假定的集电极上，红表笔接在假定的发射极上，如图 1-20a 所示，这时测出一个电阻值。然后再把第一次测量中所假定的集电极和发射极互换，进行第二次测量，又得到一个电阻值。在两次测量中，电阻值较小的那一次，与黑表笔相接的电极即为集电极。若晶体管为 PNP 型晶体管，测试电路如图 1-20b 所示，测量时，只需将红、黑表笔对调即可。

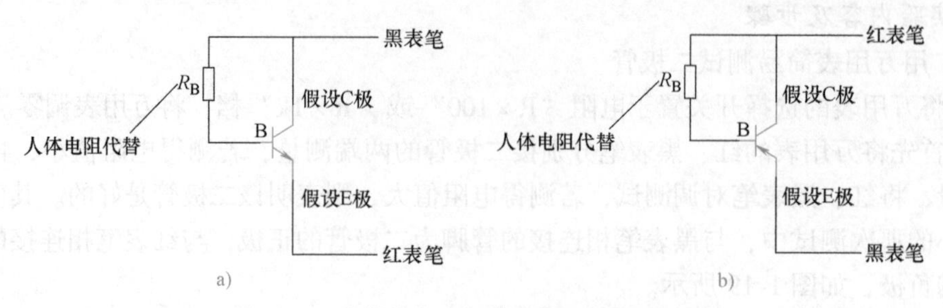

图 1-20 晶体管集电极和发射极的测试电路

3）判断晶体管质量好坏。将万用表置于电阻“R×1k”档，分别测量晶体管的基极与集电极、基极与发射极之间的 PN 结的正、反向电阻。若测得两个 PN 结的正向电阻都很小，反向电阻都很大，则晶体管一般为正常，否则已损坏。

4）将测试结果填入表 1-2 中。

表 1-2 用万用表检测晶体管

型号			
管脚图			
管型			

4. 实验思考

1）用万用表测量某二极管的正向电阻时，用“R×100”档测出的电阻值小，用“R×1k”档测出的电阻值大，这是为什么？

2）晶体管具有两个 PN 结，能否用两个二极管反向串联起来作为一个晶体管使用？为什么？

3）能否用万用表测量绝缘栅型场效应晶体管各管脚以及管子的性能？

1.5 技能训练——常用电子仪器仪表的使用

1. 实训目标

1）会使用数字交流毫伏表、函数信号发生器。

2）熟悉 UTD2052 型双踪示波器面板旋钮名称、作用，会初步使用示波器观察被测信号，并测量信号幅值。

2. 实训设备与器材

ATF20B 型函数信号发生器、YB2172B 型数字交流毫伏表、UTD2052 型双踪示波器等。

3. 实训内容与步骤

（1）ATF20B 型函数信号发生器的使用介绍

1）技术参数及面板介绍。ATF20B 型函数信号发生器能产生频率为 40mHz～20MHz 的正弦波，40mHz～1MHz 方波、三角波、脉冲等 32 种波形，输出电压（峰峰值）范围为 2mV～20V。采样速率为 100MSa/s，频率分辨率 40mHz，并具有过电压保护、过电流保护、输出端短路保护及反灌电压保护。

ATF20B 型函数信号发生器的面板图如图 1-21 所示。

图 1-21 中，1 为电源开关，2 为液晶显示窗口，3 为单位软键，4 为选项软键，5 为波形选择，6 为数字键，7 为方向键，8 为调节旋钮，9 为 A 路输出，10 为 B 路输出，11 为单频软键。

图 1-22 为 ATF20B 型函数信号发生器液晶屏显示图。

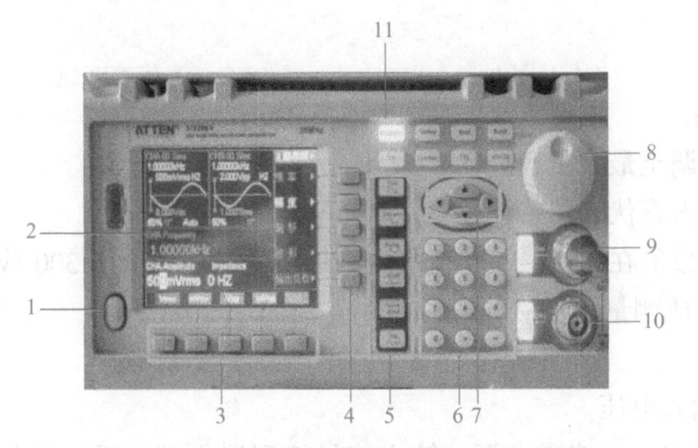

图 1-21 ATF20B 型函数信号发生器的面板图

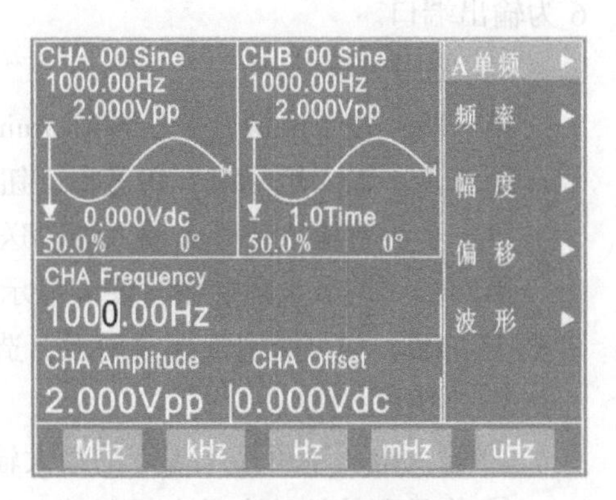

图 1-22 ATF20B 型函数信号发生器液晶屏显示图

① A 路波形参数显示区：左边上部为 A 路波形示意图及设置参数值。

② B 路波形参数显示区：中间上部为 B 路波形示意图及设置参数值。

③ 功能菜单：右边中文显示区，上边一行为功能菜单。

④ 选项菜单：右边中文显示区，下边四行为选项菜单。

⑤ 参数区：左边中间为参数的三个显示区。

⑥ 单位菜单：最下边一行为输入数据的单位菜单。

2）使用方法。ATF20B 型函数信号发生器可以产生三角波、方波、正弦波、锯齿波、脉冲等 32 种波形；可作为计数器使用；作为频率计使用；可产生 TTL/CMOS 信号；具有扫频功能和压控调频功能。限于篇幅，下面仅介绍产生三角波、方波、正弦波的基本操作步骤。

第一步：按下电源开关，打开电源。

第二步：将电压输出信号由 CHA 端口通过连接线引出，可送入示波器输入端口观察。

第三步：按下需要的波形选择软件，如正弦波“Sine”。

第四步：按下选项软键，选中“频率”，然后按数字键输入频率数值，也可通过方向键或者调节旋钮增减数值，设置为恰当的频率数值，再按“单位软键”选择单位，例如“kHz”。

第五步：按下选项软键，选中“幅度”，然后按数字键输入幅度数值，也可通过方向键或者调节旋钮增减数值，设置为恰当的幅度，再按“单位软键”选择单位，例如“Vrms”。

通过以上操作，可得到需要的信号。

（2）YB2172B 型数字交流毫伏表的使用介绍

1）技术参数及面板介绍。下面以 YB2172B 型数字交流毫伏表为例进行介绍。它主要用于测量频率变化为5Hz～2MHz、电压为30μV～300V的正弦波电压有效值；具有测量精度高，测量速度快，输入阻抗高，频率影响误差小等优点。其面板如图1-23所示。

图1-23中，1为电源开关，2为显示窗口，3为输入端口，4为量程旋钮，5为档位指示灯，6为输出端口。

图1-23　YB2172B型数字交流毫伏表面板图

2）使用方法。

第一步：按下电源开关，预热5min。

第二步：输入信号前，将量程旋钮调至最大量程处。

第三步：将输入信号由输入端口送入毫伏表。

第四步：调节量程旋钮，使表显示数值在300～3999范围内测量精度最佳。低于300或者高于4000，均可能引入误差增大，造成测量不准。

3）使用注意事项。

① 输入电压不可高于规定的最大输入电压。

② 将量程旋钮放在最大量程档（300V），接通电源，输入信号接到输入端口后，再将量程旋钮调到合适位置。

③ 测量过程中，进行量程切换时会出现瞬态的过量程现象，此时只要输入电压不超过最大量程，很快读数即可稳定下来。

（3）UTD2052型双踪示波器的使用介绍

1）技术参数及面板介绍。示波器种类很多，主要有模拟示波器和数字存储示波器。下面以优立德公司的UTD2052型双踪示波器为例进行介绍。UTD2052型双踪示波器为数字存储式示波器，带宽为50MHz，可自动测量28种波形参数，最高输入电压为400V，实时采样速率为1GS/s，可用于同时观察和测定两种不同电信号的瞬变过程，以便进行定性或定量地测量、对比、分析和研究。其面板如图1-24所示，界面显示如图1-25所示。

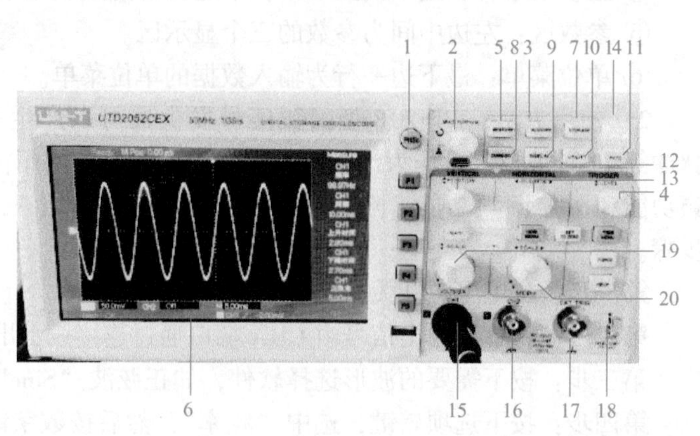

图1-24　UTD2052型双踪示波器面板图

图1-24中，1为屏幕复制功能键，2为多用途旋钮控制器，3为常用菜单，4为触发电平旋钮，5为测量按钮，6为显示屏，7为存储旋钮，8为光标，9为显示按钮，10为辅助功能按钮。

11为自动设置旋钮：数字存储示波器将自动设置垂直偏转系数、扫描时基以及触发方式显示波形。

12为垂直位置旋钮：转动旋钮，光迹上下移动。

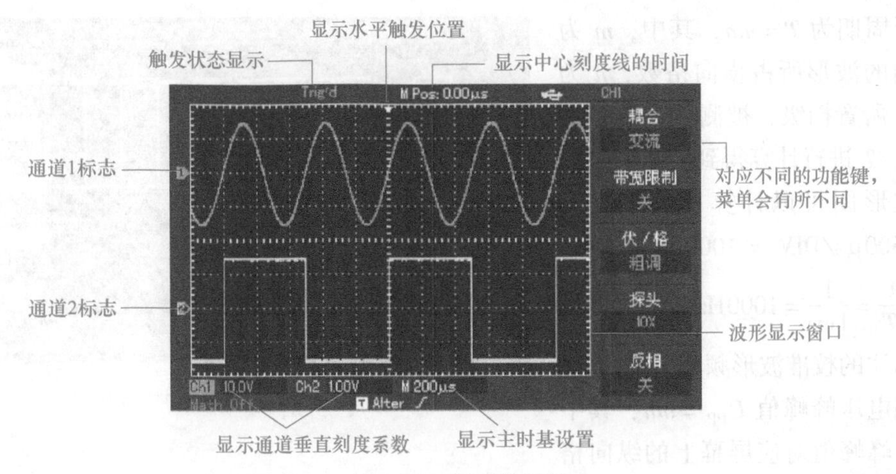

图 1-25 界面显示图

13 为水平位置旋钮：转动旋钮，光迹左右移动。

14 为运行控制按钮：按下并有绿灯亮时，表示运行状态，如果按下后出现红灯亮则为停止。

15 为模拟输入端 CH1：被测信号输入端。

16 为模拟输入端 CH2：被测信号输入端，可同时输入二路信号。

17 为外触发输入端：外触发输入。

18 为校准信号输出插座：频率为 1kHz、峰峰值为 3V 的校准信号由此插座输出。

19 为“伏/格”档级旋钮：自 2mV/DIV ~ 10V/DIV 分档，可根据被测信号的电压幅度选择适当的档级。

20 为“秒/格”档级旋钮：扫描速度的选择范围自 0.1μs/DIV ~ 50ms/DIV 分档，可根据被测信号频率的高低，选择适当档级。

2）使用方法。

① 显示方波校准信号。

A：选择“CH1”通道，探头连接至校准信号输出插座。

B：显示垂直系统菜单，依次选择“耦合”方式为“直流”，设置垂直灵敏度档位“粗调”或者“细调”，设置“探头”菜单衰减系数为“1×”，同时探头开关置于“×1”。

C：旋转 Y 轴灵敏度旋钮（VOLTS/DIV），选择荧光屏垂直方向每格电压值，根据被测信号大小选择合适档级。

D：旋转 SEC/DIV 旋钮，改变水平时间刻度。

E：旋转 POSITION 旋钮，调整波形垂直位置。

最终得到校准波形如图 1-26、图 1-27 所示。

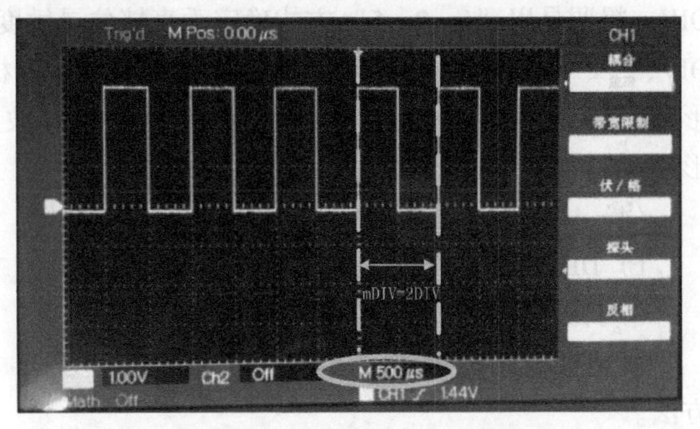

图 1-26 校准波形图——频率

波形周期为 $T=mn$，其中，m 为一个周期的波形所占横向格数，n 为SEC/DIV 所置档级，被测信号的频率可由 $f=1/T$ 进行计算得到。

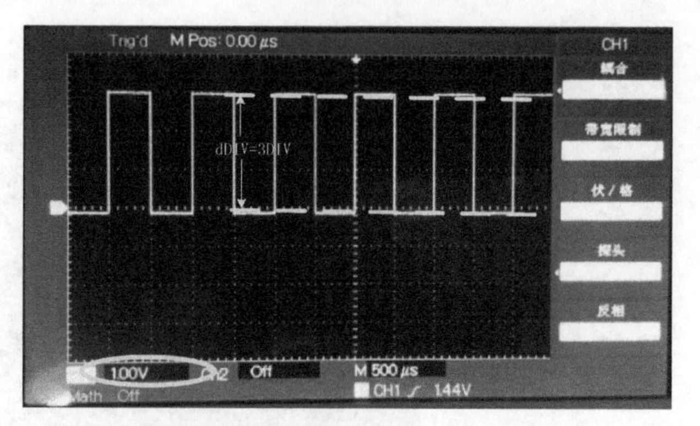

图 1-27 校准波形图——幅度

由波形图可以计算出周期 $T=2\text{DIV}\times500\mu\text{s/DIV}=1000\mu\text{s}=1\text{ms}$，频率 $f=\dfrac{1}{T}=\dfrac{1}{1\text{ms}}=1000\text{Hz}$，由此可见与仪器标注的校准波形频率一致。

被测电压峰峰值 $U_{PP}=mn$，其中 m 为电压峰峰值对应屏幕上的纵向格数，n 为 V/DIV 所置档级。由波形图可以计算出峰峰值 $U_{pp}=3\text{DIV}\times1\text{V/DIV}=3\text{V}$，由此可见与仪器标注的校准波形幅度一致。

② 观测电路中某一未知信号，迅速显示该测量信号的频率和峰峰值。

欲迅速显示待测信号，按如下步骤操作：

A：将“探头”菜单衰减系数设定为“1×”。

B：将 CH1 探头连接到电路被测点。

C：按下 AUTO 按钮。

在此基础上，可以进一步调节垂直、水平档位，直至波形显示符合要求。

3）注意事项。

① 为了配合探头的衰减系数，需要在通道操作菜单中调整相应的探头菜单衰减系数。例如探头衰减系数为 10∶1，示波器输入通道的比例也应设置成“10×”，以避免显示的档位信息和测量的数据发生错误。

② 按“CH1→耦合→直流”，设置为直流耦合方式时，被测信号含有的直流分量和交流分量都可以通过；按“CH1→耦合→交流”，设置为交流耦合方式时，被测信号含有的直流分量被阻隔；按“CH1→耦合→接地”，设置为接地方式时，被测信号含有的直流分量和交流分量都被阻隔。

③ 垂直档位调节分为粗调和微调两种模式。垂直灵敏度的范围是 20mV/DIV 至 50V/DIV。粗调是以“1－2－5”方式确定垂直档位灵敏度。即以 5mV/DIV、10mV/DIV、20mV/DIV、…、50V/DIV 方式步进。微调是指在当前垂直档位范围内进一步调整。如果输入的波形幅度在当前档位略大于满刻度，而应用下一档位波形显示幅度稍低，可以应用微调改善波形显示幅度，以利于观察信号细节。

（4）完成下列任务

1）DDS 函数信号发生器的使用。

① 打开函数信号发生器的电源开关。

② 熟悉其面板操作，选择 A 路单频输出功能，练习其不同波形、幅度、频率的设定方法。

③ 调节函数信号发生器的有关旋钮，使输出信号分别为：频率为 100Hz、有效值为

100mV 的正弦波；频率为 3kHz、峰峰值为 250mV 的方波；频率为 10kHz、峰峰值为 1.5V 的三角波。

④ 调节函数信号发生器，选择 A 路单频输出功能，使之输出如下要求的正弦波信号：频率为 100Hz、有效值为 100mV；频率为 1kHz、有效值为 2V；频率为 10kHz、有效值为 2mV，用数字交流毫伏表测量函数信号发生器实际输出电压，并记录相关数值，填写到表 1-3 中。

表 1-3　函数信号发生器产生正弦波及毫伏表读数和量程

函数信号发生器显示输出信号	100Hz、100mV 的正弦波	1kHz、2V 的正弦波	10kHz、2mV 的正弦波
数字交流毫伏表测量电压值			
数字交流毫伏表量程指示			

2）示波器的使用。

① 示波器使用前的准备工作：

A. 使屏幕上显示扫描基线。

B. 使屏幕上显示稳定的方波校准信号。

② 用示波器显示被测量正弦信号，并测量它的幅值、周期，计算有效值和频率，将实验结果记录于表 1-4 中。

表 1-4　示波器测量正弦信号

<table>
<tr><th colspan="2">函数信号发生器输出信号</th><th rowspan="3">数字交流毫伏表量程</th><th colspan="4">UTD2052 示波器旋钮位置</th><th colspan="4" rowspan="2">由测量值计算</th></tr>
<tr><th colspan="2"></th><th colspan="2">VOLTS/DIV</th><th colspan="2">SEC/DIV</th></tr>
<tr><th>频率 f</th><th>有效值 U</th><th>档级</th><th>U_{PP}格数</th><th>档级</th><th>T_{PP}格数</th><th>U_{PP}</th><th>U</th><th>T</th><th>f</th></tr>
<tr><td>1kHz</td><td>1.41V</td><td></td><td></td><td></td><td></td><td></td><td></td><td></td><td></td><td></td></tr>
<tr><td>20kHz</td><td>0.141V</td><td></td><td></td><td></td><td></td><td></td><td></td><td></td><td></td><td></td></tr>
</table>

4. 实训思考

1）用示波器观察显示波形时，输入耦合应如何选择？“AC”与“DC”有何区别？

2）改变示波器垂直灵敏度旋钮 VOLTS/DIV 和水平时基挡位旋钮 SEC/DIV 对显示波形有何影响？

3）在不知道被测电压大小的情况下，应如何选择交流数字毫伏表的量程？

本章小结

（1）在纯净的半导体中掺入三价或五价元素，形成 P 型或 N 型半导体，P 型和 N 型半导体的交界面会形成一个特殊的薄层，称 PN 结。PN 结具有单向导电特性，是构成各种半导体器件的基本单元。

（2）把一个 PN 结封装起来引出两根金属电极便成了二极管，伏安特性形象地描述了二极管的单向导电情况。整流二极管最主要的参数是最大正向电流和最高反向工作电压。稳压二极管、发光二极管、光电二极管是最常见的特殊二极管，各自有不同的用处。

（3）晶体管是由三层不同性质的半导体组合而成的，满足一定的结构特点和外部偏置要求，可实现电流放大作用或作为开关使用。其输出特性可分为三个区域：放大区、饱和区和截止区。在放大区，发射结正偏，集电结反偏，晶体管的集电极电流受基极电流的控制，是基极电流的β倍。在饱和区和截止区，晶体管具有开关特性。

（4）场效应晶体管是一种电压控制器件，利用栅源电压来控制漏极电流，有结型场效应晶体管和绝缘栅型场效应晶体管两大类，绝缘栅型场效应晶体管又分增强型和耗尽型。每种管子都有N沟道和P沟道两种，转移特性和输出特性反映了管子的工作特点。

（5）根据二极管、晶体管和结型场效应晶体管的结构特点，可用万用表对它们进行测量，判断其质量好坏以及管型管脚。亦可用晶体管特性图示仪直观显示它们的特性曲线，用Multisim软件进行仿真。

（6）晶体管毫伏表、函数信号发生器和示波器是最常用的电子仪器仪表，应学会它们的操作和使用方法。

练 习

1-1　电路如图1-28所示，确定二极管是正偏还是反偏。并估算$U_A \sim U_D$值。（二极管为理想二极管）

图1-28a中：VD_1________偏置，U_A = ________，U_B = ________；图1-28b中：VD_2________偏置，U_C = ________，U_D = ________。

1-2　若稳压二极管VS_1和VS_2的稳定电压分别为6V和10V，求图1-29所示电路的输出电压U_O。

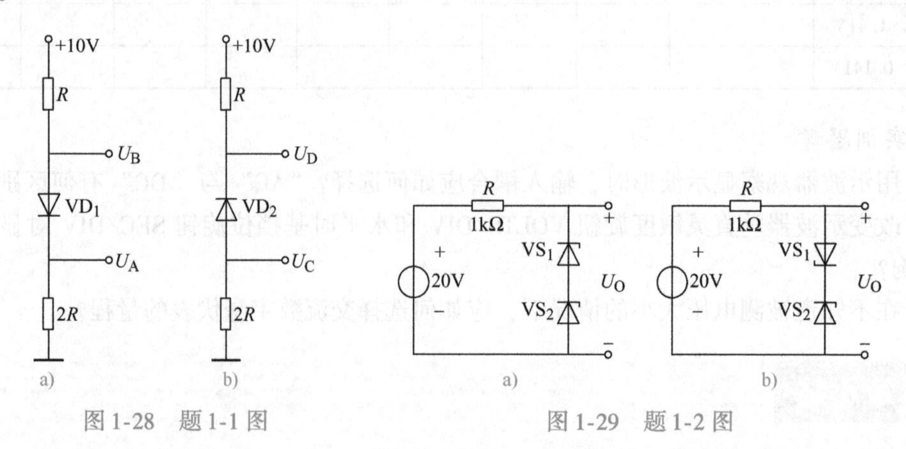

图1-28　题1-1图　　图1-29　题1-2图

1-3　在两个放大电路中，测得晶体管各极电流分别如图1-30所示。求另一个电极的电流，并在图中标出其实际方向及各电极e、b、c。试分别判断它们是NPN型管还是PNP型管。

1-4　试根据晶体管各电极的实测对地电压数据判断图1-31中各晶体管的工作区域。

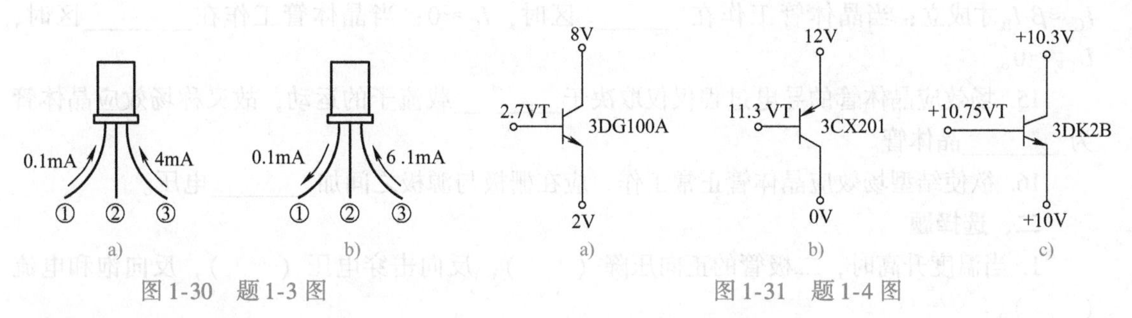

图1-30 题1-3图　　　　图1-31 题1-4图

自 测

一、填空题

1. 半导体是一种导电能力介于________与________之间的物质。半导体中有________和________两种载流子参与导电，而金属导体中只有自由电子参与导电。

2. PN结在________时导通，________时截止，这种特性称为________。

3. 发光二极管是一种通以________电流就会________的二极管。

4. 硅稳压二极管是工作在________状态下的特殊二极管，在实际工作中，为了保护稳压二极管，需在外电路串接________。

5. 晶体管是由两个PN结构成的一种半导体器件，从结构上看可以分为________和________两大类型。

6. 晶体管正常放大时，发射结的导通压降变化不大，小功率硅管约为________V，锗管约为________V。

7. 场效应晶体管从结构上可分为两类：________场效应晶体管、________场效应晶体管；根据导电沟道不同又可以分为两类：________场效应晶体管、________场效应晶体管。对于MOS管，根据栅源电压为零时是否存在导电沟道，又可以分为两种：________型MOS管、________型MOS管。

8. 晶体管是利用输入________控制输出________，是________控制型器件；场效应晶体管是利用________来控制输出________，是________控制型器件。

9. 在半导体中，参与导电的不仅有________，而且还有________，这是半导体区别导体导电的重要特征。N型半导体主要靠________导电，P型半导体主要靠________导电。

10. 在常温下，硅二极管的死区电压约为________V，导通后在较大电流下的正向压降约为________V，锗二极管的死区电压约为________V，导通后在较大电流下的正向压降约为________V。

11. 用指针式万用表的两表笔分别接触一个二极管的两端，当测得的电阻值较小时，黑表笔所接触的一端是二极管的________极 。

12. 当加在二极管两端的反向电压过高时，二极管会被________。

13. 晶体管的电流放大作用是指晶体管的________电流约是________电流的β倍，即利用________电流，就可实现对________电流的控制。

14. 晶体管的输出特性曲线可分为三个区域。当晶体管工作在________区时，关系式

$I_C \approx \beta I_B$才成立；当晶体管工作在________区时，$I_C \approx 0$；当晶体管工作在________区时，$U_{CE} \approx 0$。

15. 场效应晶体管的导电过程仅仅取决于________载流子的运动，故又称场效应晶体管为________晶体管。

16. 欲使结型场效应晶体管正常工作，应在栅极与源极之间加________电压。

二、选择题

1. 当温度升高时，二极管的正向压降（　　），反向击穿电压（　　），反向饱和电流（　　）。

A. 增大　　B. 减小　　C. 不变

2. 二极管两端加上正向电压时（　　）。

A. 一定导通　　B. 超过死区电压才能导通

C. 超过0.7V才导通

3. 用指针式万用表测同一只二极管的正向电阻，选用不同欧姆档测得的阻值不同，其原因是（　　）。

A. 二极管的质量差　　B. 万用表不同欧姆档有不同的内阻

C. 二极管有非线性的伏安特性

4. 在由某NPN型晶体管构成的电路中，测得其$U_{BE}=0.7V$，$U_{BC}=-5V$，则该管处于（　　）。

A. 放大状态　　B. 截止状态　　C. 饱和状态　　D. 无法确定

5. 当晶体管的两个PN结都反偏时，则其处于（　　）；当晶体管的两个PN结都正偏时，则其处于（　　）。

A. 截止状态　　B. 饱和状态　　C. 放大状态　　D. 击穿状态

6. 温度升高时，晶体管的电流放大系数β将（　　），穿透电流I_{CEO}将（　　），发射结电压U_{BE}将（　　）。

A. 变大　　B. 变小　　C. 不变

7. 下列场效应晶体管中，无原始导电沟道的是（　　）。

A. N沟道JFET　　B. 增强型PMOS管

C. 耗尽型NMOS管　　D. 耗尽型PMOS管

第2章 基本放大电路

学习目标

◇ 了解放大电路的特点及负反馈对放大电路性能的影响。

◇ 掌握共射极放大电路的静态和动态分析方法。

◇ 初步具有放大电路的组装、调试与检测技能。

2.1 放大器的基本知识

放大电路又称为放大器，其功能就是将微弱的电信号，通过放大器的电流(或电压)的控制作用，在输出端得到幅值较大的信号。它在自动控制、电子仪器、家用电器和通信等领域有着广泛的应用。

2.1.1 放大电路的基本组成

放大电路可由信号源 u_S、晶体管 VT、输出负载 R_L 及电源偏置电路组成，如图 2-1a 所示。图 2-1b 为放大电路的习惯画法。根据晶体管在电路中连接方式的不同，分为共发射极放大电路、共集电极放大电路和共基极放大电路。

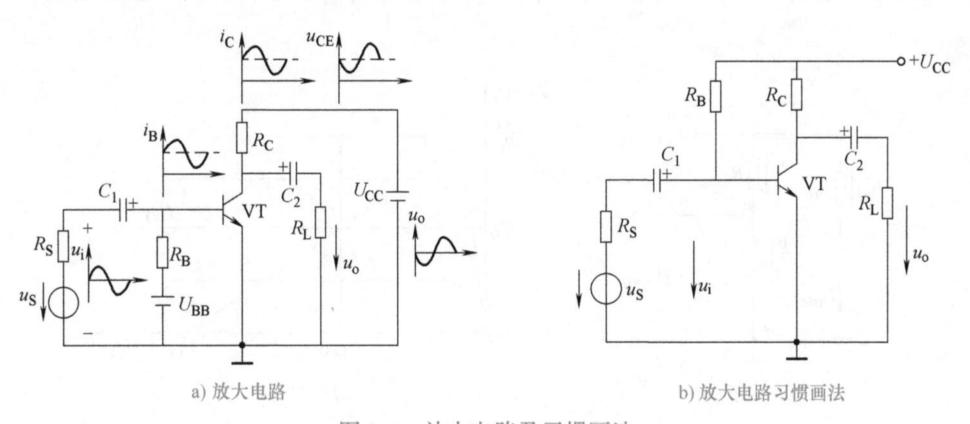

a) 放大电路　　b) 放大电路习惯画法

图 2-1　放大电路及习惯画法

图 2-1 为共发射极放大电路，各元器件的名称和作用如下：

(1) 晶体管 VT　放大电路的放大器件，具有电流放大作用，使 $i_C = \beta i_B$。

(2) 偏置电阻 R_B　它的作用有二：一是给发射结提供正偏电压通路；二是决定电路在

没有信号输入的情况下(也叫**静态**)基极电流 I_{BQ} 的大小。

(3) 集电极电阻 R_C 它的作用有二：一是给集电结提供反偏电压通路；二是将集电极电流的变化转换为电压的变化，以实现电压放大功能。

(4) 耦合电容 C_1 和 C_2 它们的作用是把信号源与放大器之间、放大器与负载之间的直流隔开，同时又保证交流信号经过放大电路传递给负载，即“隔直流、通交流”。

(5) 直流电源 U_{CC} 为放大器提供正常工作电流或电压，是放大器的能源提供者。

2.1.2 放大电路的主要技术指标

衡量放大电路性能的主要技术指标有：

1. 电压放大倍数 A_u

是指放大器输出电压 u_o 与输入电压 u_i 之比。即 $A_u = u_o/u_i$，是衡量放大电路放大能力的重要指标。

2. 输入电阻 r_i

从信号的输入端看进去可将放大器看作一个等效电阻，这个电阻即为放大器的输入电阻。定义为 $r_i = u_i/i_i$，r_i 越大，表明从信号源索取的电流越小。

3. 输出电阻 r_o

对负载 R_L 而言，放大电路可以等效为一个有内阻的电压源，其中信号源的内阻称为放大器的输出电阻 r_o。定义为 $r_o = u_o/i_o$。放大器的输出电阻越小，电路带负载能力越强。

此外，放大电路的技术指标还有非线性失真、通频带和频率失真等。

2.1.3 放大电路的工作状态分析

1. 静态分析

如图 2-1 所示的放大电路，当 $u_i = 0$ 时，放大电路中只有直流分量而无交流分量，此时的状态称为静态。静态时，将耦合电容 C_1、C_2 看成开路，画出图 2-1b 的直流通路如图 2-2a 所示。

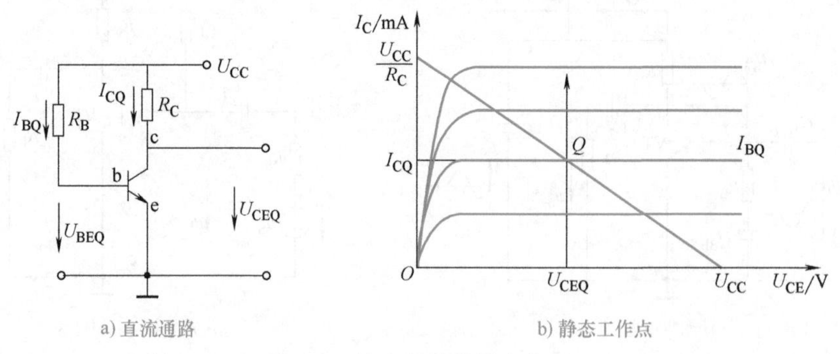

a) 直流通路　　b) 静态工作点

图 2-2 放大电路的静态分析

根据电路输出回路方程，在输出特性曲线坐标系中可求出静态工作点 Q，如图 2-2b 所示。

静态分析就是要确定放大电路的静态值：I_{BQ}、I_{CQ}、U_{CEQ}，看工作点是否处在其输出特性曲线的合适位置。

2. 动态分析

在电路的输入端加上交流信号电压 u_i 时，放大电路的工作状态为动态，这时**电路中既有直流成分，又有交流成分，各极的电流和电压是在静态值的基础上再叠加交流分量**，如图 2-3 所示。

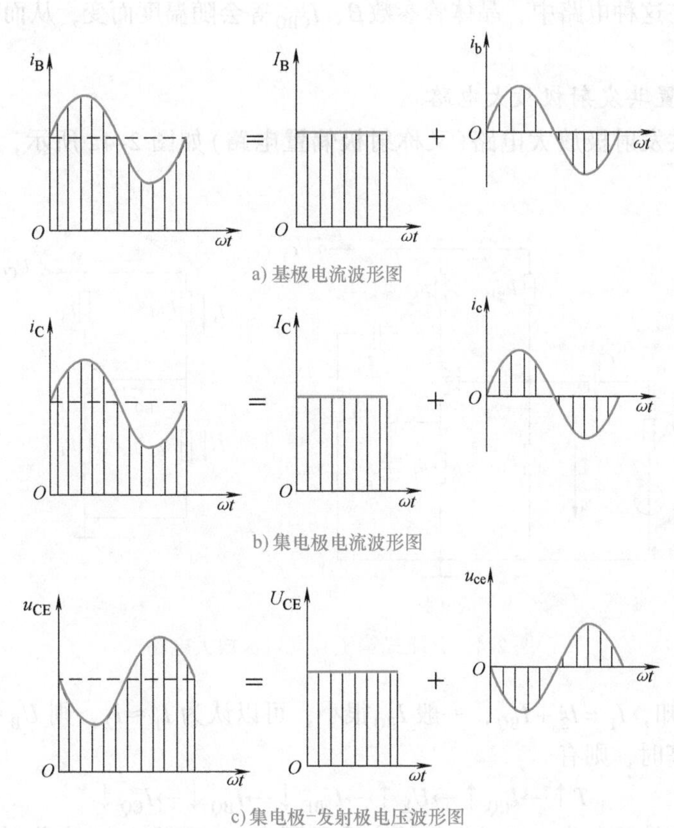

a) 基极电流波形图

b) 集电极电流波形图

c) 集电极–发射极电压波形图

图 2-3 共发射极放大电路的动态波形图

2.2 共发射极放大电路

2.2.1 静态偏置方式

设置偏置电路的目的有两点：一是给晶体管以合适的静态工作点，使放大电路有较高的性能指标；二是当温度等因素变化时，静态工作点稳定。共发射极放大电路常用的静态偏置方式有固定偏置式电路和分压式偏置电路。

1. 固定偏置式共发射极放大电路

图 2-1 所示电路为固定偏置式共发射极放大电路，静态工作点可根据直流通路(图 2-2a)估算，具体如下：

$$I_{BQ}=\frac{U_{CC}-U_{BEQ}}{R_B}\tag{2-1}$$

$$I_{CQ}=\beta I_{BQ}\tag{2-2}$$

$$U_{CEQ}=U_{CC}-R_C I_{CQ}\tag{2-3}$$

可见，当 U_{CC}、R_B 固定时，基极电流 I_B 固定，即晶体管的静态工作点就固定，故称为**固定偏置式电路**。但在这种电路中，晶体管参数 β、I_{CBO} 等会随温度而变，从而导致 I_{CQ} 变化，使工作点不稳定。

2. 分压式偏置共发射极放大电路

分压式偏置共发射极放大电路（又称**射极偏置电路**）如图 2-4a 所示，直流偏置电路如图 2-4b 所示。

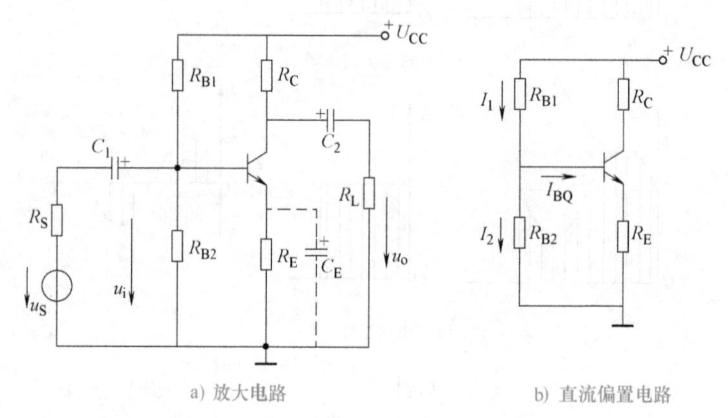

图 2-4 分压式偏置共发射极放大电路

由图 2-4b 可知，$I_1=I_2+I_{BQ}$，一般 I_{BQ} 很小，可以认为 $I_1\approx I_2$，则 $U_B\approx R_{B2}U_{CC}/(R_{B1}+R_{B2})$。当温度升高时，则有

$$T\uparrow\rightarrow I_{CQ}\uparrow\rightarrow U_E\uparrow\rightarrow U_{BE}\downarrow\rightarrow I_{BQ}\downarrow\rightarrow I_{CQ}\downarrow$$

可见，分压式偏置电路稳定工作点的实质是固定 U_B 不变，I_{CQ} 变化时，引起 U_E 改变，使 U_{BE} 改变，从而抑制 I_{CQ} 的改变。在实用电路中，电路参数的选取一般为 $U_B=(5\sim10)U_{BE}$，$I_1=(5\sim10)I_B$。

2.2.2 动态性能分析

1. 晶体管微变等效电路模型

当晶体管工作在小信号时，信号只是在静态工作点附近的小范围内变化，晶体管特性曲线可看成是近似线性的，此时晶体管放大电路可等效为线性电路。**用输入电阻 r_{be} 来等效晶体管的输入特性，用受控电流源 βi_b 来表示晶体管的输出特性**，可画出晶体管的微变等效电路模型，如图 2-5 所示。

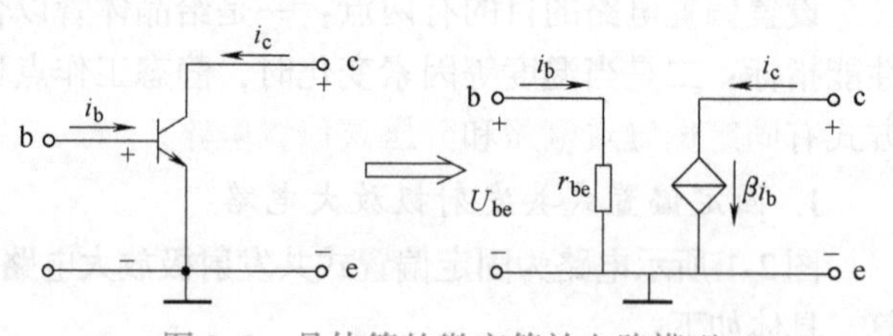

图 2-5 晶体管的微变等效电路模型

图中，r_{be} 的估算公式为

$$r_{be}=300\Omega+(1+\beta)\frac{26mV}{I_{EQ}} \tag{2-4}$$

2. 电路交流通路画法

在进行动态分析时，需要画出交流通路。交流通路画法原则：一是将耦合电容 C_1、C_2 看成短路；二是将直流电源短路接地。据此原则及微变等效法，可画出图 2-4 所示分压式偏置共发射极放大电路(有 C_E)的交流通路和微变等效电路，分别如图 2-6a、b 所示。

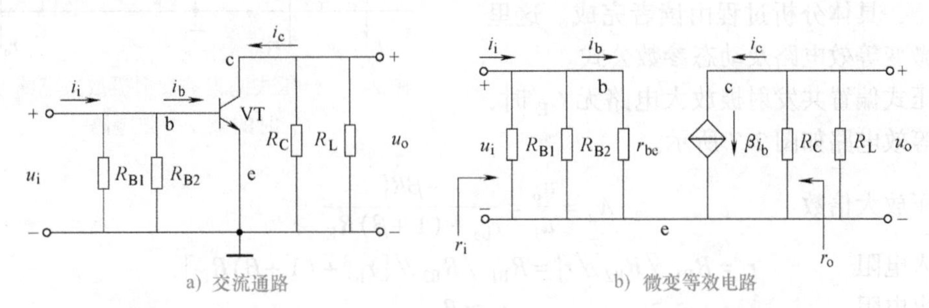

图 2-6 分压式偏置共发射极放大电路的交流通路及微变等效电路

由图 2-6 可求得动态性能指标如下：

(1) 电压放大倍数 A_u

$$A_u=\frac{u_o}{u_i}=\frac{-\beta i_b R'_L}{i_b r_{be}}=\frac{-\beta R'_L}{r_{be}} \tag{2-5}$$

式中，$R'_L=R_C /\!/ R_L$。

(2) 输入电阻 r_i

$$r_i=\frac{u_i}{i_i}=R_{B1} /\!/ R_{B2} /\!/ r_{be} \tag{2-6}$$

(3) 输出电阻 r_o

$$r_o=R_C \tag{2-7}$$

例 2-1 分压式偏置共发射极放大电路如图 2-4a 所示，已知 $R_{B1}=30k\Omega$，$R_{B2}=10k\Omega$，$R_C=2k\Omega$，$R_E=1k\Omega$，$R_L=8k\Omega$，$\beta=40$，$U_{CC}=12V$，晶体管为硅管，接有 C_E 时：

(1) 估算静态工作点。

(2) 计算电压放大倍数、输入电阻、输出电阻。

解 (1) 放大器的直流通路如图 2-4b 所示。

$$U_B\approx\frac{R_{B2}}{R_{B1}+R_{B2}}U_{CC}=\frac{10}{30+10}\times 12V=3V$$

$$I_{CQ}\approx I_{EQ}=\frac{U_E}{R_E}=\frac{U_B-U_{BE}}{R_E}=\frac{3-0.6}{1}mA=2.4mA$$

$$I_{BQ}=\frac{I_{CQ}}{\beta}=\frac{2.4}{40}mA=60\mu A$$

$$U_{CEQ}=U_{CC}-I_{CQ}(R_C+R_E)=12V-2.4\times(2+1)V=4.8V$$

(2) 有 C_E 时

$$r_{be}=300\Omega+(1+\beta)\frac{26mV}{I_{EQ}}=300\Omega+(1+40)\times\frac{26}{2.4}\Omega=0.744k\Omega$$

利用式(2-5)、式(2-6)和式(2-7)分别可得

$$A_u=\frac{-\beta R_L'}{r_{be}}=\frac{-40}{0.744}\times(2/\!/8)=-86$$

$$r_i=R_{B1}/\!/R_{B2}/\!/r_{be}=0.677\text{k}\Omega$$

$$r_o=R_C=2\text{k}\Omega$$

需要说明的是，无 C_E 时，R_E 对交直流都起作用，具体分析过程由读者完成。这里只给出微变等效电路及动态参数公式。

分压式偏置共发射极放大电路无 C_E 时，其微变等效电路如图 2-7 所示。

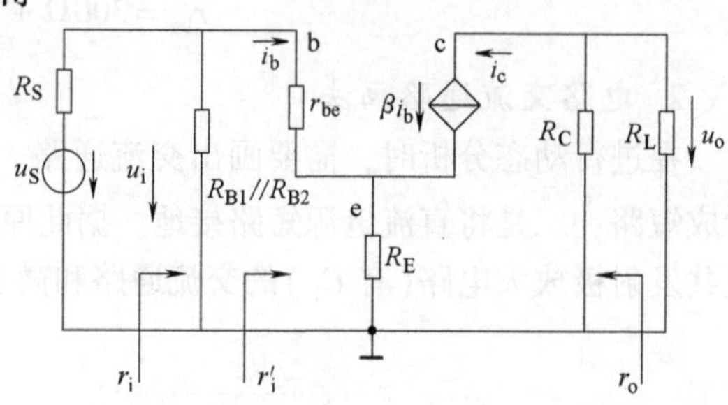

图 2-7 分压式偏置共发射极放大电路无 C_E 时的微变等效电路

电压放大倍数 $$A_u=\frac{u_o}{u_i}=\frac{-\beta R_L'}{r_{be}+(1+\beta)R_E} \tag{2-8}$$

输入电阻 $$r_i=R_{B1}/\!/R_{B2}/\!/r_i'=R_{B1}/\!/R_{B2}/\!/[r_{be}+(1+\beta)R_E] \tag{2-9}$$

输出电阻 $$r_o\approx R_C \tag{2-10}$$

可见，引入发射极电阻 R_E 后，电压放大倍数降低了，输入电阻增大了，输出电阻基本无影响。

2.2.3 失真现象分析

图 2-8 所示为共发射极放大电路波形失真现象的演示图，图中正弦波发生器为电路提供正弦波信号，示波器用来观察电路输出波形情况；调节电位器 RP 即可改变电路的静态工作点。

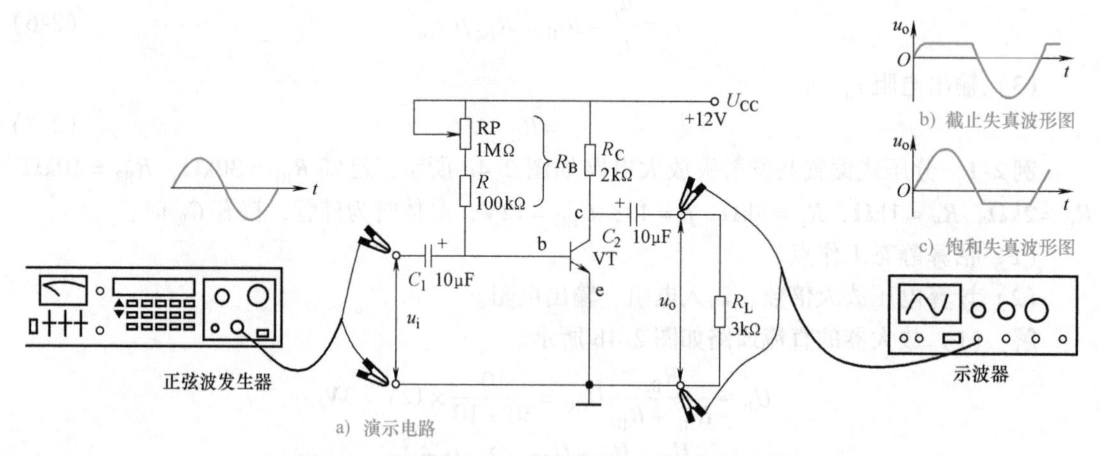

a) 演示电路 b) 截止失真波形图 c) 饱和失真波形图

图 2-8 共发射极放大电路波形失真现象的演示图

当顺时针旋转电位器 RP 时，其阻值增大，I_{BQ} 和 I_{CQ} 减小，当减小到一定值时，通过示波器可观察到 u_o 的正半周被截去一部分，信号出现失真，这种失真是由于晶体管进入截止区引起的，因而称为**截止失真**，如图 2-8b 所示。

当逆时针旋转电位器 RP 时，其阻值减小，I_{BQ} 和 I_{CQ} 增大，当增大到一定值时，通过示波器可观察到 u_o 的负半周被截去一部分，信号出现失真，这种失真是由于晶体管进入饱和

区引起的，因而称为饱和失真，如图 2-8c 所示。

截止失真和饱和失真都是由于晶体管工作在特性曲线的非线性区引起的，统称非线性失真。适当调整电路参数，使静态工作点合适，可降低非线性失真的程度。

2.3 共集电极放大电路

共集电极放大电路如图 2-9a 所示，图 2-9b 为其微变等效电路。由于输出信号 u_o 取自发射极，又称为射极输出器。

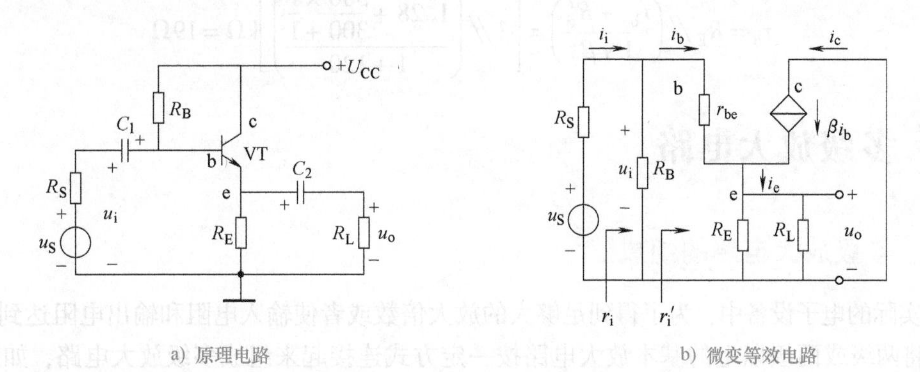

图 2-9　共集电极放大电路

射极输出器具有以下特点：

1）电压放大倍数 $A_u \approx 1$ 且输出电压与输入电压相位相同。放大倍数 A_u 为

$$A_u = \frac{u_o}{u_i} = \frac{(1+\beta)R'_L}{r_{be}+(1+\beta)R'_L} \tag{2-11}$$

式中，$R'_L = R_E // R_L$，一般有 $r_{be} \ll (1+\beta)R'_L$，因此 $A_u \approx 1$，可见射极输出器没有电压放大作用，故亦称为射极跟随器。

2）输入电阻大，即

$$r'_i = \frac{u_i}{i_b} = \frac{i_b r_{be} + (1+\beta)i_b R'_L}{i_b} = r_{be} + (1+\beta)R'_L$$

$$r_i = \frac{u_i}{i_i} = R_B // r'_i = R_B // [r_{be} + (1+\beta)R'_L] \tag{2-12}$$

因 r_i 值较大，常作为多级放大器的第一级，以减少信号电压在信号源内阻上的损耗，尽可能获得较大的净输入信号电压。

3）输出电阻小，即

$$r_o = R_E // \left(\frac{r_{be}+R'_S}{1+\beta}\right) \tag{2-13}$$

式中，$R'_S = R_S // R_B$，输出电阻小，常作为多级放大电路的输出级，以增强带负载能力。

例 2-2　在图 2-9a 所示的共集电极放大电路中，已知晶体管 $\beta = 120$，$U_{BEQ} = 0.7V$，$U_{CC} = 12V$，$R_B = 300k\Omega$，$R_E = R_L = R_S = 1k\Omega$，分别求 A_u、r_i、r_o。

解　利用式(2-11)、式(2-12)及式(2-13)可得

$$I_{EQ}=(1+\beta)I_{BQ}=(1+\beta)\frac{U_{CC}-U_{BEQ}}{R_B+(1+\beta)R_E}=3.2\text{mA}$$

$$r_{be}=300\Omega+(1+\beta)\frac{26\text{mV}}{I_{EQ}}=300\Omega+121\times\frac{26}{3.2}\Omega\approx1.28\text{k}\Omega$$

$$A_u=\frac{u_o}{u_i}=\frac{(1+\beta)R'_L}{r_{be}+(1+\beta)R'_L}=\frac{121\times0.5}{1.28+121\times0.5}\approx0.98$$

$$r_i=\frac{u_i}{i_i}=R_B/\!/R'_i=R_B/\!/[r_{be}+(1+\beta)R'_L]=[300/\!/(1.28+121\times0.5)]\text{k}\Omega=51.2\text{k}\Omega$$

$$r_o=R_E/\!/\left(\frac{r_{be}+R'_S}{1+\beta}\right)=\left[1/\!/\left(\frac{1.28+\frac{300\times1}{300+1}}{1+120}\right)\right]\text{k}\Omega=19\Omega$$

2.4 多级放大电路

2.4.1 多级放大电路的组成

在实际的电子设备中，为了得到足够大的放大倍数或者使输入电阻和输出电阻达到指标要求，可将两级或两级以上的基本放大电路按一定方式连接起来组成多级放大电路，如图 2-10 所示。

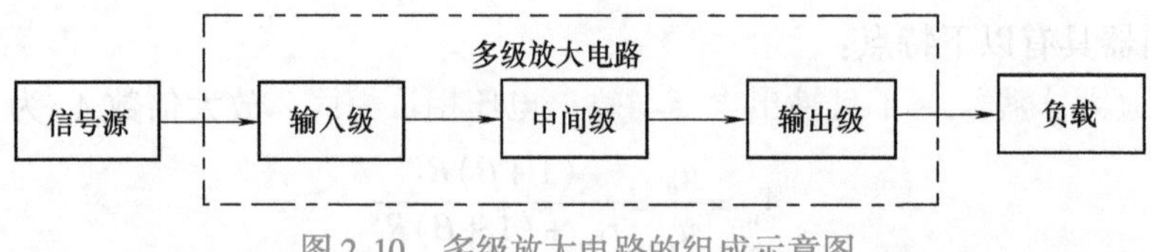

图 2-10 多级放大电路的组成示意图

各单级之间的连接方式称为耦合，常见的耦合方式有阻容耦合、变压器耦合及直接耦合三种形式。

1. 阻容耦合

阻容耦合是利用电容作为耦合元件将前级和后级连接起来，如图 2-11 所示。其优点是：前级和后级直流通路彼此隔开，每一级的静态工作点相互独立、互不影响，便于分析和设计电路。其缺点是：信号衰减幅度大，对直流信号(或变化缓慢的信号)很难传输；不利于集成化。

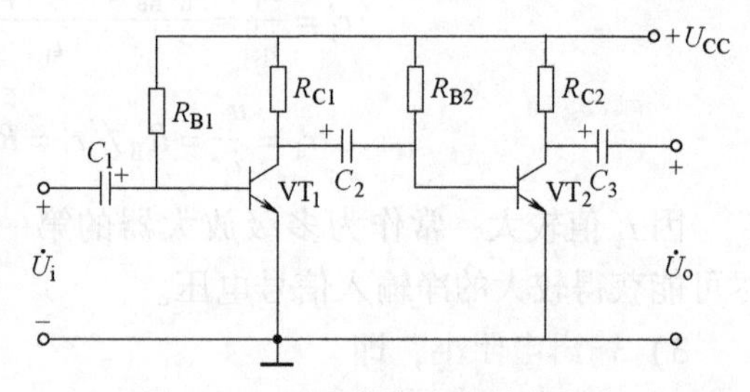

图 2-11 阻容耦合多级放大电路

2. 变压器耦合

变压器耦合是利用变压器将前后级连接起来的方式，如图 2-12 所示。其优点是：各级静态工作点相互独立、互不影响，能够进行阻抗、电压、电流变换。缺点是：体积大、笨重等，不能实现集成化应用。

3. 直接耦合

直接耦合是将前后级直接相连接，如图 2-13 所示。其优点是：所用元器件少，体积小，低频特性好，便于集成化。缺点是：前后级的直流通路相通，静态电位相互牵制，各级静态工作点相互影响；此外还存在着零点漂移现象。

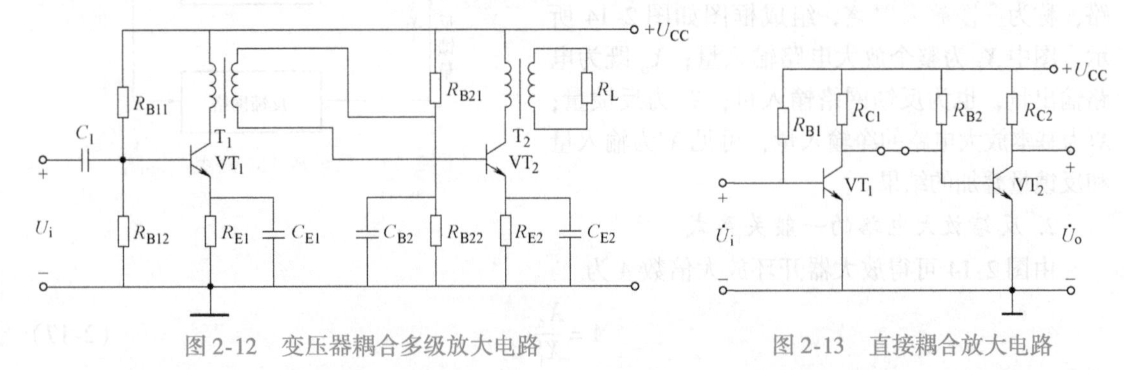

图 2-12　变压器耦合多级放大电路　　　　图 2-13　直接耦合放大电路

（1）静态电位相互牵制　如图 2-13 所示，不论 VT_1 的集电极电位在耦合前有多高，接入第二级后，被 VT_2 的基极钳制在 0.7V 左右，致使 VT_1 处于临界饱和状态，导致整个电路无法正常工作。

（2）零点漂移现象　由于温度变化等原因，使放大电路在输入信号为零时输出信号不为零，这种现象称为零点漂移。直接耦合的多级放大电路，存在零点漂移问题，解决方法将在差动式放大电路中讨论。

2.4.2　多级放大电路的性能指标

多级放大电路的动态性能指标主要有电压放大倍数、输入电阻和输出电阻等。在进行动态指标分析时，只要将各级的微变等效电路级联起来即为多级放大电路的微变等效电路，不难得到以下几点：

1）多级放大电路的电压放大倍数 A_u 等于各级电压放大倍数的乘积，即

$$A_u = A_{u1}A_{u2}\cdots A_{un} \tag{2-14}$$

式中，A_{u1}、A_{u2}、…、A_{un} 的计算视该级的具体电路而定，注意后级的输入电阻是前一级的负载电阻；前一级的输出电阻是后级的信号源内阻。

2）多级放大电路的输入电阻 r_i 等于第一级的输入电阻，即

$$r_i = r_{i1} \tag{2-15}$$

3）多级放大电路的输出电阻 r_o 等于末级的输出电阻，即

$$r_o = r_{on} \tag{2-16}$$

2.5　反馈放大电路

在实用的放大电路中，为了改善电路的性能，需要引入不同形式的反馈。因此，掌握反馈的基本概念及其对放大器性能的影响是研究实用电路的基础。

2.5.1　反馈的基本概念

1. 什么是反馈

在放大电路中，将输出量（输出电压或电流）的一部分或全部，通过一定的电路（反馈

网络）引回到输入回路来影响输入量（输入电压或电流）的过程称为反馈。具有反馈的放大电路，称为反馈放大电路，组成框图如图 2-14 所示。图中 X_i 为整个放大电路输入量；X_o 既为电路输出量，也为反馈网络输入量；X_f 为反馈量；X_i'为基本放大电路的净输入量，可见 X_i'为输入量和反馈量叠加的结果。

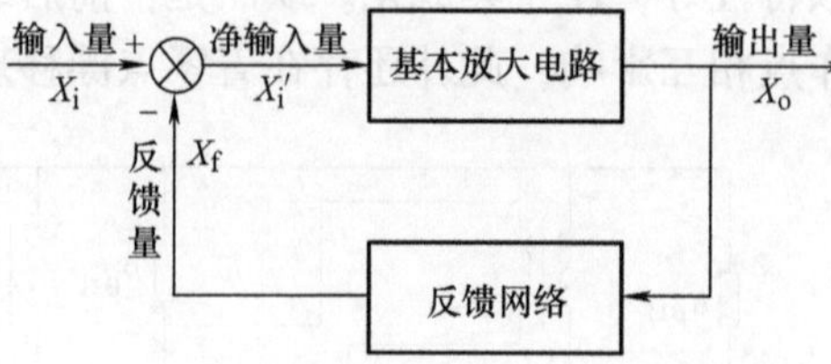

图 2-14 反馈放大电路组成框图

2. *反馈放大电路的一般关系式*

由图 2-14 可得放大器开环放大倍数 A 为

$$A=\frac{X_o}{X_i'} \tag{2-17}$$

反馈系数 F 为

$$F=\frac{X_f}{X_o} \tag{2-18}$$

闭环放大倍数 A_f 为

$$A_f=\frac{X_o}{X_i} \tag{2-19}$$

净输入量 X_i'为

$$X_i'=X_i-X_f \tag{2-20}$$

根据式(2-17) ~式(2-20) 可得

$$A_f=\frac{A}{1+AF} \tag{2-21}$$

式中，$1+AF$ 称为反馈深度，是衡量反馈强弱程度的一个重要指标。

3. *反馈的极性（正、负反馈）*

在反馈放大电路中，反馈量使放大电路净输入量得到增强的反馈称为正反馈，使净输入量减弱的反馈称为负反馈。由式(2-17) 和式(2-19) 可知，增益 A_f小于 A，因此负反馈使放大电路增益减小，负反馈放大电路中反馈深度 $(1+AF)>1$。正反馈使闭环增益大于开环增益，虽然放大电路增益提高了，但会使其工作稳定性以及其他性能显著变坏，故实际放大电路中均采用负反馈，而正反馈主要用于振荡电路中。

反馈极性的判断通常采用“瞬时极性法”，具体如下：首先假设输入信号某一瞬时的极性，然后根据输入与输出信号的相位关系，确定输出信号和反馈信号的瞬时极性，最后根据反馈信号与输入信号的连接情况，分析净输入量的变化，如果反馈信号使净输入量增强，则为正反馈，反之为负反馈。

4. *直流反馈和交流反馈*

在放大电路中存在直流分量和交流分量，若反馈信号仅有直流量，则称为直流反馈，它影响电路的直流性能，如静态工作点；若反馈信号只有交流分量，则称为交流反馈，它影响电路的交流性能。若反馈信号中既有直流量又有交流量，则称为交直流反馈，对电路的直流和交流性能均有影响。

2.5.2 负反馈放大电路的基本类型

反馈网络与基本放大电路在输入端、输出端有不同的连接方式，根据输入端连接方式的不同，分为串联反馈和并联反馈；根据输出端连接方式的不同，分为电压反馈和电流反馈。因此，负反馈放大电路有四种基本类型，其框图如图 2-15 所示。

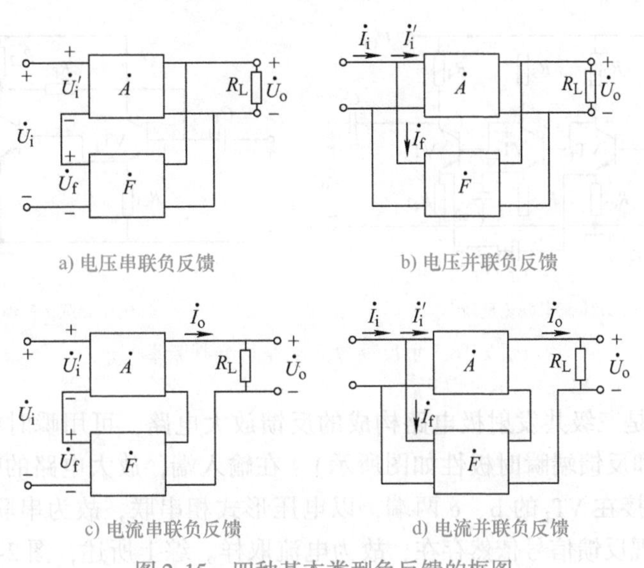

图 2-15 四种基本类型负反馈的框图

1. 电压反馈和电流反馈

从输出端看，若反馈信号取自输出电压，则为电压反馈，如图 2-15a、b 所示，电压负反馈能稳定输出电压。当输入电压不变时，如果负载电阻 R_L 增大导致输出电压 u_o 增大，则通过反馈使 u_f 也增大，因此，$u_i' = u_i - u_f$ 下降，使 u_o 减小，从而稳定了输出电压。故电压负反馈放大电路具有恒压输出特性。

从输出端看，若反馈信号取自输出电流，则为电流反馈，如图 2-15c、d 所示。电流负反馈能稳定输出电流。当输入电压不变时，如某种原因导致输出电流 i_o 增大，则通过反馈使 u_f 也增大，因此，$u_i' = u_i - u_f$ 下降，迫使 i_o 减小，从而稳定了输出电流。故电流负反馈放大电路具有恒流输出特性。

反馈放大器在输出端的取样是电压还是电流的判断方法：假设将输出负载 R_L 短路（即令 $u_o = 0$），观察反馈信号是否消失，若消失，则为电压取样，若仍有反馈信号存在，则为电流取样。

2. 串联反馈和并联反馈

若基本放大电路的输入端和反馈网络的输出端相串联，即反馈量与输入量以电压的形式相叠加，则称为串联反馈。串联反馈时，输入信号源内阻 R_s 越小，对 u_f 的阻碍作用越小，反馈效果就越好，所以，串联负反馈宜采用低内阻的电压源作为信号源输入。反之，基本放大电路的输入端和反馈网络的输出端相并联，即反馈量与输入量以电流的形式相叠加，则称为并联反馈。并联反馈时，由于反馈电流 i_f 经过信号源内阻 R_s 的分流反映到净输入电流 i_i' 上，R_s 越大，对 i_f 的分流越小，反馈效果就越好，所以，并联负反馈宜采用高内阻的电流源作为输入信号源。

反馈放大器在输入端的连接方式是串联还是并联的判断方法：若反馈信号与输入信号接在不同的输入端，即为串联反馈，若接在同一个输入端，则为并联反馈。

因此，**交流负反馈有四种基本组态，即电压串联负反馈、电压并联负反馈、电流串联负反馈和电流并联负反馈**。下面举例说明负反馈放大电路的类型判断，如图2-16所示。

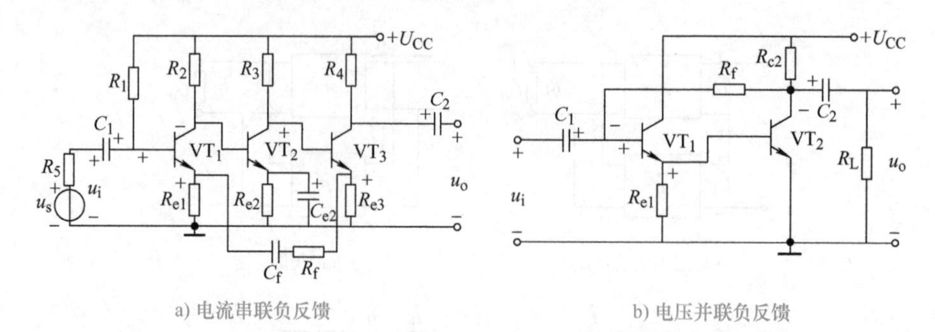

图2-16 负反馈放大电路类型判断举例

图2-16a所示是三级共发射极电路构成的反馈放大电路，可用瞬时极性法判断其极性（各级输入输出端和反馈端瞬时极性如图所示）。在输入端，放大电路的输入信号与反馈网络的输出信号分别接在VT_1的b、e两端，以电压形式相串联，故为串联连接。在输出端，假设令$u_o=0$，发现反馈信号依然存在，故为电流取样。综上所述，图2-16a所示电路为电流串联负反馈放大电路。

图2-16b所示反馈放大电路，可用瞬时极性法判断其极性（各级输入输出端和反馈端瞬时极性如图所示）。在输入端，输入信号与反馈信号接在晶体管VT_1的同一个输入端（基极），以电流形式相比较，故为并联连接。在输出端，假设负载R_L短路（即令$u_o=0$），发现反馈信号（指交流量）消失，不存在反馈了，故为电压取样。综上所述，图2-16b所示电路为电压并联负反馈放大电路。

2.5.3 负反馈对放大电路性能的影响

负反馈使放大器的放大倍数下降，但可以使放大电路多方面的性能得到改善，下面分析负反馈对放大电路主要性能的影响。

1. 提高放大倍数的稳定性

由于负载变化、环境温度变化、电源电压波动及元器件老化等因素，放大电路的放大倍数会发生变化，通常用其相对变化量的大小来表示稳定性的优劣，放大倍数相对变化量越小，说明稳定性越好。

引入负反馈后，放大器放大倍数有所下降，即由A变为A_f，$A_f=A/(1+AF)$。若将A_f对A求导，可得

$$\frac{dA_f}{dA}=\frac{1}{(1+AF)^2}$$

即

$$dA_f=\frac{dA}{(1+AF)^2}$$

将上式除以 $A_f = A/(1+AF)$，则可得 $\dfrac{dA_f}{A_f} = \dfrac{1}{1+AF}\dfrac{dA}{A}$ (2-22)

式(2-22) 表明，引入负反馈后，闭环增益的相对变化量 dA_f/A_f 只是开环增益相对变化量 dA/A 的 $1/(1+AF)$，即放大倍数 A_f 的稳定性提高到 A 的稳定性的 $(1+AF)$ 倍。可见反馈越深，$1+AF$ 越大，放大器的增益就越稳定。

例 2-3 某一放大电路的放大倍数 $A=1000$，现引入反馈系数 $F=0.1$ 的负反馈，求：(1) 闭环放大倍数；(2) 若 A 变化 ±10%，求此时的闭环放大倍数及其相对变化量。

解 (1) 根据式(2-21)，引入负反馈后放大电路的闭环放大倍数为

$$A_f = \frac{A}{1+AF} = \frac{1000}{101} = 9.9$$

(2) A 变化 ±10% 时，闭环放大倍数的相对变化量为

$$\frac{dA_f}{A_f} = \frac{1}{101}\frac{dA}{A} = \frac{1}{101} \times (\pm 10\%) = \pm 0.099\%$$

此时的闭环放大倍数变化范围为：$A_f\left(1+\dfrac{dA_f}{A_f}\right) = 9.9(1 \pm 0.099\%)$，即 A 变化 +10%，A_f 变为 9.91，A 变化 −10%，A_f 变为 9.89，可见，引入负反馈后放大电路的增益受外界影响明显减小。

2\. 减小非线性失真

由于晶体管、场效应晶体管等器件特性的非线性，所以，即使电路输入的是正弦波，输出也不是正负半周对称的正弦波，往往产生正、负两个半周幅度不等的失真波形，这种失真称为非线性失真，如图 2-17a 所示。引入负反馈后，可以减小这种失真。

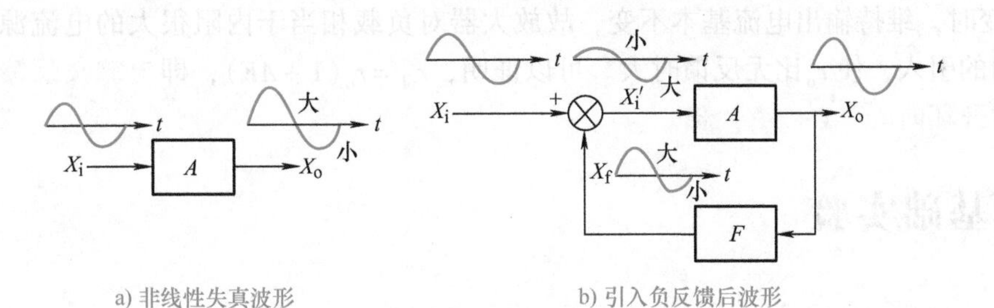

a) 非线性失真波形　　b) 引入负反馈后波形

图 2-17 负反馈改善非线性失真示意图

如图 2-17b 所示，引入负反馈后，输出失真的波形反馈到输入端，则在输入端得到正半周幅度大、负半周幅度小的反馈信号，此信号与输入信号相比较，使净输入信号的幅值成为正半周幅度小、负半周幅度大的波形，即引入了失真（亦称预失真），再经过基本放大电路放大后，就使输出波形趋于正弦波，减小了非线性失真。需要注意的是，对输入信号本身固有的失真，负反馈是无能为力的。此外，负反馈只能减小而不能完全消除非线性失真。

3\. 改变放大电路的输入电阻和输出电阻

(1) 负反馈对输入电阻的影响　负反馈对输入电阻的影响，取决于反馈网络在输入端的连接方式。图 2-18a 是串联负反馈电路框图。由图可知，开环放大器的输入电阻为 $r_i = u_i'/i_i$，引入负反馈后，闭环输入电阻 r_{if} 为

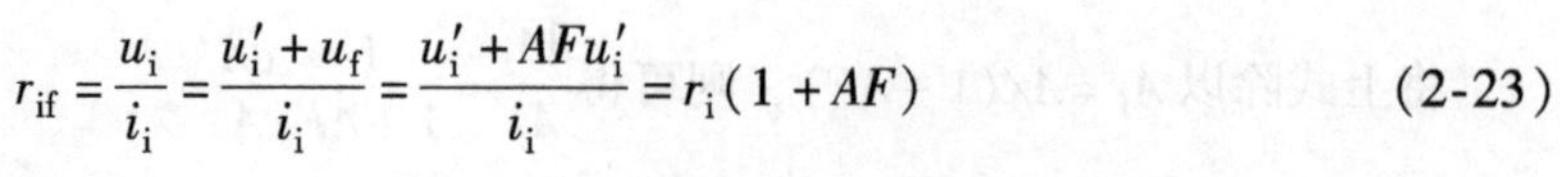

$$r_{\rm if}=\frac{u_{\rm i}}{i_{\rm i}}=\frac{u_{\rm i}'+u_{\rm f}}{i_{\rm i}}=\frac{u_{\rm i}'+AFu_{\rm i}'}{i_{\rm i}}=r_{\rm i}(1+AF) \tag{2-23}$$

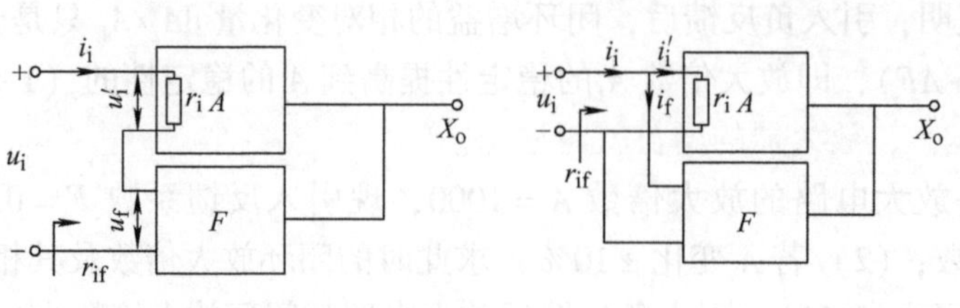

a) 串联负反馈电路框图　　b) 并联负反馈电路框图

图 2-18　负反馈对输入电阻的影响

图 2-18b 是并联负反馈电路框图。由图可知，开环放大器的输入电阻为 $r_{\rm i}=u_{\rm i}/i_{\rm i}'$，引入负反馈后，闭环输入电阻 $r_{\rm if}$ 为

$$r_{\rm if}=\frac{u_{\rm i}}{i_{\rm i}}=\frac{u_{\rm i}}{i_{\rm i}'+i_{\rm f}}=\frac{u_{\rm i}}{i_{\rm i}'+AFi_{\rm i}'}=\frac{r_{\rm i}}{1+AF} \tag{2-24}$$

由上可知，串联负反馈使输入电阻增大，并联负反馈使输入电阻减小，增大则为开环的 $1+AF$ 倍，减小则为开环的 $1/(1+AF)$。

(2) 负反馈对输出电阻的影响　负反馈对输出电阻的影响，取决于反馈网络在输出端的取样方式。输出电阻就是放大电路输出端等效电源的内阻，由于电压负反馈具有稳定输出电压 $u_{\rm o}$ 的作用，即 $R_{\rm L}$ 改变时，维持 $u_{\rm o}$ 基本不变，故放大电路相当于内阻很小的电压源。所以电压负反馈的引入，使 $r_{\rm o}$ 比无反馈时要小。可以证明，$r_{\rm of}=r_{\rm o}/(1+AF)$，即**电压负反馈使输出电阻减小到开环时的 $1/(1+AF)$**。同理，由于电流负反馈具有稳定输出电流的作用，即 $R_{\rm L}$ 改变时，维持输出电流基本不变，故放大器对负载相当于内阻很大的电流源。所以电流负反馈的引入，使 $r_{\rm o}$ 比无反馈时大。可以证明，$r_{\rm of}=r_{\rm o}(1+AF)$，即**电流负反馈使输出电阻增大到开环时的 $(1+AF)$ 倍**。

2.6 基础实验

2.6.1 计算机仿真部分 

1. 实验目的

1) 熟悉掌握 Multisim 10 仿真软件的使用方法。

2) 在 Multisim 10 仿真软件工作平台上测试共集电极放大电路的静态工作点、电压放大倍数。

3) 通过仿真实验了解电路元件参数的改变对静态工作点及电压放大倍数的影响。

2. 实验内容及步骤

(1) 将元件符号转为欧式符号　执行“Options→Global Preferences”菜单命令，在弹出的对话框中，选择“Parts→Symbol Standard”，然后选择“Din”，单击“OK”即可。

(2) 绘制共集电极放大电路的测试电路

1) 在 Multisim 10 仿真软件工作平台上，绘制共集电极放大电路的测试电路，如图 2-19

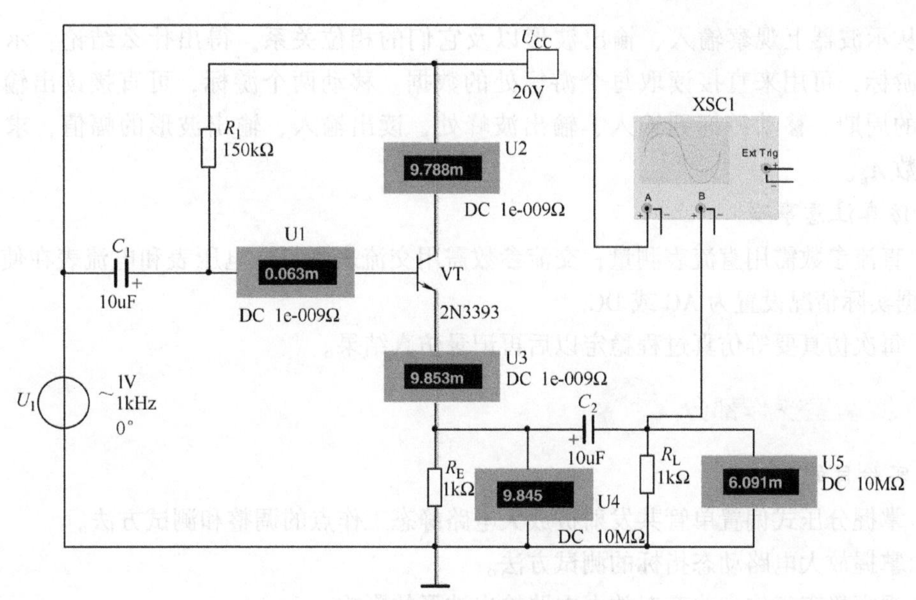

图 2-19　共集电极放大电路的测试电路

所示。

2）从指示元件库中选择电流表和电压表，从虚拟仪器库中选取示波器，摆放在图 2-19 的相应位置。电流表设置为直流（DC）表，电压表根据测试需要设置为直流表或交流（AC）表。按下仿真按钮，仿真实验结果。

（3）测试静态工作点 Q　自拟实验表格，等仿真过程稳定以后，记录图 2-19 中各电流表、电压表的读数，从而求得静态工作点 Q。把仿真实验结果与理论计算值比较，分析误差原因。

（4）测试电压放大倍数 A_u　调节图 2-19 中的信号源，输出正弦波信号：频率 1kHz、有效值 1V，按下仿真按钮，在保证输出波形不失真的情况下，记录放大电路输入电压、输出电压的有效值，求出电压放大倍数 A_u。

（5）观察输入、输出波形　双击图 2-19 中的虚拟示波器，弹出示波器面板，如图 2-20

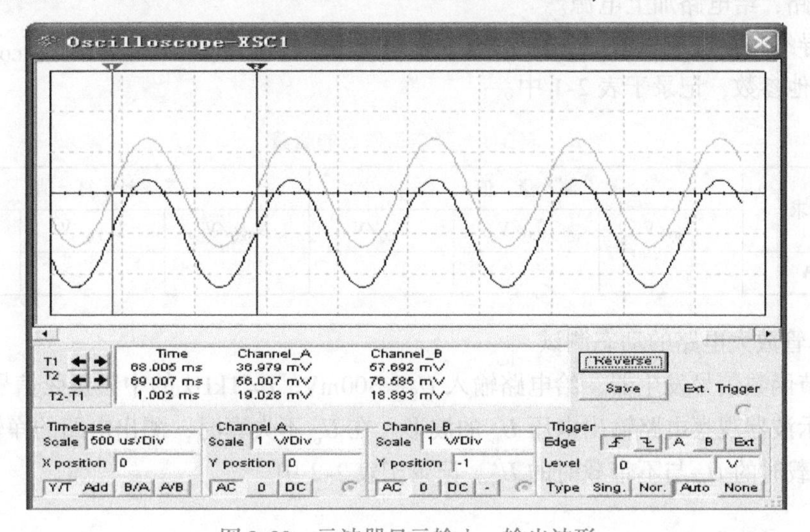

图 2-20　示波器显示输入、输出波形

所示，从示波器上观察输入、输出波形以及它们的相位关系，得出什么结论？示波器上有两个游标，可用来直接读取每个游标处的数据。移动两个游标，可直接读出输入、输出波形的周期。移动游标到输入、输出波峰处，读出输入、输出波形的幅值，求出电压放大倍数 A_u。

3. 仿真注意事项

1）直流参数需用直流表测量，交流参数需用交流表测量，电压表和电流表在使用过程中需根据实际情况设置为 AC 或 DC。

2）每次仿真要等仿真过程稳定以后再记录仿真结果。

2.6.2 实验室操作部分 

1. 实验目的

1）掌握分压式偏置单管共发射极放大电路静态工作点的调整和测试方法。

2）掌握放大电路动态指标的测试方法。

3）观察静态工作点改变对放大电路输出波形的影响。

2. 实验仪器

1）双踪示波器、直流稳压电源、信号发生器、交流毫伏表、数字(或指针)式万用表。

2）单管放大电路实验板一块，2.4kΩ 电阻一个，探头两副，导线若干。

3. 实验电路

实验电路原理图如图 2-21 所示。

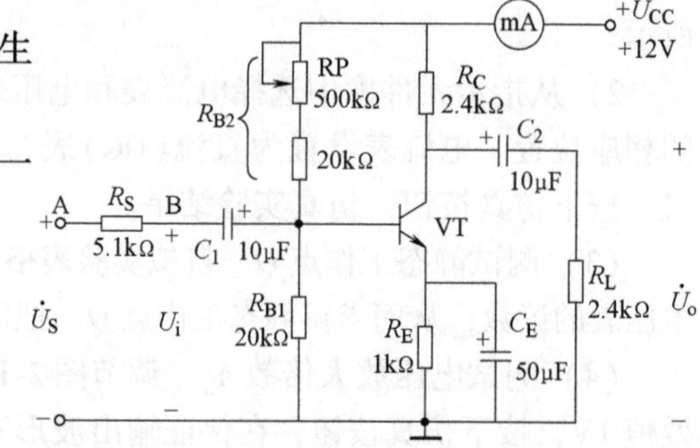

图 2-21 实验电路原理图

4. 实验内容及步骤

(1) 单管放大电路静态测试

1）调节直流稳压电源，使其输出 12V，正确连接实验电路，给电路加上电源。

2）用导线短接交流输入端，调节电位器 RP，使电路的静态集电极电流 $I_{CQ}=2\text{mA}$，测出电路的其他参数，记录于表 2-1 中。

表 2-1 静态工作点的测量

测试要求	测量值			计算值		
	U_{BQ}/V	U_{CQ}/V	U_{EQ}/V	U_{BEQ}/V	U_{CEQ}/V	I_{CQ}/A
$I_{CQ}=2\text{mA}$						

(2) 单管放大电路的动态测试

1）调节函数信号发生器，给电路输入 $U_S=300\text{mV}$、$f=1\text{kHz}$ 的中频正弦信号。

2）用示波器观察电路输出电压 U_o 的波形。在 U_o 不失真时，测出电路的净输入电压 U_i 及电路在带载时的 U_o 与不带载时的 U_o'。记录于表 2-2 中。

表 2-2 放大电路的动态测试

测量值				计算值			
输入/mV		输出/mV		$A_u=U_o/U_i$		r_i	r_o
U_S	U_i	U_o	U'_o	$A_u=U_o/U_i$	$A'_u=U'_o/U_i$		

(3) 观察静态工作点对放大电路输出波形的影响(要求 $R_L=2.4\text{k}\Omega$)

1) 在给定 $I_{CQ}=2\text{mA}$ 的工作点条件下，调节 $U_i=100\text{mV}$，观察 U_o 波形是否失真?

2) 改变工作点，调节电位器 RP，使 U_B 增大，观察 U_o 是否出现负半周失真的波形?断开 U_i，测出此时电路的静态工作点 I_{CQ}。

3) 重新接上 U_i，调节电位器 RP，使 U_B 减小，观察 U_o 是否出现正半周失真的波形?断开 U_i，测出此时电路的静态工作点。记录于表 2-3 中。

表 2-3 静态工作点对输出波形的影响

工作状态	U_{BQ}/V	I_{CQ}/mA	输出 U_o 波形	波形失真分析
工作点正常				
工作点过高				
工作点过低				

5. 实验总结

1) 分析表 2-3 中的实验数据，说明静态工作点 I_{CQ} 和输出电压 U_o 波形有什么关系?

2) 若用示波器输入耦合 DC 档观察电路中电容 C_2 左右边两波形，有什么不同?为什么?

2.7 技能训练——焊接技术练习与负反馈放大器的组装调试

2.7.1 焊接技术实训

1. 实训目的

1) 学会元器件的成形方法与焊接工艺。

2) 掌握电烙铁的使用方法与技巧。

3) 掌握焊接“五步法”和“三步法”的操作要领。

2. 实训设备与器材

1) 焊接工具一套：20~35W 电烙铁一把；烙铁架、尖嘴钳、斜口钳、镊子、螺钉旋具和小刀等工具各一个。

2) 印制电路板、万能板、松香芯焊锡、松香焊剂、橡皮、细砂纸等若干。

3) 各种元器件(电阻、电容、二极管、晶体管等)若干；集成电路插座和单芯导线若干。

3. 实训内容与步骤

1) 用橡皮擦去印制电路板上的氧化物，并清理干净板面。

2）用细砂纸、小刀或橡皮除去元器件引脚上的氧化物、污垢，并清理干净。

3）按安装要求，使用镊子或尖嘴钳对元器件进行整形处理，如图 2-22 所示。其中，图 2-22a 为贴板横向安装的整形；图 2-22b 为贴板纵向安装的整形。

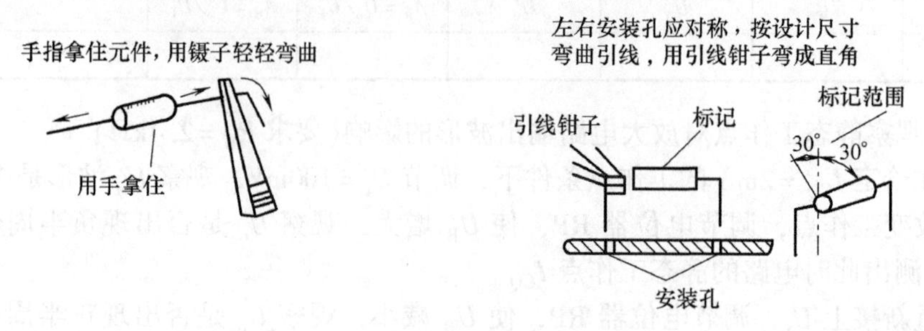

a）贴板横向安装的整形

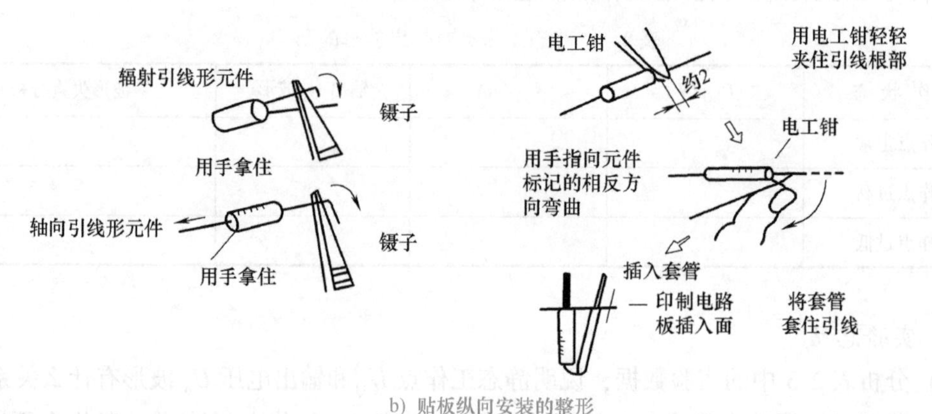

b）贴板纵向安装的整形

图 2-22 元器件的安装整形示意图

4）将整形好的元器件按要求插装在印制电路板上。

5）对导线的端头进行剪切、剥头、捻头、搪锡等处理。

6）在印制电路板上进行焊接训练。

手工焊接分五步(操作)法和三步(操作)法两种。五步法的正确焊接操作过程分以下五个步骤：

1）准备。焊接前应准备好焊接工具和材料，清洁被焊件及工作台，进行元器件的插装及导线端头的处理工作；然后左手拿焊锡，右手握电烙铁，进入待焊状态。

2）加热。用电烙铁加热被焊件，使焊接部位的温度上升至焊接所需温度。

3）加焊料。当焊件加热到一定温度后，即在烙铁头与焊接部位的结合处以及对称的一侧，加上适量的焊料。

4）移开焊料。当适量的焊料熔化后，迅速向左上方移开焊料；然后用烙铁头沿着焊接部位将焊料沿焊点拖动或转动一段距离(一般旋转 45°)，确保焊料覆盖整个焊点。

5）移开电烙铁。当焊点上的焊料充分润湿焊接部位时，立即向右上方 45°的方向移开电烙铁，焊接结束。

以上五步操作过程，一般要求在 2 ~ 3s 内完成；具体焊接时间还要视环境温度、电烙铁功率大小以及焊点的热容量来确定。五步操作法如图 2-23 所示。

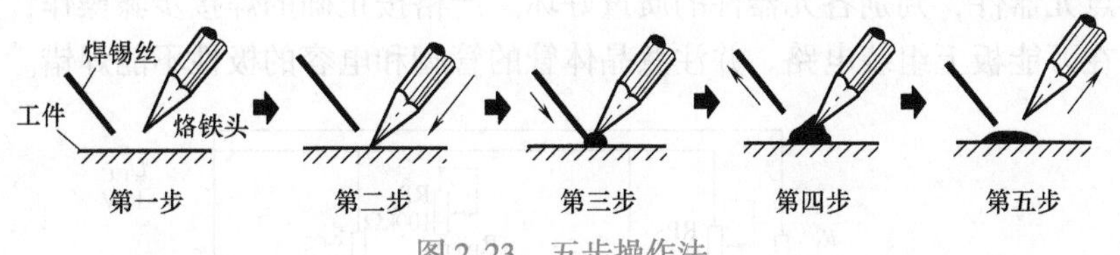

图 2-23 五步操作法

在焊点较小的情况下，可采用三步法完成焊接，如图 2-24 所示。三步法是将上述五步法中的第二步、第三步合为一步，即加热被焊件和加焊料同时进行；第四步、第五步合为一步，即同时移开焊料和电烙铁。

图 2-24 三步操作法

4. 实训注意事项

1）电烙铁在使用前，要进行安全检查。检查方法：用万用表检查电烙铁的电源线是否短路或开路；测量电烙铁是否漏电；检查电源线的装接是否牢固、固定螺钉是否松动等。

2）新买来的电烙铁一般不能直接使用，要先将烙铁头进行“上锡”后方能使用。操作方法：将电烙铁通电加热，趁热用锉刀将烙铁头上的氧化层锉掉，在烙铁头的新表面上熔化带有松香的焊锡，直至烙铁头表面薄薄地镀上一层锡为止。

3）电烙铁在使用过程中不要敲击，过多的锡不得随意乱甩，防烧伤烫伤。不要使用烙铁头作为运载焊锡的工具。

4）较长时间不使用电烙铁时，应断开电源。在使用一段时间后，应将烙铁头取出，除去外表面上的氧化层。

5）焊点要圆润、光滑，焊锡适中，不应有虚焊、拉尖、桥接和球焊等。

5. 实训思考

1）如何清除元器件和电路板上的氧化物及污垢？

2）为什么在焊接前要对元器件引脚进行搪锡处理？

3）简述焊接技术的基本步骤。

4）在焊接各环节中需要注意哪些问题？

2.7.2 负反馈放大器的组装与调试

1. 实训目的

1）能理解开环和闭环的含义，并用万能板正确组装电压串联负反馈放大电路。

2）会测试放大电路开环和闭环的电压放大倍数、输入电阻和输出电阻。

3）能通过调试具体放大器，进一步理解负反馈对放大电路输出非线性失真的改善。

2. 实训设备与器材

示波器、函数信号发生器、直流稳压电源、毫伏表、万用表各一块；负反馈放大器套件一套；电烙铁、松香、焊锡、镊子、尖嘴钳、剪线钳等组合工具一套。

3. 实训内容与步骤

（1）负反馈放大器的组装　图 2-25 为负反馈放大电路的原理图，对照原理图写出元器件清单并清点元器件，判别各元器件的质量好坏。严格按正确的焊接步骤操作，元器件引线成型规范，在万能板上组装电路。并注意晶体管的管脚和电容的极性不能焊错。

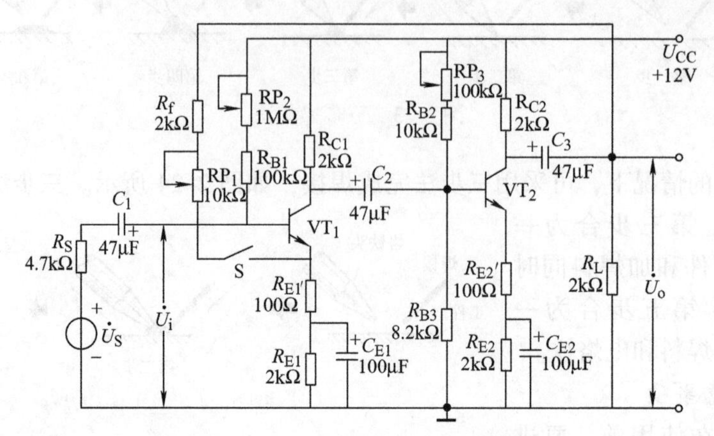

图 2-25 负反馈放大器原理电路图

(2) 静态工作点的调试

1) 调节直流稳压电源使输出为12V，将该电压接到组装好的电路板上。

2) 断开S，电路处于开环状态。

3) 用最大不失真法调整工作点：调节函数信号发生器，输出频率为1kHz、电压为15mV的信号，接到放大电路的输入端，将示波器接到放大器的输出端，观察输出波形是否得到放大。反复调节电路元件RP_2、RP_3使示波器上显示的正弦波波形幅值最大，且不失真。此时电路静态工作点为最佳工作点。测试并记录于表2-4。

4) 或者用给定工作点法调试静态情况：给定条件$I_{C1}=1.5\text{mA}$，$I_{C2}=2.0\text{mA}$。测试并记录于表2-4。

表 2-4 放大电路静态测试

管 号	测试值			由测试值计算		
	V_B/V	V_C/V	V_E/V	U_{BE}/V	U_{CE}/V	I_C/mA
VT_1						
VT_2						

(3) 动态测试 调节函数信号发生器，给电路输入$U_S=15\text{mV}$的中频正弦信号（f为1kHz）。在开环与闭环两种情况下，用示波器监视输出波形，在输出波形不失真时分别测试电路的电压放大倍数、输入电阻、输出电阻。记录于表2-5中。

表 2-5 电压放大倍数、输入电阻、输出电阻测量

测试条件	测试值				由测试值计算				
	U_S/mV	U_i/mV	U_o/V	U_o'/V	A_u	A_u'	稳定性	r_i/Ω	r_o/Ω
开环									
闭环									

(4) 观察负反馈对输出非线性失真的改善 在电路开环情况下，重新调试电路静态和动态工作情况，使输出波形失真，正负两半周明显不对称，此时接上负反馈支路，观察输出波形的变化情况，进一步理解负反馈对放大电路输出非线性失真的改善。

4. 实训注意事项

1）焊接前要对照原理图写出元器件清单并清点元器件；判别各元器件的质量好坏。

2）安装电路板时，应注意晶体管的管脚和电容的极性不能焊错。

3）严格按正确的步骤操作，元器件引线成型规范。

4）在观察波形饱和或截止失真时，若调节电位器改变静态工作点时现象不明显，可适当增大输入信号幅值。

5. 实训思考

1）在安装电路板的过程中，应注意哪些问题？

2）如何调试放大电路的静态工作点？有几种方法？

3）反馈网络对放大电路有何影响？

本章小结

(1) 放大电路是用来对信号电压或电流进行控制与放大的电路。其主要性能指标有放大倍数、输入电阻及输出电阻等。

(2) 放大电路的分析包括静态分析和动态分析。静态分析的目的是确定静态工作点是否满足晶体管的放大条件；动态分析用来确定 A_u、r_i 和 r_o 等动态参数，一般采用微变等效电路法。

(3) 放大器静态工作点对信号状态产生影响。工作点不合适可能导致截止失真或饱和失真。

(4) 晶体管放大电路有三种组态，其中共发射极放大电路的电压和电流放大倍数都较大；共集电极放大电路的输入电阻大、输出电阻小，电压放大倍数接近1，适用于信号的跟随。

(5) 多级放大电路有三种耦合方式：阻容耦合、变压器耦合和直接耦合。

(6) 负反馈用以提高和改善放大电路的性能。有电压串联负反馈、电压并联负反馈、电流串联负反馈和电流并联负反馈等四种基本形式。

(7) 焊接技术是电子电路的基本技能，常用“五步操作法”和“三步操作法”。

(8) 通过单管放大电路实验和负反馈放大器的组装与调试，掌握对电路调试与检测的基本方法。

练　习

2-1 在图2-26所示电路中，哪些可以实现交流电压放大？哪些不能实现交流电压放大？为什么？

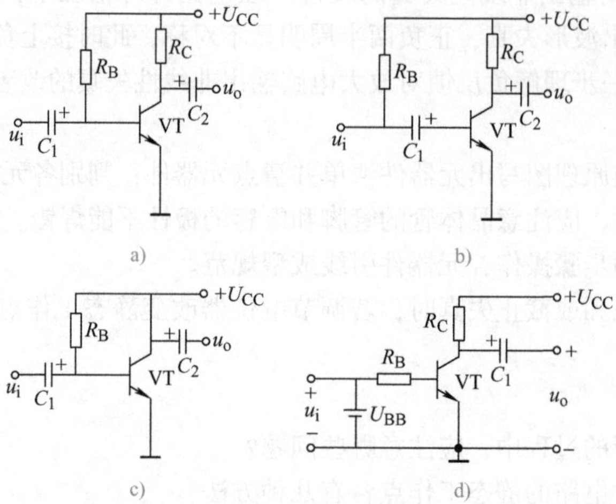

a) b)

c) d)

图 2-26 题 2-1 图

2-2 画出图 2-27 所示电路的直流通路和交流通路。设各电路工作在小信号状态，画出它们的微变等效电路。

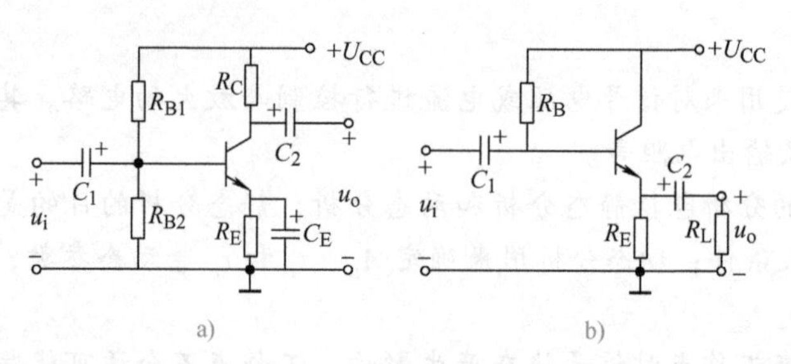

图 2-27 题 2-2 图

2-3 在用示波器观测图 2-28a 所示电路输出波形时，出现了图 2-28b 所示的波形，试分析属于何种失真？应如何调节 R_B 来消除失真？

2-4 电路如图 2-29 所示，调节电位器可以调节放大电路的静态工作点。已知 $R_C = 3\text{k}\Omega$，电源 $U_{CC} = 12\text{V}$，晶体管为 3DG100，$\beta = 50$，求：

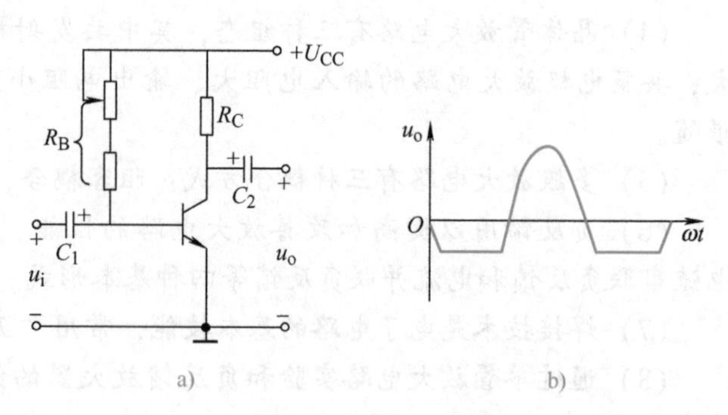

图 2-28 题 2-3 图

（1）如果要求 $I_{CQ} = 2\text{mA}$，R_B 值应为多大。

（2）如果要求 $U_{CEQ} = 4.5\text{V}$，R_B 值又应为多大。

2-5 电路如图 2-30 所示，设放大电路中晶体管的 $\beta = 30$，$U_{BEQ} = 0.7\text{V}$。

（1）估算静态工作点。

（2）画出微变等效电路。

（3）求电压放大倍数 A_u，输入电阻 r_i 和输出电阻 r_o。

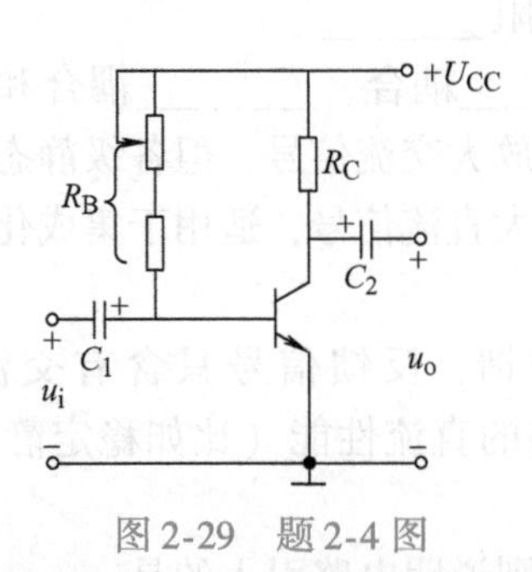

图2-29 题2-4图

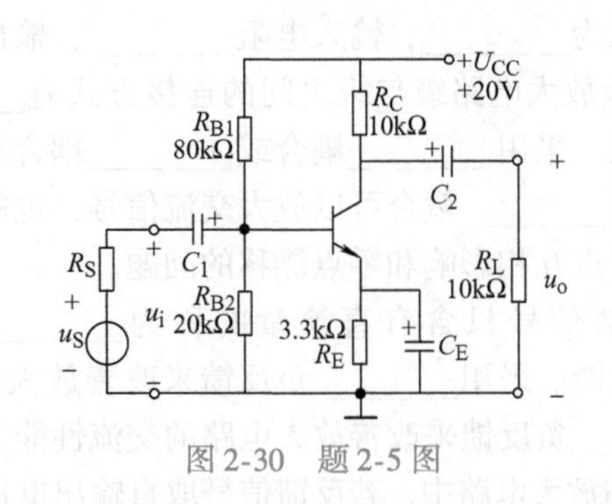

图2-30 题2-5图

2-6 在图2-31所示两级阻容耦合放大电路中，已知 $U_{CC}=12V$，$R_{B1}=22k\Omega$，$R_{B2}=15k\Omega$，$R_{C1}=3k\Omega$，$R_{E1}=4k\Omega$，$R_{B3}=120k\Omega$，$R_{E2}=3k\Omega$，$R_L=3k\Omega$，$\beta_1=\beta_2=50$。

(1) 试求各级静态工作点。设 $U_{BE}=0.7V$。

(2) 画出放大电路的微变等效电路，并求各级电路的电压放大倍数和总的电压放大倍数。

(3) 后级采用射极输出器，有何优点？

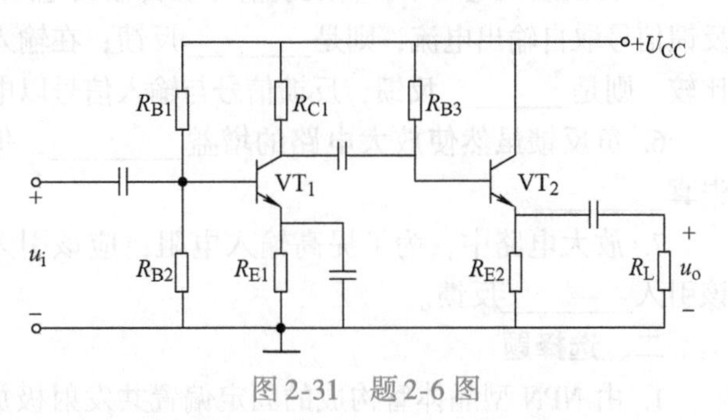

图2-31 题2-6图

2-7 指出图2-32所示放大电路中的交流反馈环节，判断反馈类型。并说明各反馈放大器在接入反馈回路前后，在输入电阻、输出电阻、输出电压（或电流）等方面的变化情况。

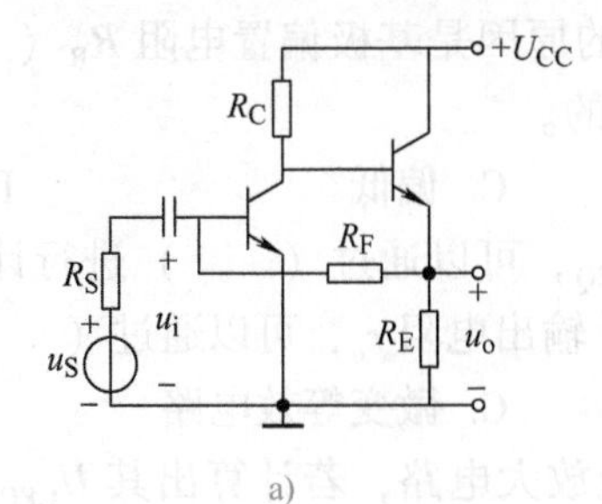

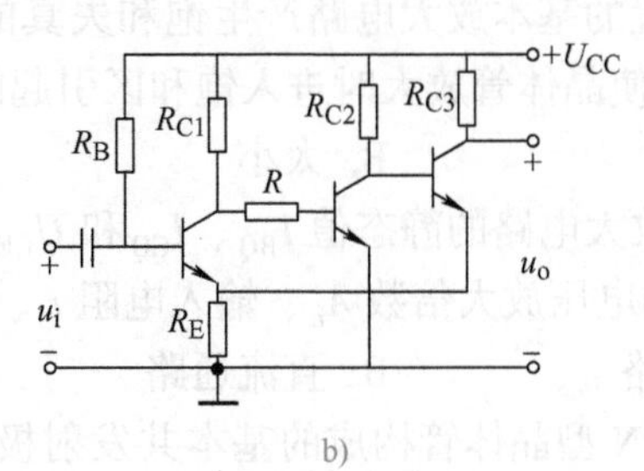

图2-32 题2-7图

自 测

一、填空题

1. 放大电路的输入电阻越大，放大电路向信号源索取的电流就越________，输入电压也就越________；放大电路的输出电阻越小，负载对输出电压的影响就越________，放大电路的负载能力就越________。

2. 共集电极放大电路（又叫射极输出器）的输出电压与输入电压________相，电压放大倍数近似为________，输入电阻________，输出电阻________。

3. 多级放大电路级与级之间的连接方式有________耦合、________耦合和________耦合三种形式。采用________耦合或________耦合只能放大交流信号，但各级静态工作点彼此独立；采用________耦合可以放大交流信号，也能放大直流信号，适用于集成化，但存在各级静态工作点互相影响和零点漂移的问题。

4. 反馈信号只含有直流量的称为________反馈，反馈信号只含有交流量的称为________反馈。采用________负反馈来改善放大电路的直流性能（比如稳定静态工作点），采用________负反馈来改善放大电路的交流性能。

5. 反馈放大电路中，若反馈信号取自输出电压，则说明电路引入的是________反馈，若反馈信号取自输出电流，则是________反馈；在输入端，反馈信号与输入信号以电压方式进行比较，则是________反馈，反馈信号与输入信号以电流方式进行比较，则是________反馈。

6. 负反馈虽然使放大电路的增益________，但是，能使增益的________提高，非线性失真________。

7. 放大电路中，为了提高输入电阻，应该引入________反馈，为了降低输入电阻，应该引入________反馈。

二、选择题

1. 由NPN型晶体管构成的固定偏置共发射极放大电路中，输入正弦波信号，输出正弦波电压出现正半周顶部削平的失真，这种失真是（　　）。

A. 饱和失真　　B. 截止失真　　C. 频率失真

2. 放大电路在加了直流电源、但没有输入待放大信号（$u_i=0$）时的工作状态称为（　　）。

A. 动态　　B. 静态　　C. 放大状态

3. 固定偏置的基本放大电路产生饱和失真的原因是基极偏置电阻R_B（　　），静态工作点（　　），使晶体管放大时进入饱和区引起的。

A. 太大　　B. 太小　　C. 偏低　　D. 偏高

4. 要分析放大电路的静态值I_{BQ}、I_{CQ}和U_{CEQ}，可以通过（　　）进行计算；要分析小信号放大电路的电压放大倍数A_u、输入电阻r_i、输出电阻r_o，可以通过（　　）进行计算。

A. 交流通路　　B. 直流通路　　C. 微变等效电路

5. 对于NPN型晶体管构成的基本共发射极放大电路，若计算出其$U_{CEQ}<1V$，则说明晶体管工作在（　　）状态。

A. 放大　　B. 饱和　　C. 截止

6. 共发射极放大电路中电压放大倍数的值为负值，负号表明（　　）。

A. 输出电压值比输入电压值小　　B. 输出电压与输入电压同相

C. 输出电压与输入电压反相

7. 共集电极放大电路又叫射极输出器，其电压放大倍数（　　），输入电阻（　　），输出电阻（　　）。

A. 等于1　　B. 小于1又约等于1　　C. 很大　　D. 很小

8. 放大电路中广泛采用负反馈的原因是（　　）。

A. 提高电路的放大倍数　　B. 改善电路的放大性能

C. 提高电路的输出功率

9. 直流负反馈在放大电路中的主要作用是（　　）。

A. 提高输入电阻　　B. 降低输入电阻

C. 提高增益　　D. 稳定静态工作点

10. 并联负反馈能使放大电路的（　）。

A. 输入电阻增大　　B. 输入电阻减小

C. 输入电阻不变　　D. 输出电阻减小

三、判断下列说法是否正确，正确的在括号中画√，错误的画×。

（　　）1. 在固定偏置共发射极放大电路中，R_B为晶体管基极提供合适的偏置电流，所以称为基极偏置电阻。

（　　）2. 利用放大电路的直流通路，可以方便地分析计算放大电路的静态工作点。

（　　）3. 由晶体管组成的放大电路是将交流小信号放大成大信号，所以直流电源可有可无。

（　　）4. 固定偏置的基本共发射极放大电路产生非线性失真后，可以通过调节R_B改善失真，增大R_B可以改善截止失真。

（　　）5. 晶体管的输入电阻r_{be}是一个动态电阻，其值与静态工作点无关。

（　　）6. 利用放大电路的微变等效电路，可以很方便地分析计算放大电路的静态工作点。

（　　）7. 电压放大器的输入电阻越大，说明其从信号源索取电流越小，放大器获得的净输入电压U_i就越高。

（　　）8. 电压放大器的输出电阻越小，意味着放大器带负载的能力就越强。

（　　）9. 共集电极放大电路（射极输出器）的电压放大倍数小于1，该电路对输入电压没有放大作用，故在实际使用中基本没有用处。

（　　）10. 直接耦合放大电路只能放大直流信号，不能放大交流信号。

（　　）11. 电路中引入负反馈后，只能减小非线性失真，而不能完全消除失真。

（　　）12. 给放大电路加入负反馈的目的是改善其性能。

四、试分析并判断图2-33中级间反馈的极性和类型。

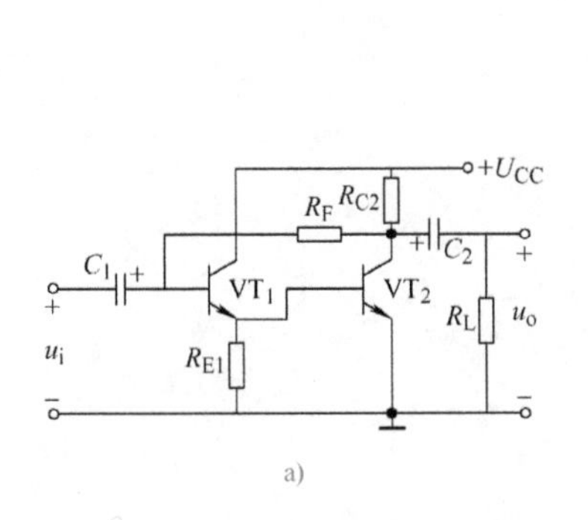

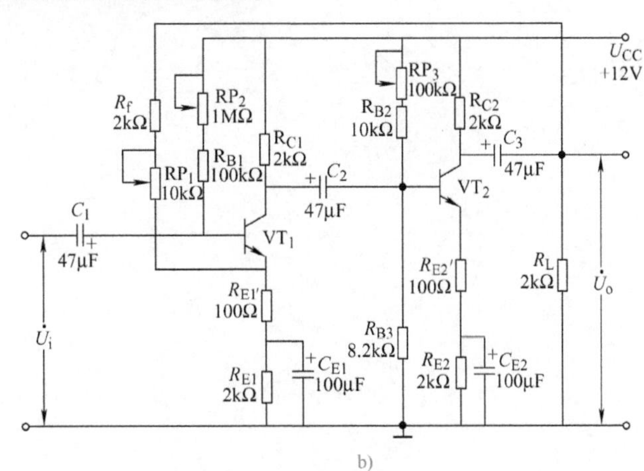

图2-33　自测四图

五、基本共发射极放大电路如图2-34所示，NPN型硅管的$\beta=100$。

1）估算静态工作点I_{CQ}和U_{CEQ}

2）求晶体管的输入电阻r_{be}值。

3）画出放大电路的微变等效电路。

4）求电压放大倍数A_u，输入电阻r_i和输出电阻r_o。

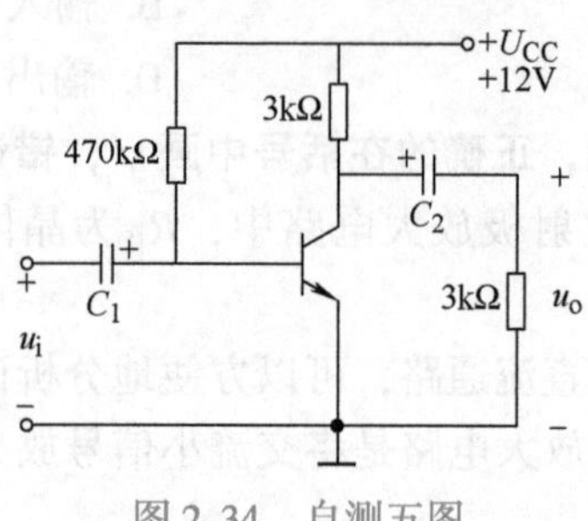

图2-34 自测五图

第3章 集成放大电路

学习目标

◇ 了解集成运放的组成和特点，熟悉其主要性能参数及使用方法。

◇ 学会分析集成运放的应用电路，并能对其进行调试和检测。

◇ 能初步分析集成运放的综合性应用。

3.1 集成运放及其组成

3.1.1 集成运放的组成

集成运算放大器是利用集成电路的制造工艺，将运算放大电路的所有元器件都制作在一块半导体硅基片上。最早应用于模拟信号运算，如比例、求和、积分等，故被称为**运算放大器**，简称**集成运放**。它是一种高放大倍数的多级直接耦合放大电路，现广泛应用于信号处理、信号变换及信号发生等方面，在其他相关领域也占有重要地位。

1. 集成运算放大器的内部电路简介

集成运放型号繁多，性能各异，内部电路各不相同，但其内部电路的基本结构却大致相同，可分为输入级、中间级、输出级及偏置电路四个部分。集成运放的原理框图如图3-1所示。

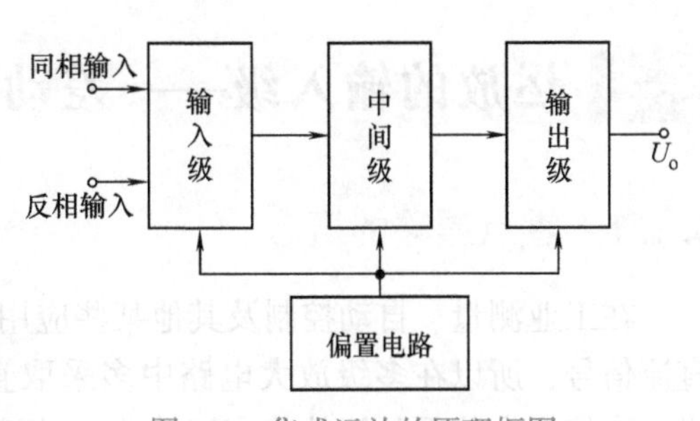

图3-1 集成运放的原理框图

（1）输入级　由差动放大器组成，是决定整个集成运放性能的最关键一级，不仅要求其零漂小，还要求其输入电阻高，输入电压范围大，并有较高的增益等。

（2）中间级　主要提供足够的电压放大倍数，同时承担将输入级的双端输出在本级变为单端输出，以及实现电位移动等。

（3）输出级　主要是给出较大的输出电压和电流，并起到将放大级与负载隔离的作用。输出级电路形式有射极输出器和互补对称电路。

（4）偏置电路　主要是用来向各放大级提供合适的静态工作电流，它决定各级的静态工作点。在集成电路中，广泛采用镜像电流源电路作为各级的恒流偏置电路。

2. 集成运算放大器的外形及电路符号

实际的集成运放组件有许多不同的型号和规格，其外形也不尽相同，如图3-2所示。

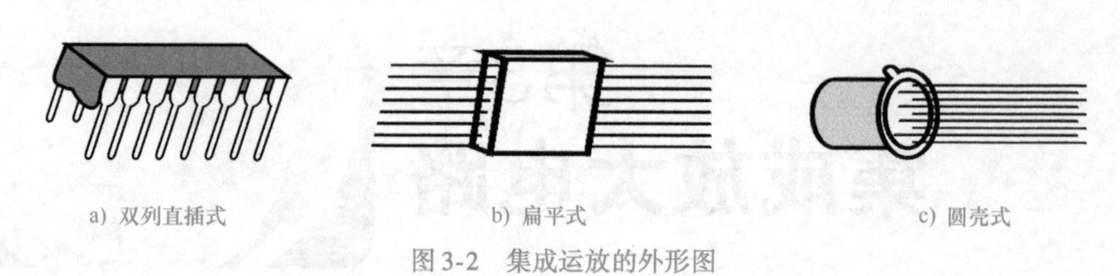

a) 双列直插式　　b) 扁平式　　c) 圆壳式

图 3-2　集成运放的外形图

集成运算放大器的外形虽不同，但其电路符号是相同的，如图 3-3 所示。它有同相端和反相端两个输入端，同相端标为“+”，其信号极性与输出信号相同；反相端标为“-”，其信号极性与输出信号相反。其余引脚因型号各异。图 3-4 是 F007 的引脚图。

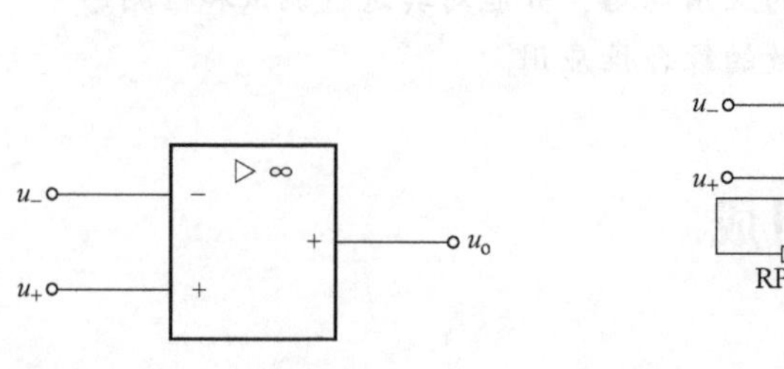

图 3-3　集成运算放大器电路符号

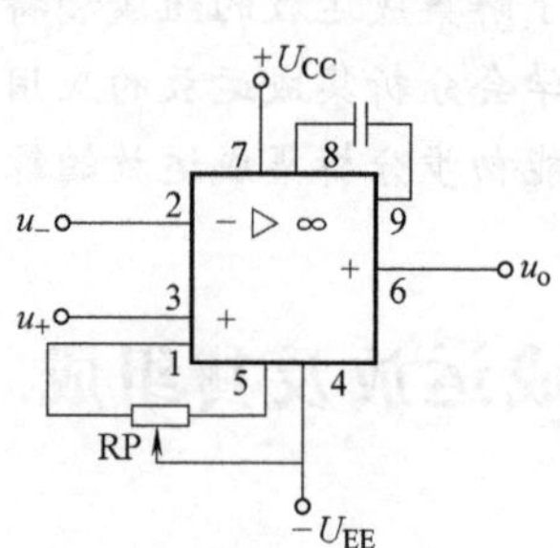

图 3-4　F007 引脚图

3.1.2　集成运放的主要参数

集成运放的主要参数有：开环差模电压放大倍数 A_{od}、最大输出电压 U_{om}、差模输入电阻 r_{id}、输出电阻 r_o、共模抑制比 K_{CMR}、最大差模输入电压 U_{idmax}、最大共模输入电压 U_{icmax}、输入失调电压 U_{IO} 等，集成运放的指标较多，请查阅有关集成电路手册。

3.2　运放的输入级——差动放大器

3.2.1　零点漂移的概念

在工业测量、自动控制及其他某些应用领域，需要放大的信号是缓慢变化信号，甚至是直流信号，所以在多级放大电路中多采取直接耦合方式。直接耦合使得各级的静态工作点 Q 相互影响，带来级间相互影响和零点漂移的问题。所谓**零点漂移**，是指输入电压为零时，输出电压偏离零值，时大时小、时快时慢的现象，如图 3-5 所示，零点漂移简称“**零漂**”。产生零漂的原因有温度变化、电源电压波动、晶体管参数变化等，但主要是由环境温度的变化引起的，所以零漂又称为**温漂**。

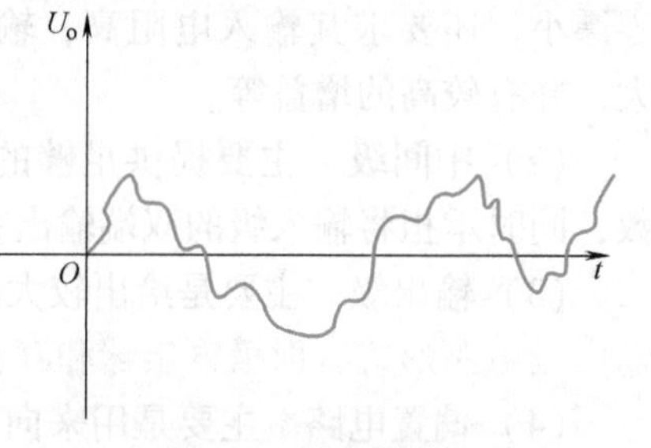

图 3-5　零点漂移

目前应用最广泛的、能有效抑制零漂的方法是在电路结构上采用差动放大电路。

3.2.2 典型差动放大电路分析

图3-6所示电路是长尾式差动放大电路，又称为射极耦合差动放大电路。电路的元器件参数左右完全对称，两个晶体管的温度特性也完全对称。该电路利用电路的结构对称抑制了零漂现象。

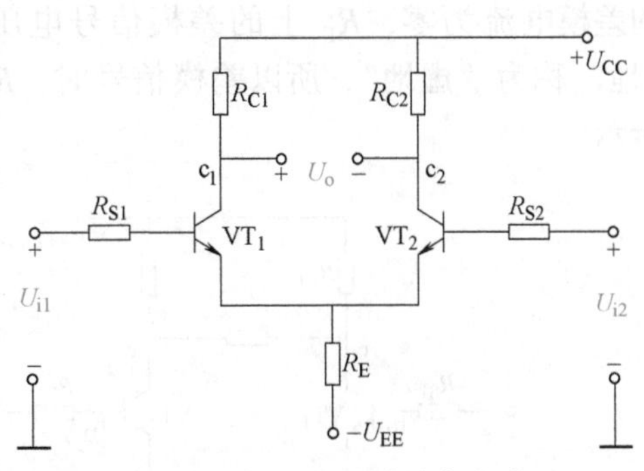

图3-6 长尾式差动放大电路

1. 对共模信号的抑制作用

所谓共模信号，是指在差动放大管 VT_1 和 VT_2 的基极接入幅度相等、极性相同的信号，即 $U_{i1}=U_{i2}$。

如图3-7a所示，在长尾电路中发射极电阻 R_E 上流过的电流有 I_{e1} 和 I_{e2}，即 R_E 上的共模信号电流是 $I_{e1}+I_{e2}=2I_e$，故对每一管而言，可视为在发射极接入射极电阻 $2R_E$，如图3-7b所示。

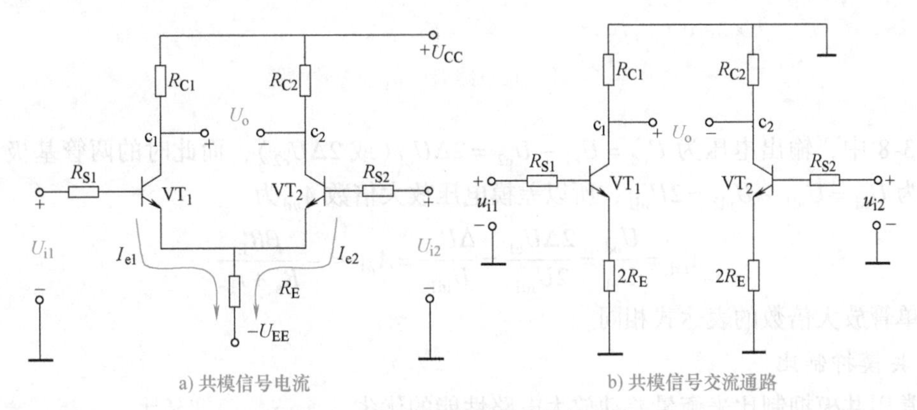

图3-7 长尾式共模信号等效电路

共模信号的作用对两管是同向的，如 $U_{i1}=U_{i2}=U_{ic}$，均为正，将引起两管电流同量增加，而两管的集电极电位也将同量减小，故从两管集电极输出的共模电压 U_{oc} 为零。由以上分析看出，共模信号在输出端都得到了有效的抑制。电路对共模信号的放大倍数称为**共模放大倍数**，由于该电路从两管集电极输出的共模电压为零，所以其共模放大倍数为零，见式(3-1)。说明当差动放大电路对称时，对共模信号的抑制能力特强。

$$A_{uc}=\frac{U_{oc}}{U_{ic}}=0 \tag{3-1}$$

温度变化时的情况是共模的一种特例，如果温度上升，会使两个晶体管的电流均增加，则集电极电位 U_{c1}、U_{c2} 均下降，由于两管处于同一环境温度，因此两管电流的变化量和电位的变化量都相等，即 $\Delta I_{c1}=\Delta I_{c2}$、$\Delta U_{c1}=\Delta U_{c2}$，其输出电压仍然为零。故有效地抑制了零漂。

2. 对差模信号的放大作用

所谓差模信号，是指在差动放大管 VT_1 与 VT_2 的基极分别加入幅值相等而极性相反的

信号，即$U_{id1}=-U_{id2}$，差模信号引起两管电流反向变化，即一管电流上升而另一管电流下降。流过发射极电阻R_E的差模电流为$I_{e1}-I_{e2}$，由于电路对称，$|I_{e1}|=|I_{e2}|$，所以流过R_E的差模电流为零，R_E上的差模信号电压也为零，故可将发射极电位视为地电位，此处“地”称为“**虚地**”，所以差模信号时，R_E对电路不产生任何影响。其等效电路如图3-8所示。

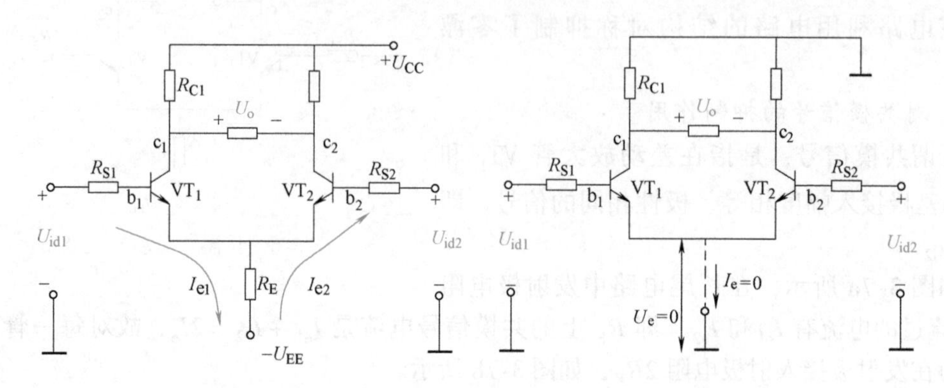

a) 差模信号电流情况　　　b) 差模信号等效电路

图3-8　长尾式电路差模信号等效电路

图3-8中，输出电压为$U_{od}=U_{c1}-U_{c2}=2\Delta U_{c1}$（或$2\Delta U_{c2}$），而此时的两管基极$b_1$、$b_2$的信号为$U_{id}=U_{id1}-U_{id2}=2U_{id1}$，所以差模电压放大倍数$A_{ud}$为

$$A_{ud}=\frac{U_{od}}{U_{id}}=\frac{2\Delta U_{c1}}{2U_{id1}}=\frac{\Delta U_{c1}}{U_{id1}}=A_{u1}\approx-\frac{\beta R'_L}{R_s+r_{be}} \tag{3-2}$$

和单管放大倍数的表达式相同。

3. 共模抑制比

通常用共模抑制比来衡量差动放大电路性能的优劣。所谓**共模抑制比**，是指差模电压放大倍数与共模电压放大倍数的比值，用K_{CMR}来表示，其定义如下：

$$K_{CMR}=\left|\frac{A_{ud}}{A_{uc}}\right| \tag{3-3}$$

共模抑制比的值越大，表示电路对共模信号的抑制能力越好，它的对数形式如式(3-4)所示，单位是分贝(dB)。

$$K_{CMR}=20\lg\left|\frac{A_{ud}}{A_{uc}}\right|=20\lg|A_{ud}|-20\lg|A_{uc}| \tag{3-4}$$

4. 差动放大器的四种接法

差动放大电路的输入形式可以是双端输入，也可以是单端输入；输出形式可以是双端输出，也可以是单端输出，故差动放大器共有四种接法，即双端输入双端输出、双端输入单端输出、单端输入双端输出、单端输入单端输出。两种输入方式没有本质区别，单端输入可以理解为双端输入的一种特例；而单端输出和双端输出不一样，单端输出时的差模电压放大倍数是双端输出时的一半，共模放大倍数也不再为零，而是与发射极电阻R_E有关。为更好地抑制共模信号，可以将R_E改为恒流源。

3.3 运放的输出级——互补对称电路

集成运放的输出级要求具有较高的输出功率或者要求具有较大的输出动态范围，主要功能是向负载提供较大功率，这类电路称为**功率放大电路**。根据静态工作点的位置不同，功率放大电路可分为甲类、乙类、甲乙类等形式。

甲类功率放大电路的静态工作点设置在交流负载线的中间。在工作过程中，晶体管始终处于导通状态。这种电路功率损耗较大，效率较低，最高只能达到50%。乙类功率放大电路的静态工作点设置在截止区，晶体管仅在输入信号的半个周期导通。甲乙类功率放大电路的静态工作点介于甲类和乙类之间，在靠近截止区的放大区内，晶体管在大半个周期内都有电流流过，如图3-9所示。

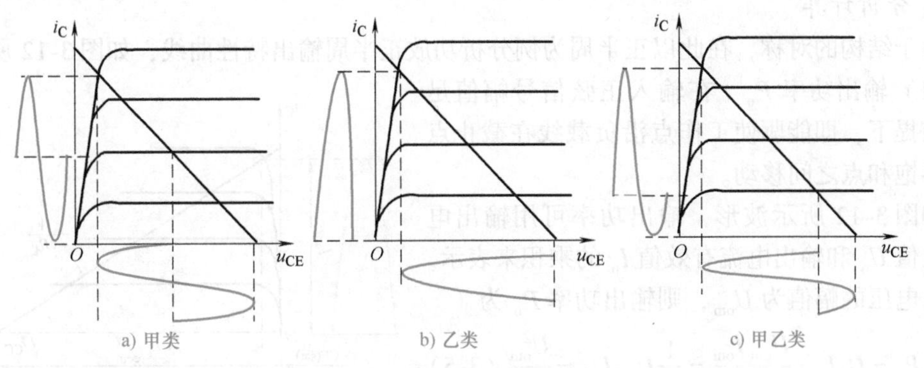

图3-9 三类功放的静态示意图

3.3.1 乙类互补对称电路

1. 电路组成及工作原理

双电源构成的乙类互补对称电路如图3-10所示，VT_1、VT_2 的管型分别是NPN型和PNP型，静态时，$U_B=0$、$U_E=0$，偏置电压为零，两管均处于截止状态，负载中没有电流，电路工作在乙类状态。动态时，在 u_i 的正半周，VT_1 导通而 VT_2 截止，VT_1 以射极输出器的形式将正半周信号传输给负载；在 u_i 的负半周，VT_2 导通而 VT_1 截止，VT_2 以射极输出器的形式将负半周信号传输给负载。可见在输入信号 u_i 的整个周期内，VT_1、VT_2 两管轮流交替地工作，互相补充，使负载获得完整的信号波形，故称**互补对称电路**。由于 VT_1、VT_2 都采用共集电极接法，故输出电阻较小。

2. 失真分析

实际的乙类互补对称电路，由于没有直流偏置，在输出电压过零的一个小区域内输出波形产生了失真，如图3-11所示，这种现象称为**交越失真**。产生交越失真的原因在于 VT_1、VT_2 发射结静态偏压为零，放大电路工作在乙类状态。消除交越失真的方法：给 VT_1、VT_2 发射结加适当的正向偏压，以便产生一个不大的静态偏流，使 VT_1、VT_2 导通时间稍微超过半个周期，即工作在甲乙类状态。

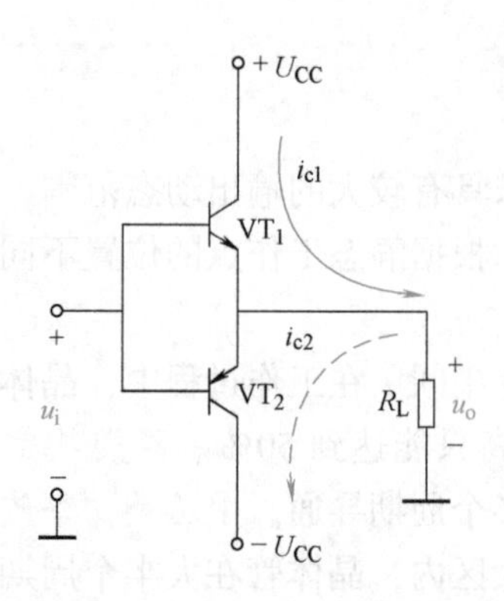

图 3-10 乙类互补对称电路的原理图

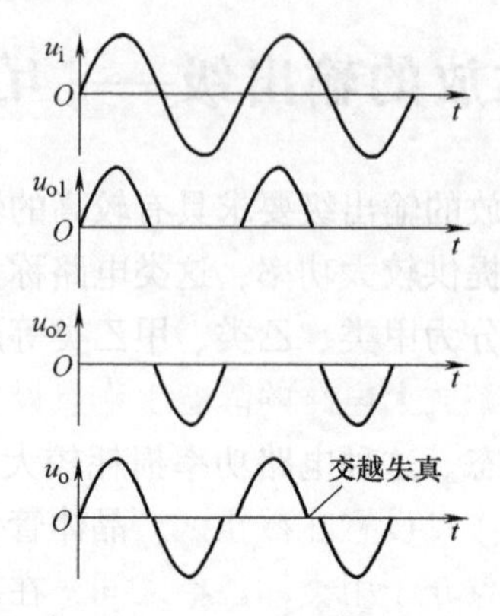

图 3-11 输出波形失真图

3. 分析计算

由于结构的对称，在此以正半周为例分析功放正半周输出特性曲线，如图 3-12 所示。

(1) 输出功率 P_o 在输入正弦信号幅值足够的前提下，即能驱使工作点沿负载线在截止点与临界饱和点之间移动。

如图 3-12 所示波形，输出功率可用输出电压有效值 U_o 和输出电流有效值 I_o 的乘积来表示。设输出电压的幅值为 U_{om}，则输出功率 P_o 为

$$P_o=U_oI_o=\frac{U_{om}}{\sqrt{2}}\frac{I_{om}}{\sqrt{2}}=\frac{1}{2}U_{om}I_{om}=\frac{U_{om}^2}{2R_L} \quad (3\text{-}5)$$

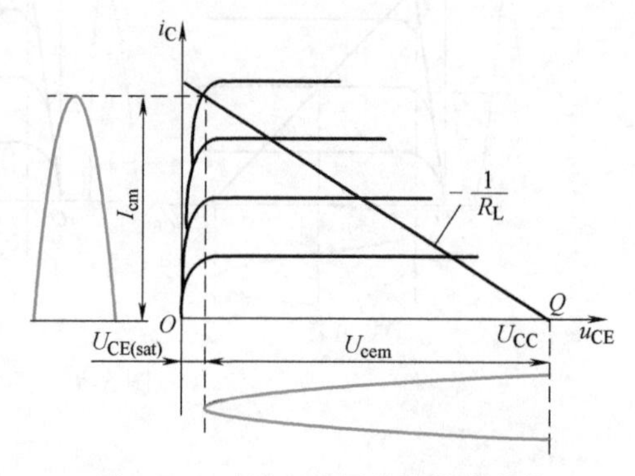

图 3-12 功放正半周输出特性曲线

乙类功放电路中的 VT_1、VT_2 可以看成工作在射极输出器状态，$A_u\approx1$。当输入信号足够大，使 $U_{im}=U_{om}=U_{cem}=U_{CC}-U_{CES}\approx U_{CC}$ 和 $I_{om}=I_{cm}$ 时，可获得最大的输出功率 P_{om} 为

$$P_{om}=\frac{U_{om}^2}{2R_L}=\frac{U_{CC}^2}{2R_L} \quad (3\text{-}6)$$

(2) 晶体管的管耗 P_V

$$P_V=P_{V1}+P_{V2}=\frac{2}{R_L}\left(\frac{U_{CC}U_{om}}{\pi}-\frac{U_{om}^2}{4}\right) \quad (3\text{-}7)$$

可求得当 $U_{om}=\frac{2}{\pi}U_{CC}\approx0.6U_{CC}$ 时，晶体管消耗的功率最大，其值为

$$P_{Vmax}=\frac{2U_{CC}^2}{\pi^2R_L}=\frac{4}{\pi^2}P_{om}\approx0.4P_{om} \quad (3\text{-}8)$$

每个晶体管的最大管耗为
$$P_{V1max}=\frac{1}{2}P_{Vmax}=0.2P_{om} \quad (3\text{-}9)$$

(3) 电源提供的功率 电路中电源所提供的总功率应是输出功率和电路管耗的总和，其表达式为

$$P_{DC}=P_o+P_V=\frac{U_{om}^2}{2R_L}+\frac{2}{R_L}\left(\frac{U_{CC}U_{om}}{\pi}-\frac{U_{om}^2}{4}\right)=\frac{2U_{CC}U_{om}}{\pi R_L} \tag{3-10}$$

（4）效率 η　效率是指输出功率与电源总功率的比值，即

$$\eta=\frac{P_o}{P_{DC}}=\frac{U_{om}^2}{2R_L}\frac{\pi R_L}{2U_{CC}U_{om}}=\frac{\pi}{4}\frac{U_{om}}{U_{CC}} \tag{3-11}$$

当 $U_{om}\approx U_{CC}$时，将其代入式(3-11)可得输出电压最大时电路的效率 $\eta\approx78.5\%$。

（5）功率晶体管的选择条件　在乙类互补对称电路中，功率晶体管的选择应满足以下基本条件：

$$P_{CM}>P_{V1}\approx0.2P_{om}；\ |U_{(BR)CEO}|>2U_{CC}；\ I_{CM}>\frac{U_{CC}}{R_L}。$$

3.3.2　甲乙类互补对称电路

1. 电路及工作原理

为了克服乙类互补对称电路的交越失真，需要给电路设置静态偏置，使之工作在甲乙类状态。如图 3-13 所示，VT_1、VT_2 组成互补对称输出级。静态时，VD_1、VD_2 导通产生的压降为 VT_1、VT_2 提供了一个适当的偏压，使它们处于微导通，工作在甲乙类状态，但由于 VT_1、VT_2 对称，负载中仍无电流流过，U_E 仍为零。这样，即使动态输入信号 u_i 很小(VD_1 和 VD_2 的交流电阻也小)，也可线性地进行放大，克服了交越失真，其计算分析同乙类互补对称电路。

2. 单电源甲乙类互补对称电路(OTL 电路)

在实际应用中，为了简化电源，经常采用单电源供电，如图 3-14 所示。

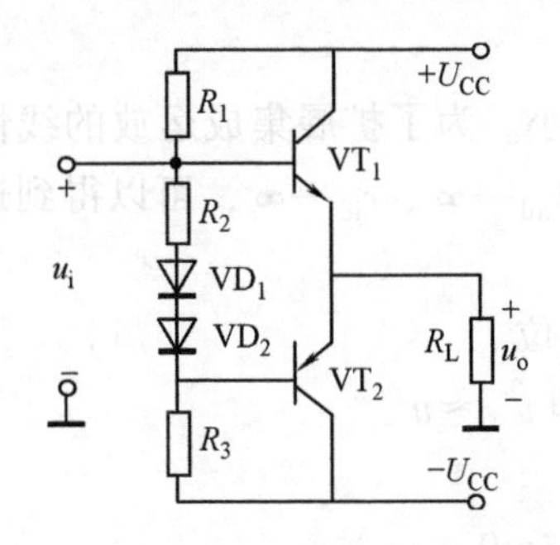

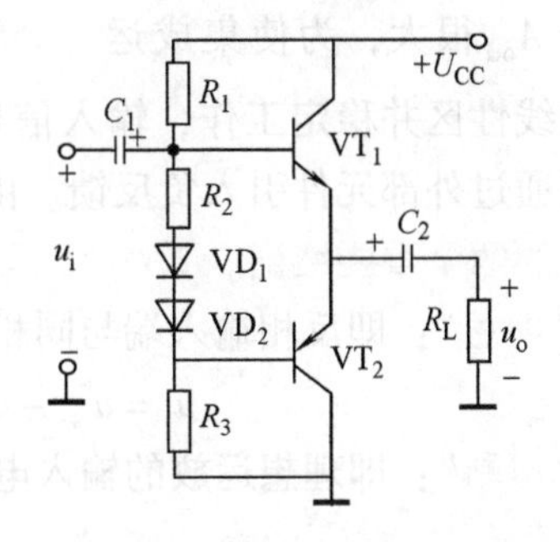

图 3-13　甲乙类互补对称电路图　　　　图 3-14　单电源甲乙类互补对称电路图

必须指出，采用单电源的互补对称电路，由于每个晶体管的工作电压不是原来的 U_{CC}，而是$\frac{1}{2}U_{CC}$，即输出电压幅值 U_{om} 最大也只能达到约$\frac{1}{2}U_{CC}$，所以前面导出的计算 P_o、P_V 和 P_{DC}的最大值公式，必须加以修正才能使用，要以$\frac{1}{2}U_{CC}$代替原来公式中的 U_{CC}。

3.4　集成运放的应用

集成运放的应用，最早始于模拟量的运算，随着集成电路技术的迅速发展，集成运放的

性能得到了很大程度的改进和提高，从而使集成运放的应用日益广泛。集成运放的应用电路从功能上分有信号运算电路、信号处理电路、信号产生电路等。

3.4.1 集成运放的理想特性

1. 理想指标

在分析集成运放组成的各种电路时，可将实际运放作为理想运放来处理，这不仅使电路的分析简化，而且所得结果与实际情况非常接近。现将前面讨论的运放指标中几个重要指标理想化的情况概括如下：

1）开环差模电压放大倍数 $A_{ud}\to\infty$

2）差模输入电阻 $r_{id}\to\infty$

3）输出电阻 $r_o\to 0$

4）共模抑制比 $K_{CMR}\to\infty$

5）失调电压、失调电流及它们的温漂均为零。

2. 集成运放的传输特性

如图3-15所示，u_P 与 u_N 的差值是输入信号，u_o 是输出信号，输入、输出呈比例关系的区域定义为**线性区**，输出与输入基本无关的水平部分定义为**非线性区**。

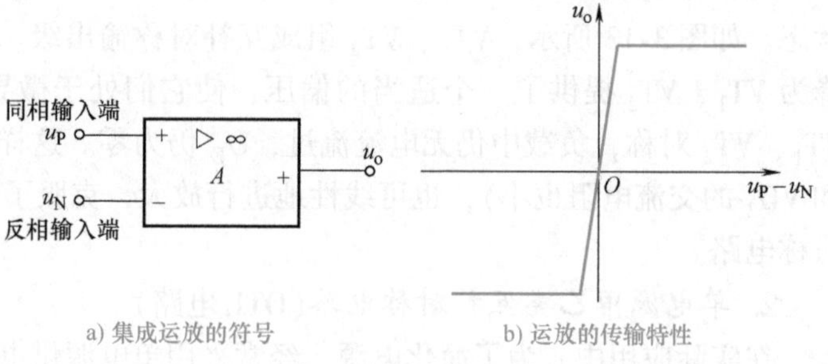

图3-15 集成运放的符号及传输特性

3. 线性区特点

由于 A_{od} 很大，为使集成运放工作在线性区并稳定工作，输入信号变化范围应很小。为了扩展集成运放的线性工作范围，必须通过外部元件引入负反馈。由于理想运放的 $A_{ud}\to\infty$、$r_{id}\to\infty$，可以得到运放工作在线性区的两个重要结论。

1）“虚短”：即反相输入端与同相输入端近似等电位。

$$u_i = u_+ - u_- = u_o/A_{ud}\to 0 \text{ 即 } u_+\approx u_- \tag{3-12}$$

2）“虚断”：即理想运放的输入电流为零。

$$i_+ = i_- = u_i/r_{id}\to 0 \text{ 即 } i\approx 0 \tag{3-13}$$

4. 非线性区特点

集成运放工作在开环状态或接入正反馈时，处于非线性状态，输入端加微小的电压变化量都将使输出电压超出线性放大范围达到正向饱和电压 $+U_{om}$ 或负向饱和电压 $-U_{om}$，其值接近正负电源电压。在非线性状态下也有两条重要结论：

1）“虚短”不成立。输出电压有两种取值可能：$u_+>u_-$ 时，$u_o=+U_{om}$；$u_+<u_-$ 时，$u_o=-U_{om}$。

2）“虚断”依然成立。$i_+=i_-=0$，即 $i\approx 0$。

根据以上讨论可知，在分析集成运放电路时，首先应判断它工作在什么区域，然后才能利用上述有关结论进行分析。

3.4.2 集成运放的线性应用

1. 比例运算电路

输出量与输入量成比例的运算放大电路称为**比例运算电路**。

(1) 反相比例运算电路 电路形式如图3-16所示。

利用运放工作在线性区的两个结论可得：$u_+ = u_- = 0$，$i_1 = i_f$，根据上述关系可进一步得出：

$$i_1 = \frac{u_i - u_-}{R_1} = \frac{u_i}{R_1} = i_f = \frac{u_- - u_o}{R_f} = -\frac{u_o}{R_f}$$

即

$$u_o = -\frac{R_f}{R_1}u_i \tag{3-14}$$

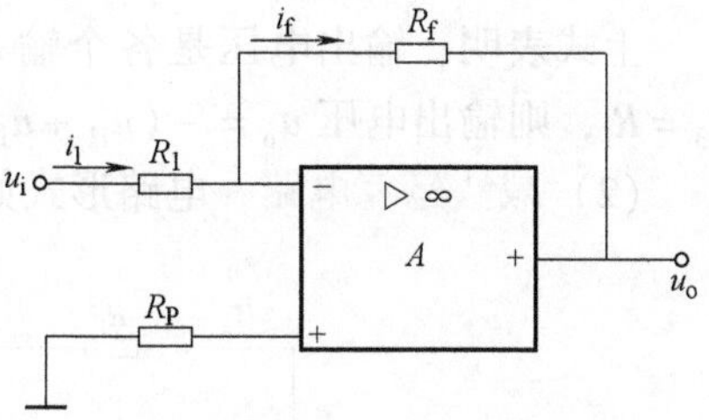

图3-16 反相比例运算电路

由上式可知，该电路的输出电压与输入电压成比例，且相位相反，实现了信号的反相比例运算。其比值仅与$\frac{R_f}{R_1}$有关，而与集成运放的参数无关，只要R_1和R_f的阻值精度稳定，便可得到精确的比例运算关系。当R_f和R_1相等时，$u_o = -u_i$，该电路成为一个反相器。

反相比例运算电路的反馈类型是深度电压并联负反馈。R_P是平衡电阻，用以提高输入级的对称性，一般取$R_P = R_1 // R_f$。

(2) 同相比例运算电路 电路形式如图3-17所示。

$$u_+ = u_- = u_i，\ i_+ = i_- = 0$$

$$u_- = u_+ = u_i = \frac{R_1}{R_1 + R_f}u_o$$

所以

$$u_o = \left(1 + \frac{R_f}{R_1}\right)u_- = \left(1 + \frac{R_f}{R_1}\right)u_i \tag{3-15}$$

上式表明输出电压与输入电压成同相比例关系，比例系数$\left(1 + \frac{R_f}{R_1}\right) \geqslant 1$，且仅与电阻$R_1$和$R_f$有关。当$R_f = 0$或$R_1 \to \infty$时，$u_o = u_i$，该电路构成了电压跟随器，如图3-18所示，其作用类似于射极输出器，利用其输入电阻高、输出电阻低的特点可作为缓冲和隔离电路。

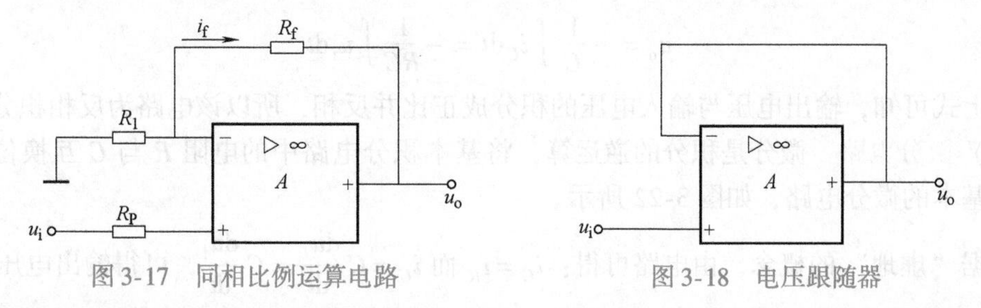

图3-17 同相比例运算电路　　图3-18 电压跟随器

同相比例运算电路引入的是电压串联负反馈，所以输入电阻很高，输出电阻很低。

2. 加、减运算电路

(1) 加法运算电路 电路形式如图3-19所示，图中画出三个输入端，实际上可以根据需要增加输入端的数目，其中平衡电阻 R_P 取值为：$R_P=R_1//R_2//R_3//R_f$。

由理想运放的条件知，运放的输入电流 $i=0$，所以有

$$i_f=i_1+i_2+i_3 \quad 即 \quad -\frac{u_o}{R_f}=\frac{u_{i1}}{R_1}+\frac{u_{i2}}{R_2}+\frac{u_{i3}}{R_3}$$

得

$$u_o=-\left(\frac{R_f}{R_1}u_{i1}+\frac{R_f}{R_2}u_{i2}+\frac{R_f}{R_3}u_{i3}\right) \tag{3-16}$$

上式表明，输出电压是各个输入电压按比例相加，其中负号表示反相。若 $R_1=R_2=R_3=R_f$，则输出电压 $u_o=-(u_{i1}+u_{i2}+u_{i3})$。

（2）减法运算电路 电路形式如图 3-20 所示。若取 $R_1=R_2$，$R_f=R_3$，则

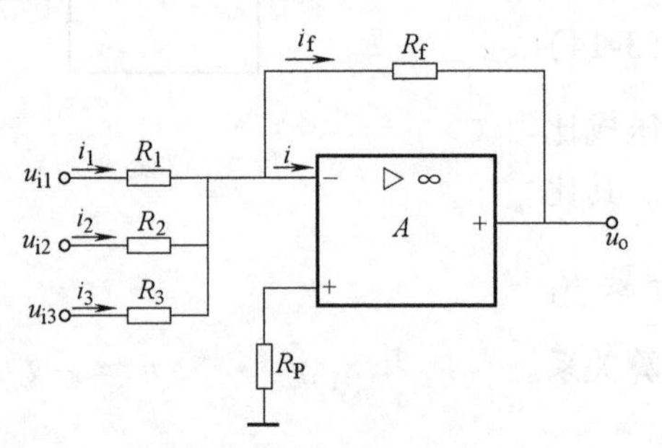

图 3-19 加法运算电路

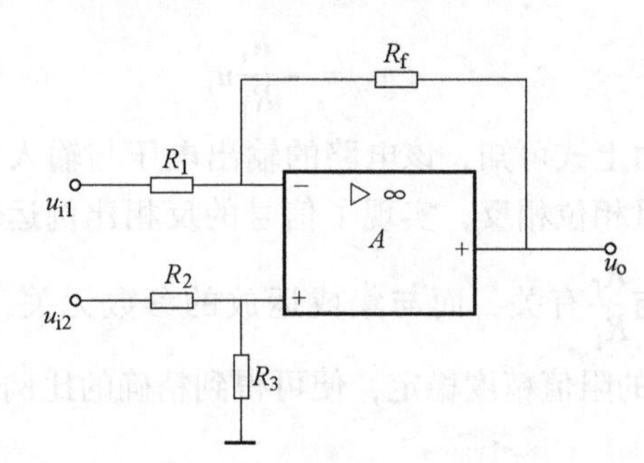

图 3-20 减法运算电路

$$u_-=\frac{R_f}{R_1+R_f}u_{i1}+\frac{R_1}{R_1+R_f}u_o \qquad u_+=\frac{R_3}{R_2+R_3}u_{i2}=\frac{R_f}{R_1+R_f}u_{i2}$$

由于 $u_-=u_+$ 所以

$$u_o=\frac{R_f}{R_1}(u_{i2}-u_{i1}) \tag{3-17}$$

若再取 $R_f=R_1$，则减法电路的表达式变为 $u_o=u_{i2}-u_{i1}$。

3. 积分、微分电路

（1）积分电路 把反相比例运算电路中的反馈电阻 R_f 用电容 C 代替，就构成了一个基本的积分电路，如图 3-21 所示。利用反相输入端是“虚地”的概念，由电路可得：$i_C=i_R$，而 $i_R=u_i/R$。

$$i_C=C\frac{\mathrm{d}u_C}{\mathrm{d}t}=-C\frac{\mathrm{d}u_o}{\mathrm{d}t}$$

所以有

$$u_o=-\frac{1}{C}\int i_C\mathrm{d}t=-\frac{1}{RC}\int u_i\mathrm{d}t \tag{3-18}$$

由上式可知，输出电压与输入电压的积分成正比并反相，所以该电路为反相积分器。

（2）微分电路 微分是积分的逆运算，将基本积分电路中的电阻 R 与 C 互换位置，就构成了基本的微分电路，如图 3-22 所示。

根据“虚地”的概念，由电路可得：$i_C=i_R$ 而 $i_C=C\frac{\mathrm{d}u_C}{\mathrm{d}t}=C\frac{\mathrm{d}u_i}{\mathrm{d}t}$，可得输出电压如下：

$$u_o=-i_RR=-i_CR=-RC\frac{\mathrm{d}u_i}{\mathrm{d}t} \tag{3-19}$$

显然，该电路可以实现微分运算。

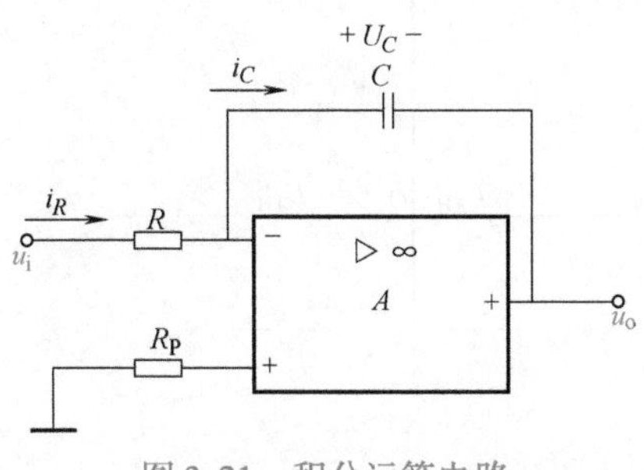

图 3-21 积分运算电路

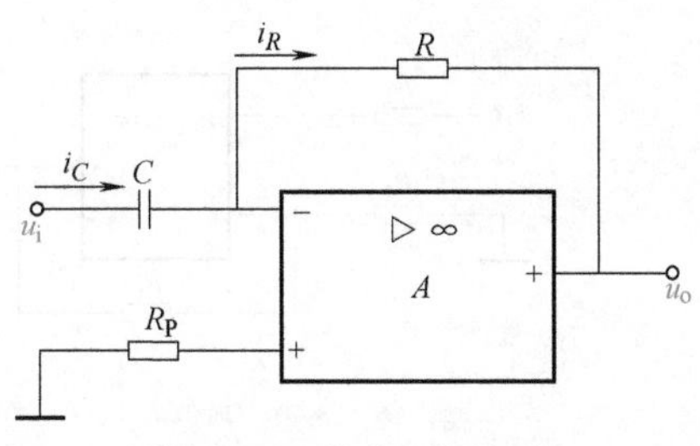

图 3-22 微分运算电路

上面的基本微分电路存在两个问题：一是由于输出对输入信号中的快速变化分量敏感，所以高频噪声和干扰所产生的影响比较严重；二是当输入电压发生突变时，可能使输出电压超过最大值，影响微分电路的正常工作。所以实际的微分电路都是在基本微分电路的基础上改进而来的。

3.4.3 集成运放的非线性应用

电压比较器中的集成运放处于正反馈状态或开环状态，工作在非线性区。满足如下关系：

$$\begin{cases} u_+ > u_-, \ u_o = +U_{om} \\ u_+ < u_-, \ u_o = -U_{om} \end{cases}$$

（1）单限电压比较器 如图 3-23a 所示，该电路是一个从反相端输入的单限电压比较器，输入信号从反相端输入，和同相端电位进行比较，其输出与输入关系如图 3-23b 所示。图中的稳压二极管的作用是输出保护。

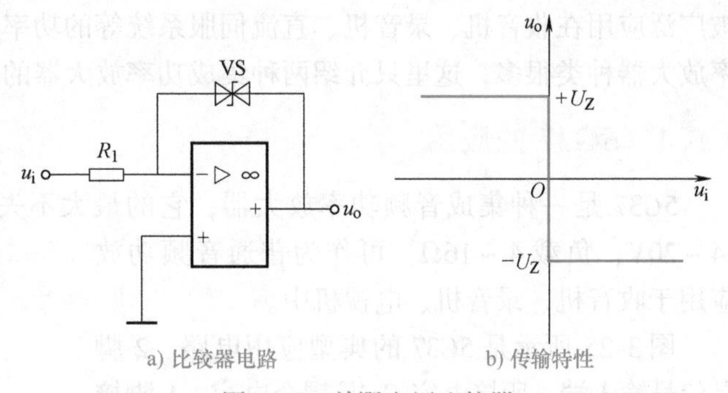

图 3-23 单限电压比较器

单限电压比较器非常灵敏，但抗干扰能力较差，当输入电压在参考电压附近变化时，输出会在正负饱和输出间跳跃，易造成误动作。

（2）迟滞电压比较器 迟滞电压比较器在电路中引入了正反馈，能克服单限电压比较器抗干扰能力差的缺点，如图 3-24 所示，该电路是从反相端输入的电压比较器，其输出是正负极限值。

由集成运放工作在非线性区特点可知：

$$\begin{cases} u_o = +U_{om}\text{时}, \ u_+ = \dfrac{R_2}{R_2 + R_f}U_{om} = +U_{TH} \\ u_o = -U_{om}\text{时}, \ u_+ = -\dfrac{R_2}{R_2 + R_f}U_{om} = -U_{TH} \end{cases}$$

式中，$+U_{TH}$为上限阈值电压，$-U_{TH}$为下限阈值电压。

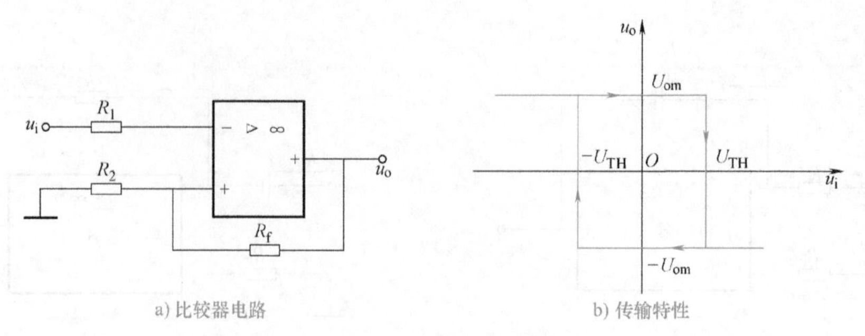

a) 比较器电路　　b) 传输特性

图 3-24　迟滞电压比较器

假设 u_i 是无穷小量，则反相端电位低于同相端电位，因而输出电压是正极限值，同相端电位是 $+U_{TH}$，输入继续增大的过程中，只要其小于 $+U_{TH}$，则输出就是正极限值；当 u_i 接近 $+U_{TH}$ 时，再增大一个无穷小量，则使反相端电位高于同相端电位，继而，输出电压变为负极限值，随之，同相端电位变为 $-U_{TH}$，继续增大输入信号，该规律不再变化，该过程的工作原理如图 3-24b 右行箭头所示。

假设 u_i 从大于 $+U_{TH}$ 的某值开始减小，则该过程的工作曲线如图 3-24b 左行箭头所示。可以进一步分析得出，**迟滞电压比较器的抗干扰性决定于 $+U_{TH}$ 和 $-U_{TH}$，二者的差值称为回差电压，用 ΔU_{TH} 表示**。

3.5 集成功率放大器

集成功率放大器(又称集成功放)使用方便，成本较低，输出功率大，外围元器件少，被广泛应用在收音机、录音机、直流伺服系统等的功率放大部分。目前国内外不同的集成功率放大器种类很多，这里只介绍两种集成功率放大器的应用。

3.5.1 5G37 的应用

5G37 是一种集成音频功率放大器，它的最大不失真输出功率 2～3W，适应工作电压 14～20V，负载 4～16Ω，可作为普通音频功放应用于收音机、录音机、电视机中。

图 3-25 所示是 5G37 的典型应用电路。2 脚是信号输入端，所接电容 C_1 是耦合电容；1 脚接的电容 C_2 和电阻 R_3 串联与内部的反馈电阻共同组成交流电压负反馈；3、4 脚间接的电容 C_3 是消振电容，用来防止高频自激；7 脚接电源。

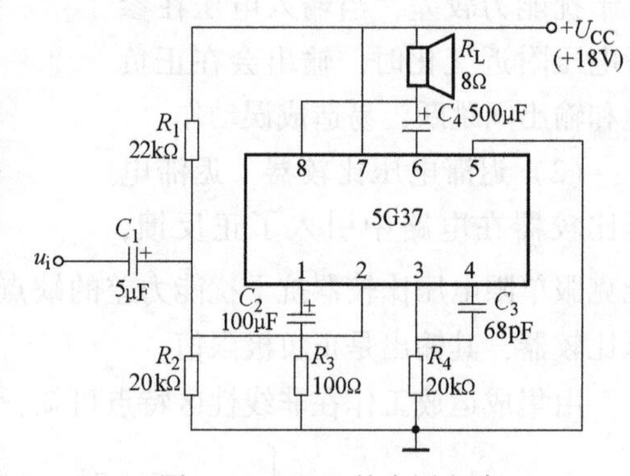

图 3-25　5G37 的应用电路

R_1、R_2 是偏置电阻，调节 R_1 可改变输出(6 脚)的直流电位，使其值为 $\frac{U_{CC}}{2}$。改变 R_3 的值可以调节放大器的增益。

3.5.2 LM386 的应用

LM386 是一种低电压通用型集成功率放大器，其典型应用参数为：直流电源电压范围

4～12V；额定输出功率为660mW；带宽300kHz(引脚1、8开路)；输入阻抗50kΩ。

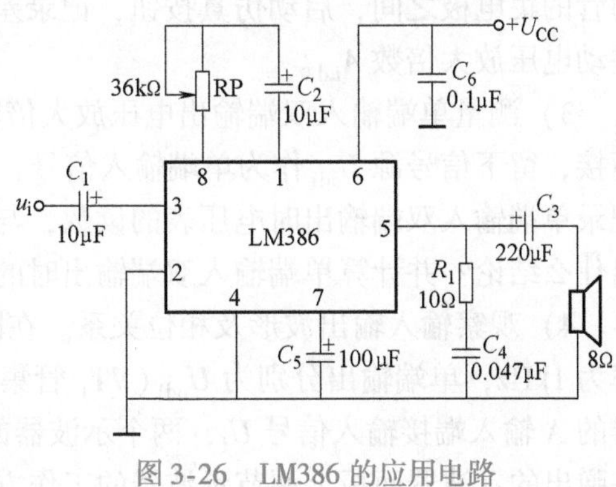

图3-26　LM386的应用电路

图3-26所示是LM386的典型应用电路。5脚外接电容C_3为功放输出电容，以便构成OTL电路，R_1、C_4是频率补偿电路，用以抵消扬声器音圈电感在高频时产生的不良影响，改善功率放大电路的高频特性和防止高频自激。输入信号由C_1接入同相输入端3脚，反相输入端2脚接地，故构成单端输入方式。引脚1、8开路时，负反馈最强，整个电路的电压放大倍数为20，在实际使用中在引脚1、8之间外接阻容串联电路RP和C_2，调节RP即可使集成功放电压放大倍数在20～200之间变化。引脚7与地之间外接电解电容C_5，具有直流电源去耦作用。

3.6　基础实验

3.6.1　计算机仿真部分 

1. 实验目的

1）通过仿真实验理解恒流源差动放大电路的特点。

2）用仿真软件测量差模电压放大倍数和共模电压放大倍数。

2. 实验内容及步骤

1）在Multisim 10仿真软件工作平台上绘制恒流源差动放大仿真电路，如图3-27所示。

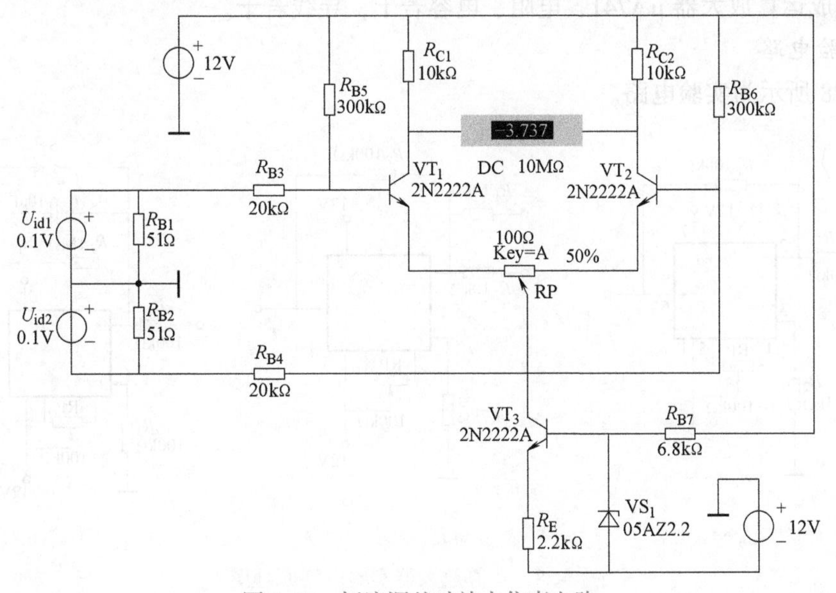

图3-27　恒流源差动放大仿真电路

2）测量双端输入双端输出电压放大倍数A_{ud}。在图3-27中，直流电压表接在VT_1、VT_2两管的集电极之间，启动仿真按钮，记录差动输出电压U_{od}，并计算双端输入双端输出时的差动电压放大倍数A_{ud}。

3）测量单端输入双端输出电压放大倍数A_{ud}。去掉图3-27中的信号源U_{id2}，将R_{B2}电阻短接，留下信号源U_{id1}作为单端输入信号，设置单端输入信号U_{id1}为0.2V，启动仿真按钮，记录单端输入双端输出时电压表的读数，与双端输入双端输出时电压表的读数比较。可以得出什么结论？并计算单端输入双端输出时的电压放大倍数A_{ud}。

4）观察输入输出波形及相位关系。在图3-27中，使双端输入信号U_i幅值为0.2V，频率为1kHz，单端输出分别为U_{od1}（VT_1管集电极输出）或U_{od2}（VT_2管集电极输出），将示波器的A输入端接输入信号U_i，两个示波器的B输入端分别接U_{od1}、U_{od2}。双击示波器图标，在弹出的示波器面板上调节示波器的工作方式为Y/T，启动仿真按钮，观察输入输出波形及相位关系，得出什么结论？

5）测量共模放大倍数A_{uc}和共模抑制比K_{CMR}。在图3-27中，去掉差模输入信号U_{id1}和U_{id2}，输入共模信号$U_{ic}=0.5V$，测量双端输出共模电压U_{oc}的值，并计算共模放大倍数A_{uc}。由差模放大倍数A_{ud}和共模放大倍数A_{uc}，计算共模抑制比$K_{CMR}=A_{ud}/A_{uc}$。

3.6.2 实验室操作部分 

1. 实验目的

1）掌握通用集成运算放大器使用时调零的方法及其引脚名称、功能。

2）掌握集成运算放大器组成反相比例运算、反相求和、积分运算等线性应用电路的连接测试方法。

2. 实验仪器

1）电子实验台、函数信号发生器、万用表、交流毫伏表和直流电压表各一块。

2）集成运算放大器μA741，电阻、电容若干，导线若干。

3. 实验电路

图3-28所示为实验电路。

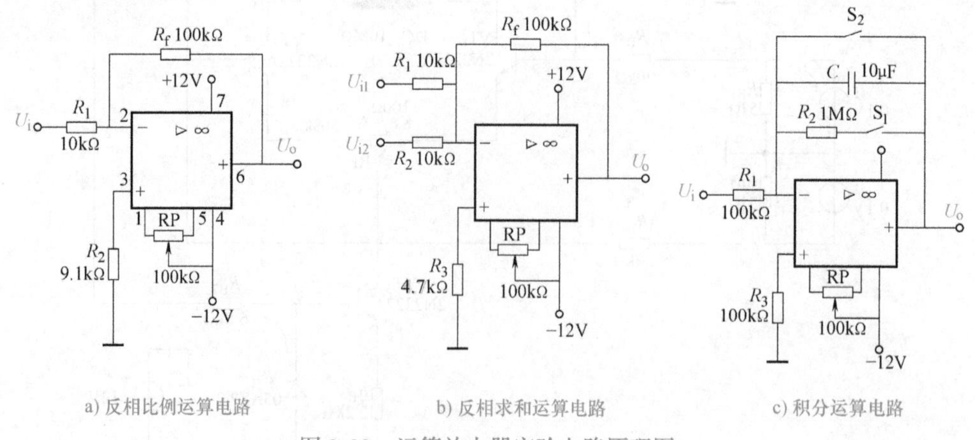

a) 反相比例运算电路　　b) 反相求和运算电路　　c) 积分运算电路

图3-28 运算放大器实验电路原理图

4. 实验内容及步骤

1）熟悉实验所用集成放大器 μA741(F007)的外形和引脚排列。

2）按图连接反相比例运算电路，调节直流稳压电源，给电路加上 ±12V 电源。

① 静态测试：将输入端对地短接，调节调零电位器 RP，使输出 $U_o = 0V$。

② 动态测试：给输入端依次输入如表 3-1 所示 U_i 值，用万用表测出 U_o 值，记录于下表中。

表 3-1 反相比例运算电路

U_i/V	0.2	0.3	−0.4	−0.5
U_o/V				
理论计算 U_o/V				

3）按图 3-28b 连接反相求和运算电路，调零，使输入为零时输出亦为零。然后，按表 3-2 的要求，调节输入信号 U_{i1}、U_{i2}的值，测出相应输出 U_o 的大小。

表 3-2 反相求和运算电路

U_{i1}/V	0.1	−0.3	0.4
U_{i2}/V	0.1	0.4	−0.5
U_o/V			
理论计算 U_o/V			

4）积分运算电路。按图 3-28c 改接电路，用导线短接电容两端，再调零。按表 3-3 要求调节输入信号 U_i大小，在 $t = 0$ 时，断开电容两端短接线，每隔 5s 测出输出 U_o 值，记录于下表中。

表 3-3 积分运算电路测试

序　号	t/s	0	5	10	15	20	25	30
1	$U_i = 0.1V$							
	理论计算 U_o							
2	$U_i = 0.6V$							
	理论计算 U_o							

5. 实验总结

1）分析比例运算电路中，实测输出电压值与理论值存在误差的原因。

2）画出积分电路输出 U_o 与时间 t 的关系曲线。思考：为什么在达到一定时间后，U_o 不再按时间成正比增长？

3.7 技能训练——音频功率放大器的组装与调试

1. 实训目的

1）熟悉集成功率放大器的功能及其应用。

2）掌握集成功率放大器应用电路的调整与测试。

2. 实训设备与器材

1）电子实验箱、万用表、交流毫伏表、直流电压表。

2）集成运算放大器 LM386，电阻、电容若干，导线若干。

3. 实训原理

图 3-29 所示是 LM386 集成功率放大器的应用电路，电路中各元器件的参考值已标注，u_i 经电容 C_1 后加到晶体管的基极，从集电极输出的信号经 C_2 送至集成功率放大器的 3 脚即同相输入端，LM386 的 2 脚接地，6 脚接电源，输出经电容 C_3 送至负载。电路中改变 RP 的大小可改变扬声器声音的大小。

4. 实训内容与步骤

1）测试电路如图 3-29 所示，分析电路的工作原理，估算 VT 管的静态工作点电流和电压。

2）按图 3-29 所示电路配置元器件并对所有元器件进行检测。

3）按图 3-30 所示电路进行组装，经检查接线没有错误后，接通 9V 直流电源。

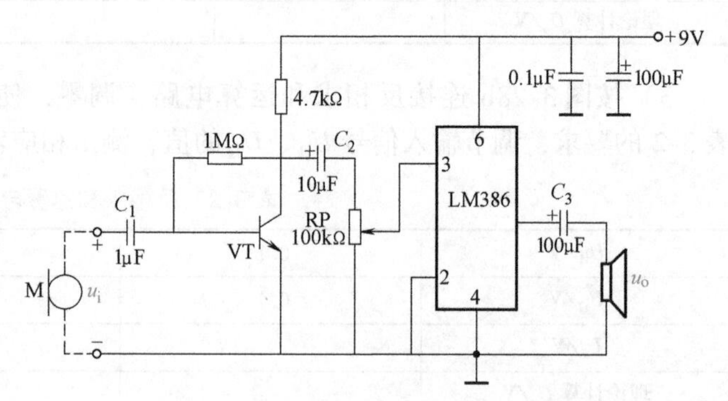

图 3-29 LM386 的音频功率放大电路

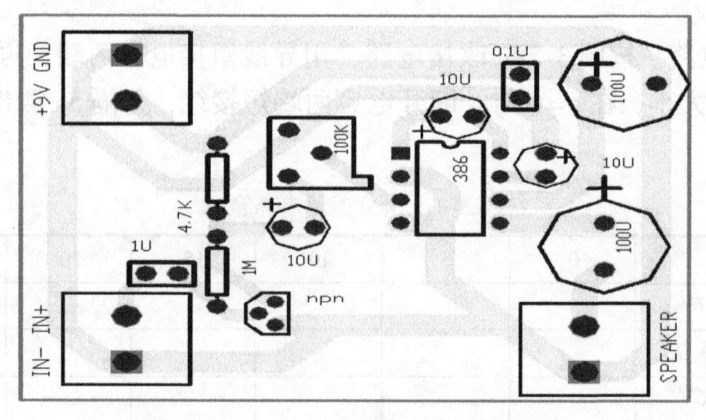

图 3-30 LM386 的音频功放组装图

4）用万用表直流电压档，测量晶体管的直流工作点电压以及集成功放输出端对地电压，分析是否符合要求，如不符合要求应切断直流电源进行检查，找出原因。然后再次接通直流电源进行测试。

5）从信号源取出一频率为 1000Hz、大小是 10mV 左右的音频电压信号，送至电路输入端，输出端的扬声器中即有声音发出。改变 RP 的大小，声音的强弱将会跟随变化。

6）用示波器观察输出波形为正弦波后，再用交流毫伏表测量放大电路的电压增益，$A_u = U_o/U_i$。另外，测出最大不失真功率的大小，并与理论估算值相比较。

5. 实训注意事项

1）安装前必须对元器件进行检测。

2）正确连接电源。

3）调试时必须先静态后动态。

6. 实训思考

1）进一步分析本章技能训练的目的、主要内容及要求，写出自己的观点。

2）进行最大不失真输出功率的理论估算，并将理论估算值与实际测量值进行比较。

本章小结

（1）集成运放一般由输入级、中间级、输出级和偏置电路组成。

（2）差动放大电路是集成运放的输入级，具有抑制零漂的作用。本章以长尾式差动放大电路为例讲解了差动放大电路的相关知识。

（3）功率放大电路是集成运放的输出级，可分为甲类、乙类、甲乙类等形式。甲类的效率低，乙类状态下的功放易出现交越失真，实际电路中常采用甲乙类功放。

（4）集成运算放大器工作在线性区时，满足“虚断”和“虚短”；工作在非线性区时，只满足“虚断”，不满足“虚短”。

（5）集成运放的线性应用是本章的学习重点，要求会利用“虚短”和“虚断”两大重要结论分析比例电路、加减法电路、微积分电路等，并掌握运放应用电路的调试方法。

（6）本章还介绍了集成功率放大器5G37、LM386的典型应用电路。在实训部分，以LM386集成块为核心组装调试简易音频放大电路。

练　习

3-1　已知某运放的开环增益 A_{ud} 为80dB，最大输出电压 $U_{omax}=\pm10V$，输入信号按图3-31所示的方式加入，设 $u_i=0$ 时，$u_o=0$，图中标注的 u_i 及 u_o 为交流信号的瞬时值。试问：

（1）输入电压的有效值 $U_i=1mV$ 时，输出电压的有效值 $U_o=$________；

（2）$U_i=-0.5mV$ 时，$U_o=$________；

（3）$U_i=2mV$ 时，$U_o=$________；

3-2　差分放大电路如图3-32所示，已知 $U_{CC}=12V$，$U_{EE}=12V$，$R_B=2k\Omega$，$R_C=8.2k\Omega$，$R_E=6.8k\Omega$，$\beta=60$，$U_{BEQ}=0.7V$，试求：（1）静态工作点 I_{CQ}、U_{CEQ}；（2）差模电压放大倍数 $A_{ud}=u_o/u_i$；（3）差模输入电阻 r_{id} 和输出电阻 r_o。

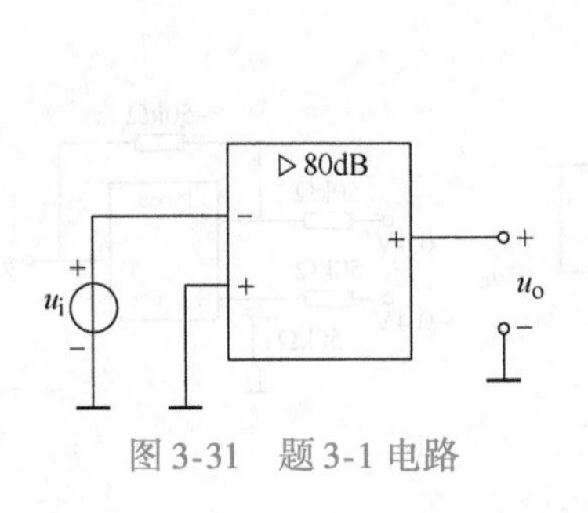

图3-31　题3-1电路

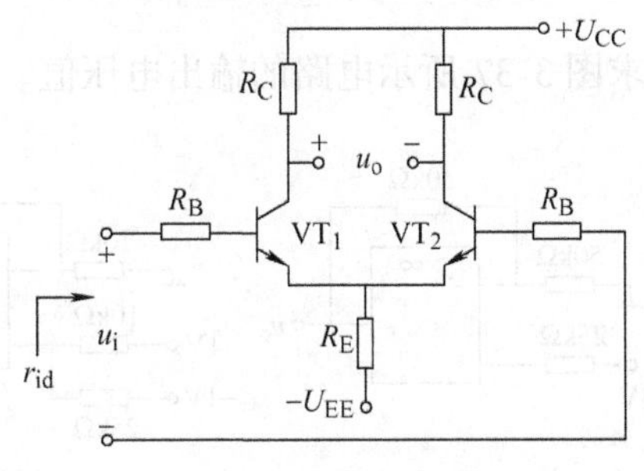

图3-32　题3-2电路

3-3 功率放大电路如图3-33所示，已知 $U_{CC}=10V$，$R_L=4\Omega$。

（1）说明电路名称及工作方式。

（2）求理想情况下负载获得的最大不失真输出功率，每个晶体管的最大管耗。

（3）若 $U_{CES}=2V$，求电路的最大不失真输出功率。

（4）现输入电压的有效值 $U_i=6V$，则输出功率为多少？电源提供的功率为多少？效率为多少？

3-4 在图3-34电路中，已知：$U_{CC}=18$ V，$R_L=4\Omega$，C_2容量足够大，晶体管 VT_1、VT_2对称，$U_{CES}=1V$，试求：

（1）最大不失真输出功率 P_{omax}。

（2）每个晶体管承受的最大反向电压。

（3）输入电压有效值 $U_i=5V$ 时的输出功率 P_o（u_{BE}忽略）。

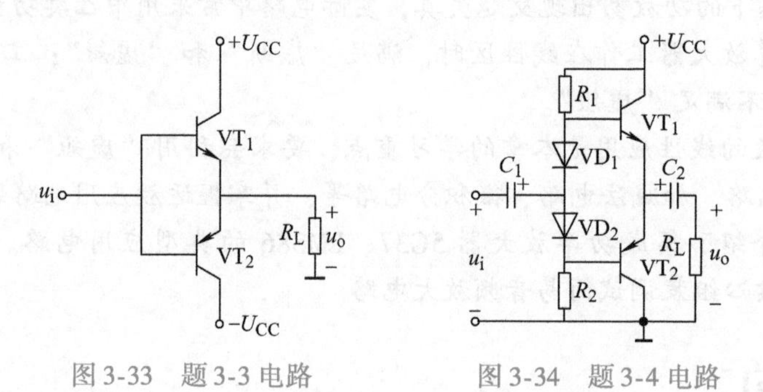

图3-33 题3-3电路　　　图3-34 题3-4电路

3-5 如图3-35所示，其中 $R_1=10k\Omega$，$R_f=30k\Omega$，试估算它的电压放大倍数和输入电阻。

3-6 图3-36为同相加法器，试证明：$u_o=\left(1+\frac{R_f}{R}\right)\left(\frac{R_2}{R_1+R_2}u_{i1}+\frac{R_1}{R_1+R_2}u_{i2}\right)$

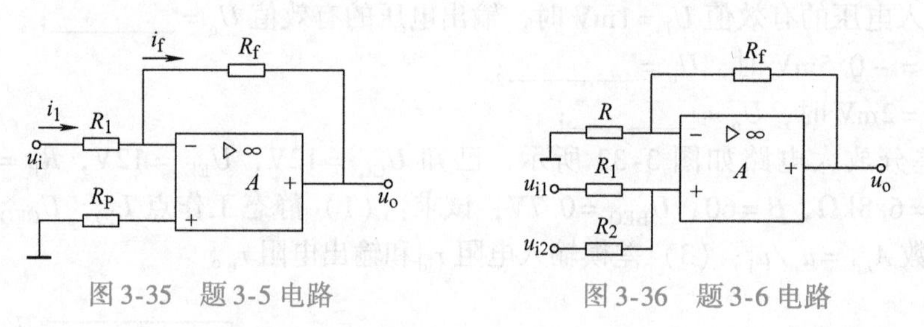

图3-35 题3-5电路　　　图3-36 题3-6电路

3-7 求图3-37所示电路的输出电压值。

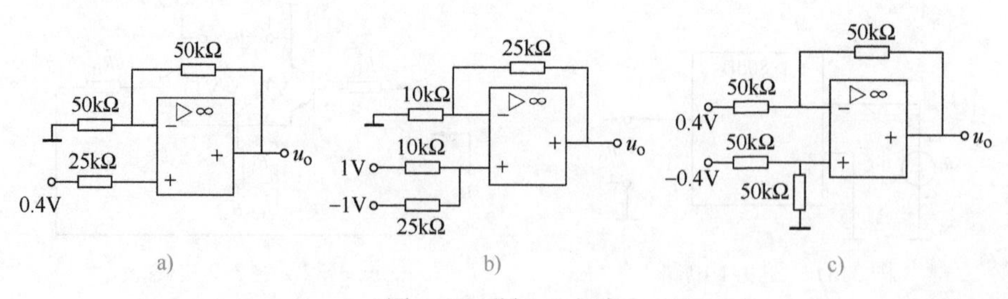

图3-37 题3-7电路

3-8 积分电路和微分电路分别如图3-38a、b所示，输入电压u_i如图3-38c所示，且$t=0$时，$u_C=0$，试分别画出电路输出电压u_{o1}、u_{o2}的波形。

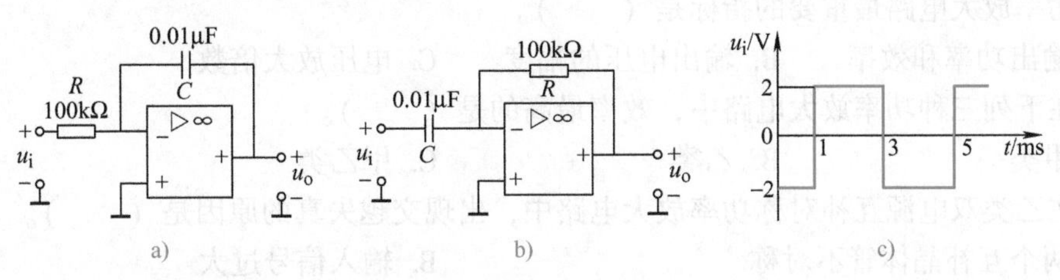

图3-38 题3-8电路

3-9 如图3-39已知$R_1=20\text{k}\Omega$，$R_2=100\text{k}\Omega$，双向稳压二极管稳压值为$U_Z=6\text{V}$，试画出$U_{REF}=6\text{V}$时的传输特性。

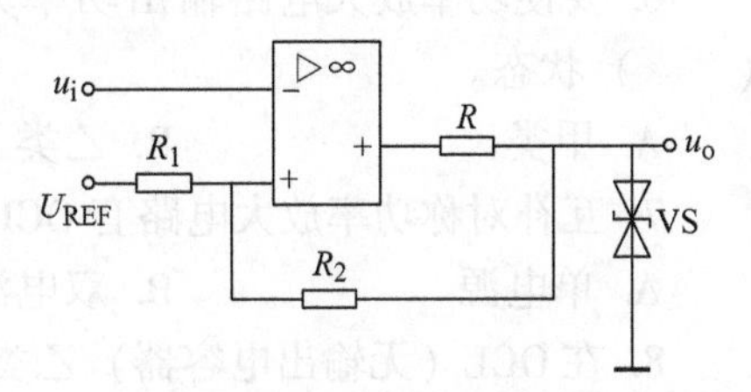

图3-39 题3-9电路

自 测

一、填空题

1. 集成运算放大器（简称集成运放）是一种采用________耦合方式的多级放大电路，一般由四部分组成，即________、________、________和________。

2. 集成运放的两个输入端分别为________输入端和________输入端，前者的极性与输出端________，后者的极性与输出端________。

3. 差模信号是指差分放大器两输入端大小________、相位________的信号，共模信号是指差分放大器两输入端大小________、相位________的信号。差分放大电路用恒流源代替公共射极电阻R_E，可使电路的$|A_{uc}|$________、共摸抑制比________。

4. 在图3-40所示差分放大电路中，设$u_{i1}=0$（接地），若希望负载电阻R_L的一端接地，输出电压u_o与输入电压u_{i2}极性相同，则R_L的另一端应接________，若希望R_L的一端接地，而u_o与u_{i2}极性相反，则R_L的另一端应接________。

5. 电路如图3-41所示，运放工作在________区。

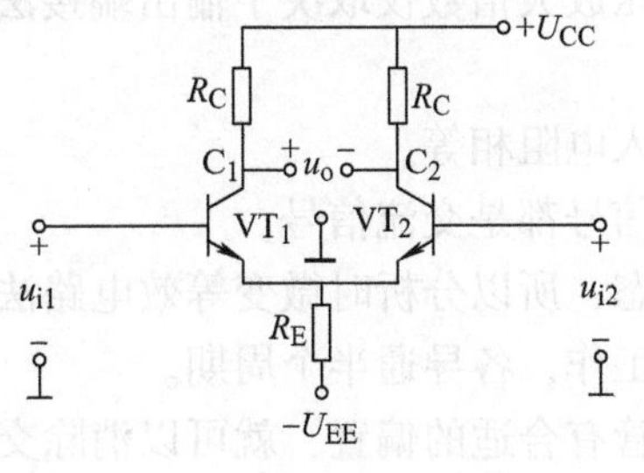

图3-40 自测一4图

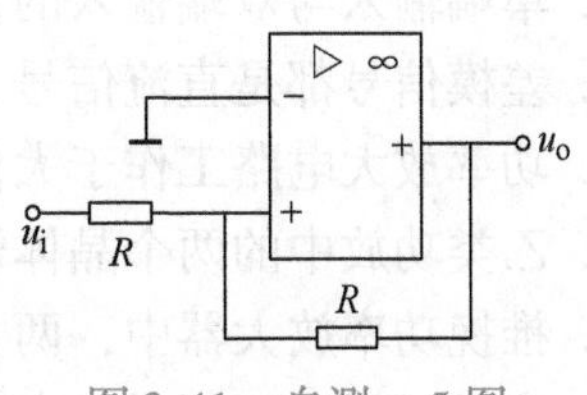

图3-41 自测一5图

二、选择题

1. 放大电路产生零点漂移的主要原因是（ ）。

A. 放大倍数太大　　B. 环境温度变化引起器件参数变化

C. 外界存在干扰源

2. 通用型集成运放的输入级采用差分放大电路，这是因为它的（ ）。
A. 电压放大倍数大 B. 输出电阻低 C. 共模抑制比大
3. 功率放大电路最重要的指标是（ ）。
A. 输出功率和效率 B. 输出电压的幅度 C. 电压放大倍数
4. 在下列三种功率放大电路中，效率最高的是（ ）。
A. 甲类 B. 乙类 C. 甲乙类
5. 在乙类双电源互补对称功率放大电路中，出现交越失真的原因是（ ）。
A. 两个互补晶体管不对称 B. 输入信号过大
C. 两个管子发射结偏置为零
6. 要使功率放大电路输出功率大，效率高，还要不产生交越失真，晶体管应工作在（ ）状态。
A. 甲类 B. 乙类 C. 甲乙类
7. 互补对称功率放大电路有OCL和OTL两种，其中OTL电路采用（ ）供电。
A. 单电源 B. 双电源 C. 大电容
8. 在OCL（无输出电容器）乙类功率放大电路中，若最大输出功率为1W，则电路中单个功放管的集电极最大功耗约为（ ）。
A. 1W B. 0.5W C. 0.2W D. 0.1W
9. 当集成运放工作在（ ）时，运放两输入端具有“虚短”和“虚断”的特点。
A. 线性区 B. 非线性区
10. 当集成运放工作在（ ）时，输出为正向或负向饱和电压。
A. 线性区 B. 非线性区
11. 工作在电压比较器中的运放和工作在运算电路中的运放的主要区别是，前者的运放通常工作在（ ），后者的运放工作在（ ）。
A. 开环或正反馈状态 B. 深度负反馈状态 C. 放大状态
12. 过零电压比较器可将输入的正弦波转化为（ ）。
A. 三角波 B. 方波 C. 尖脉冲

三、判断下列说法是否正确，正确的在括号中画√，错误的画×。

（ ）1. 差放电路四种接法中，差模电压放大倍数仅取决于输出端接法，与输入端接法无关。
（ ）2. 单端输入与双端输入的差模输入电阻相等。
（ ）3. 差模信号都是直流信号，共模信号都是交流信号。
（ ）4. 功率放大电路工作于大信号状态，所以分析时微变等效电路法不适用。
（ ）5. 乙类功放中的两个晶体管交替工作，各导通半个周期。
（ ）6. 推挽功率放大器中，两只晶体管有合适的偏置，就可以消除交越失真。
（ ）7. 集成运放在开环时一定工作在线性区。
（ ）8. 在集成运放构成的运算电路中，运放的反相输入端均为虚地。
（ ）9. 凡是集成运放构成的电路，都可用“虚短”和“虚断”的概念对其分析。
（ ）10. 滞回比较器的特点是当输入电压增大或减小时，两种情况下门限电压不相等。

四、分析计算

1. 有一 OCL 电路如图 3-42 所示，已知 $U_{CC}=\pm 12V$，$R_L=8\Omega$。

（1）说明电路的工作方式及 VD_1、VD_2 的作用。

（2）求理想情况下最大不失真输出功率。

（3）若晶体管 $U_{CES}=2V$，输入信号幅度足够大，求电路的最大不失真输出功率及效率。

（4）若加入 $u_i=6\sin\omega t V$，则负载实际获得的输出功率为多少？电源提供的功率为多少？效率为多少？

2. 电路如图 3-43a、b 所示，试计算输出电压 U_o 的值。

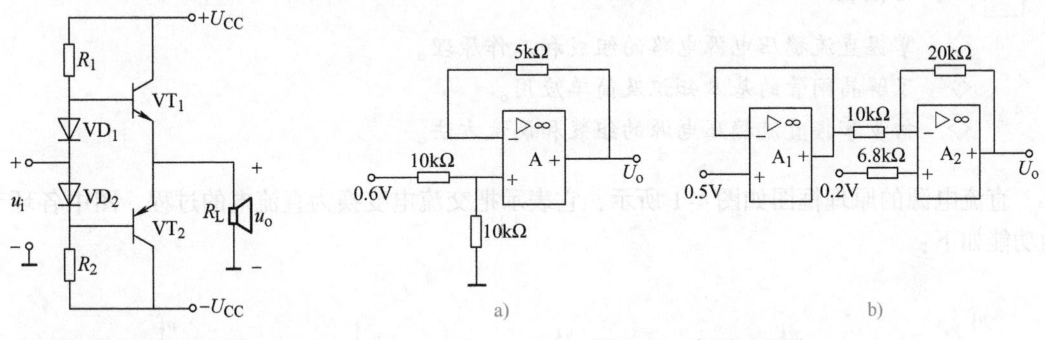

图 3-42　自测四 1 图　　图 3-43　自测四 2 图

3. 试用集成运放实现求和运算：$U_o=-(U_{i1}+3U_{i2})$

要求电路的输入电阻不小于 5kΩ，已知 $R_f=30k\Omega$。请选择电路的结构形式并确定电路参数。

4. 在图 3-44a 所示基本积分电路中，已知 R 为 50kΩ，C 为 1μF，输入波形如图 3-44b 所示，试画出输出波形，并标明幅值。已知 $u_C(0)=0V$。

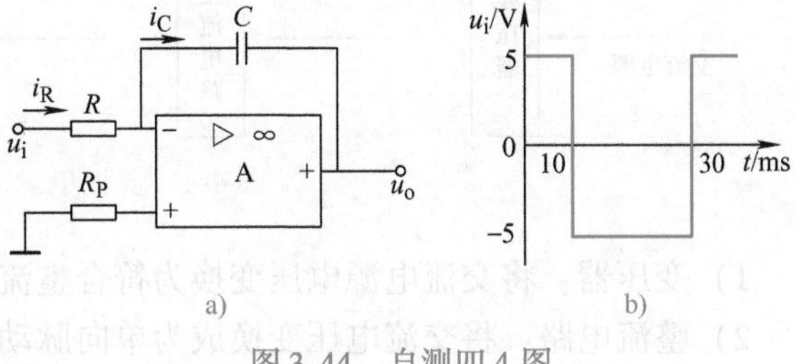

图 3-44　自测四 4 图

5. 电路如图 3-45 所示，试分别画出各比较器的传输特性曲线。

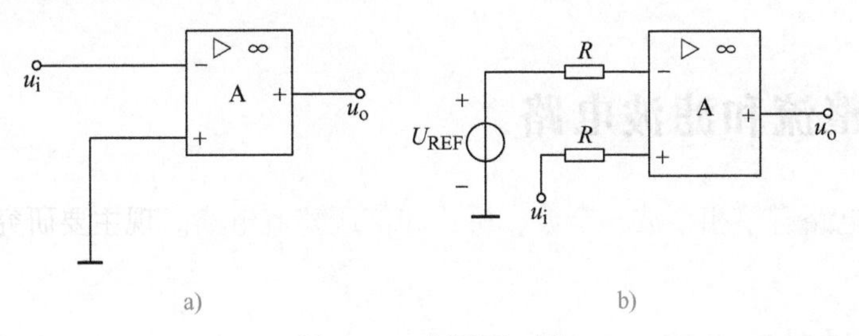

图 3-45　自测四 5 图

第4章 电源电路

学习目标

◇ 掌握直流稳压电源电路的组成和工作原理。

◇ 了解晶闸管的基本知识及简单应用。

◇ 初步掌握直流稳压电源的组装和调试方法。

直流电源的原理框图如图4-1所示，它表示把交流电变换为直流电的过程。图中各环节的功能如下：

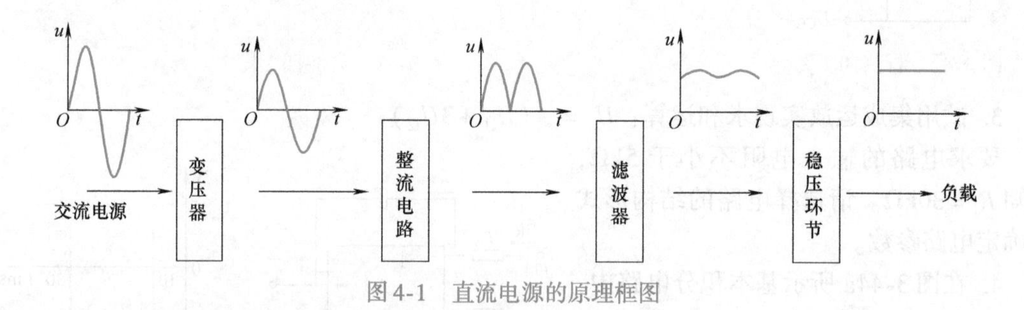

图4-1　直流电源的原理框图

1）变压器：将交流电源电压变换为符合整流需要的电压。

2）整流电路：将交流电压变换成为单向脉动直流电压。

3）滤波器：减小整流电压的脉动程度，以适合负载的需要。

4）稳压环节：克服电网波动或负载变化引起的输出电压的变化，从而使输出电压保持稳定。

4.1　单相整流和滤波电路

常见的整流电路有单相半波、全波、桥式和倍压整流电路。现主要研究单相半波和单相桥式整流电路。

4.1.1　单相半波整流电路

1. 工作原理

图4-2所示为单相半波整流电路，设变压器二次电压为

$$u_2=\sqrt{2}U\sin\omega t \tag{4-1}$$

在变压器二次电压 u_2 的正半周($u_2>0$)，二极管因承受正向电压而导通，这时负载电阻 R_L 上的电压为 $u_o=u_2$，通过的电流为 $i_o=\frac{u_2}{R_L}$；在 u_2 的负半周($u_2\leqslant 0$)，二极管因承受反向电压而截止，$u_o=0$，$i_o=0$。其波形如图 4-3 所示。

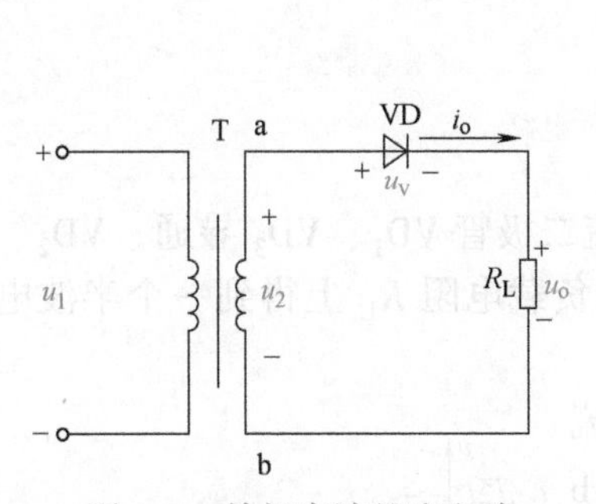

图 4-2　单相半波整流电路

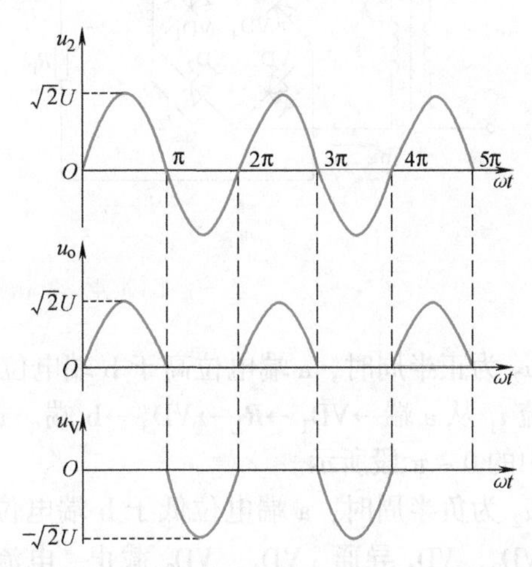

图 4-3　单相半波整流电路的输出波形

2. 负载上电压和电流的平均值计算

单相半波整流电路的负载电压常用一个周期的平均值表示，即

$$U_o=\frac{1}{2\pi}\int_0^{\pi}\sqrt{2}U\sin\omega t\mathrm{d}(\omega t)=\frac{\sqrt{2}}{\pi}U=0.45U \tag{4-2}$$

负载中电流的平均值为

$$I_o=\frac{U_o}{R_L}=0.45\frac{U}{R_L} \tag{4-3}$$

3. 整流二极管参数选择

在单相半波整流电路中，流过二极管的电流 I_V 与流过负载的电流 I_o 是相同的，即

$$I_V=I_o=0.45\frac{U}{R_L} \tag{4-4}$$

二极管截止时承受的最高反向电压为

$$U_{RM}=\sqrt{2}U \tag{4-5}$$

整流二极管的选择应按如下原则：

1）二极管的最大整流电流 I_F 应高于二极管的工作电流 I_V，即 $I_F>I_V=I_o$。

2）二极管的最高反向工作电压 U_{RM} 应高于二极管实际承受的最高反压，即 $U_{RM}>\sqrt{2}U$。根据上述原则查询相关手册，选择合适的二极管。

4.1.2　单相桥式整流电路

单相半波整流电路的缺点是只利用了交流电的半个周期，整流电压的脉动较大。为了克服这些缺点，常采用全波整流电路，最常用的是单相桥式整流电路。

1. 电路的组成及工作原理

单相桥式整流电路如图 4-4 所示。

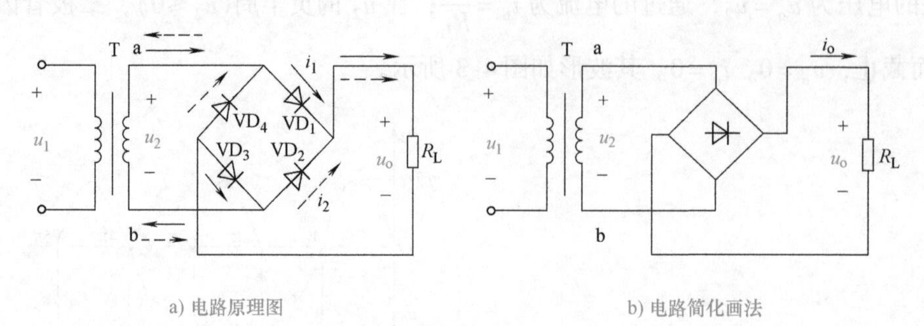

a) 电路原理图　　b) 电路简化画法

图 4-4　单相桥式整流电路

当 u_2 为正半周时，a 端电位高于 b 端电位，整流二极管 VD_1、VD_3 导通，VD_2、VD_4 截止，电流 i_1 从 a 端→VD_1→R_L→VD_3→b 端。这时，负载电阻 R_L 上得到一个半波电压，如图 4-5 中的 0 ~ π 段所示。

当 u_2 为负半周时，a 端电位低于 b 端电位，整流二极管 VD_2、VD_4 导通，VD_1、VD_3 截止，电流 i_2 从 b 端→VD_2→R_L→VD_4→a 端。同样，在负载电阻 R_L 上得到一个半波电压，如图 4-5 中的 π ~ 2π 段所示。这样在 u_2 的整个周期内，负载中都有单向脉动的电压输出。

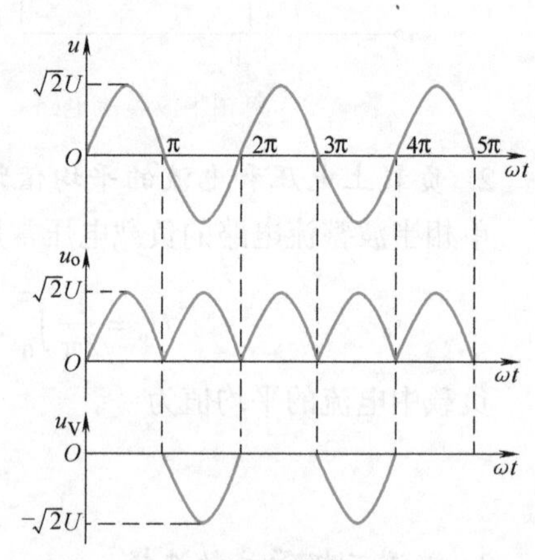

图 4-5　单相桥式整流电路的输出波形

2. 负载上电压和电流的平均值计算

显然，单相桥式整流电路的整流电压的平均值 U_o 比单相半波整流时增加了一倍，即

$$U_o = 2 \times 0.45U = 0.9U \tag{4-6}$$

同理

$$I_o = \frac{U_o}{R_L} = 0.9\frac{U}{R_L} \tag{4-7}$$

3. 整流二极管参数选择

每个二极管只有半个周期处于导通状态，所以流过每个二极管的电流为

$$I_V = 0.5I_o = 0.45\frac{U}{R_L} \tag{4-8}$$

二极管截止时承受的最高反向电压与单相半波整流电路相同，即

$$U_{RM} = \sqrt{2}U \tag{4-9}$$

由于单相桥式整流电路应用普遍，现在已生产出集成**硅桥堆**，采用集成技术将四个二极管(PN 结)集成在一个硅片上，引出四根线，如图 4-6 所示。

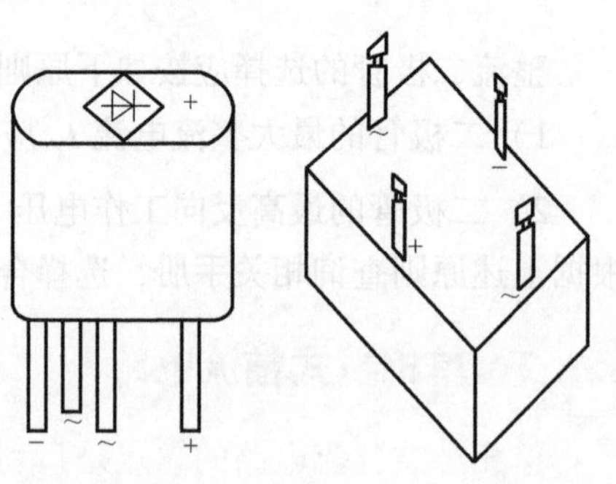

图 4-6　硅桥堆

4.1.3　滤波电路

整流电路虽然可以把交流电转换为直流电，但是

所得到的输出电压是单向脉动电压。在某些设备(例如电镀、蓄电池充电等场合)中，这种电压的脉动是允许的。但是在大多数电子设备中，电路中都要加接滤波器，以改变输出电压的脉动程度。下面介绍几种常用的滤波器。

1. 电容滤波电路(C 滤波器)

桥式整流电容滤波电路如图4-7所示，图中滤波电容并联在负载两端。

电容滤波电路的输出波形如图4-8所示，由图4-7可知负载两端电压 u_o 与电容两端电压 u_C 相同。设 $t=0$ 时电路接通电源，电路中的电容开始充电，由于桥式整流电路中二极管导通时的内阻很小，所以充电时间常数 τ_1 很小，充电速度很快，u_C 跟随 u_2 变化。当 u_2 达到 $\sqrt{2}U$ 时开始下降，u_C 由于电容放电也逐渐下降，当 $u_2<u_C$ 时，电桥中二极管截止，电容经负载 R_L 放电，此时回路的放电时间常数 τ_2 较大，所以 u_C 的下降比较缓慢。当下一个正弦半波来到时，对电容 C 又开始充电，充到最大值后再次经负载 R_L 放电。如此反复就得到图4-8所示的波形。可见**加了滤波电容后，输出电压的脉动大为减小，其脉动程度与电容的放电时间常数 R_LC 有关系**。R_LC 大一些，脉动就小一些，U_o 也就大一些。

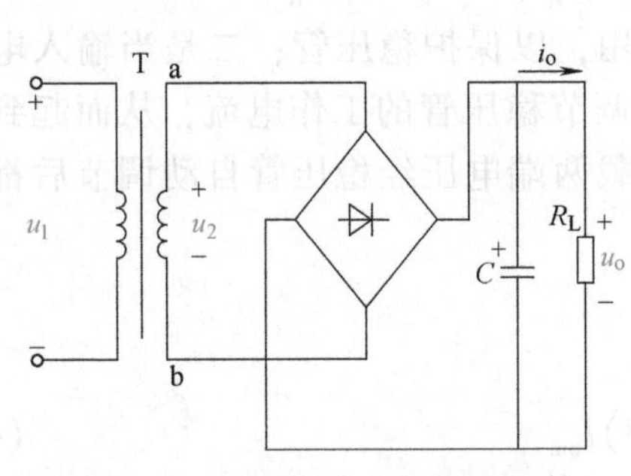

图4-7 桥式整流电容滤波电路

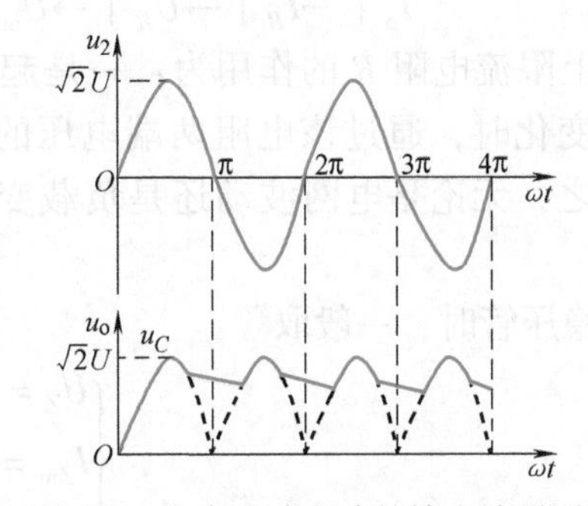

图4-8 电容滤波电路的输出波形图

与单相半波整流电路和桥式整流电路相比，加上电容滤波后，电路的脉动程度要小一些，但是该电路外特性较差，即带负载能力较差。输出电压的平均值为

$$\begin{cases} U_o = U(\text{半波整流电容滤波}) \\ U_o = 1.2U(\text{桥式整流电容滤波}) \end{cases} \tag{4-10}$$

2. 电感电容滤波电路(LC 滤波器)

为了减小输出电压的脉动程度，在滤波电容之前串接一个铁心电感线圈 L，就组成了电感电容滤波电路，如图4-9所示。

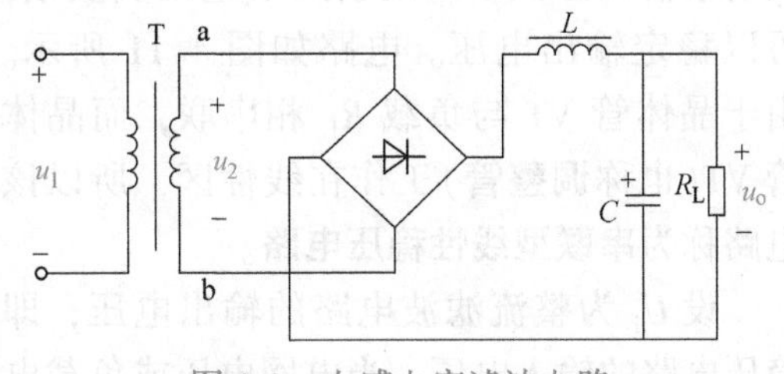

图4-9 电感电容滤波电路

当通过电感线圈的电流发生变化时，线圈中产生的自感电动势将阻碍电流的变化，因而使负载电流和负载电压的脉动大为减小。频率越高，电感越大，滤波效果越好。

4.2 连续调整型直流稳压电路

经整流和滤波后的电压往往会随交流电源电压和负载的变化而变化，稳压电路的功能就是在整流滤波电路之后，向负载提供稳定的输出电压。常用稳压电路有硅稳压管稳压电路、串联型线性稳压电路和三端集成稳压器。

4.2.1 硅稳压管稳压电路

最简单的直流稳压电路是采用硅稳压管来稳定电压，如图4-10所示。

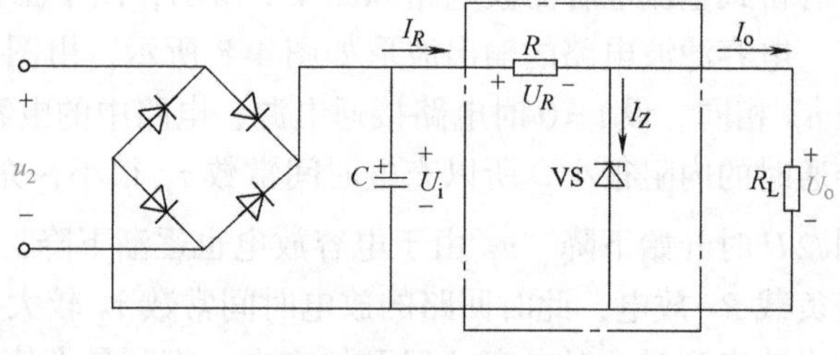

图4-10 硅稳压管稳压电路

设 U_i 为整流滤波电路的输出电压，即稳压电路的输入电压，其稳压过程如下：

当电网波动而负载 R_L 不变时，若电网电压上升，则

$U_i\uparrow\rightarrow U_o\uparrow\rightarrow I_Z\uparrow\rightarrow I_R\uparrow\rightarrow U_R\uparrow\rightarrow U_o\downarrow$

当电网稳定而负载 R_L 变化时，若 R_L 减小，则

$$I_o\uparrow\rightarrow I_R\uparrow\rightarrow U_R\uparrow\rightarrow U_o\downarrow\rightarrow I_Z\downarrow\rightarrow I_R\downarrow\rightarrow U_R\downarrow\rightarrow U_o\uparrow$$

实际上限流电阻 R 的作用为：一是起限流作用，以保护稳压管；二是当输入电压或负载电流变化时，通过该电阻两端电压的变化，调节稳压管的工作电流，从而起到稳压作用。总之，无论是电网波动还是负载变化，负载两端电压经稳压管自动调节后都能维持稳定。

选择稳压管时，一般取

$$\begin{cases}U_Z=U_o\\I_{Zm}=(1.5\sim3)I_{om}\\U_i=(2\sim3)U_Z\end{cases}\tag{4-11}$$

4.2.2 串联型线性稳压电路

为扩大负载电流的变化范围，可利用晶体管的电流放大作用，将硅稳压管稳压电路的输出电流放大后，再作为负载电流。电路采用发射极输出形式，因而引入了电压负反馈，可以稳定输出电压。电路如图4-11所示。由于晶体管VT与负载 R_L 相串联，而晶体管VT(也称**调整管**)工作在线性区，所以该电路称为**串联型线性稳压电路**。

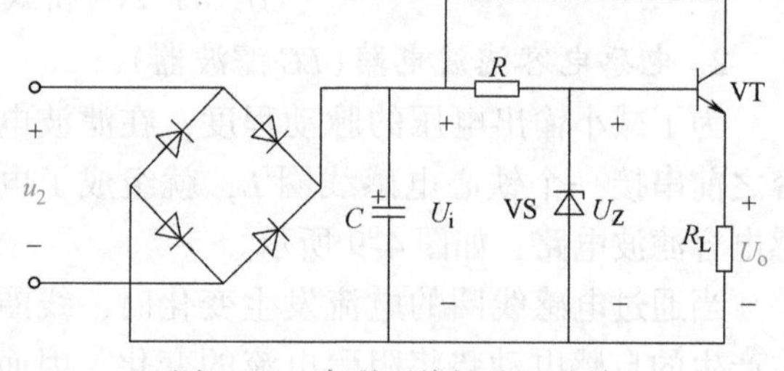

图4-11 串联型线性稳压电路

设 U_i 为整流滤波电路的输出电压，即稳压电路的输入电压。当电网电压或负载电阻的变化使输出电压 U_o 升高时，其稳压过程如下：

$$U_o(U_E)\uparrow\xrightarrow{U_B=U_Z(\text{不变})}U_{BE}(U_B-U_E)\downarrow\rightarrow I_B\downarrow\rightarrow I_E\downarrow\rightarrow U_o(=I_ER_L)\downarrow$$

4.2.3 三端集成稳压器

随着半导体工艺的发展，稳压电路也制成了集成器件，其中三端集成稳压器应用最为普遍。三端集成稳压器的型号很多，常用的有输出为固定正电压的W78××系列和输出为固定负电压的W79××系列。图4-12所示为W78××系列稳压器的外形、引脚和接线图。W78××系列输出固定的正电压，有5V、6V、8V、9V、12V、15V、18V和24V等多种。W79××系列输出固定的负电压，其参数与W78××系列基本相同。

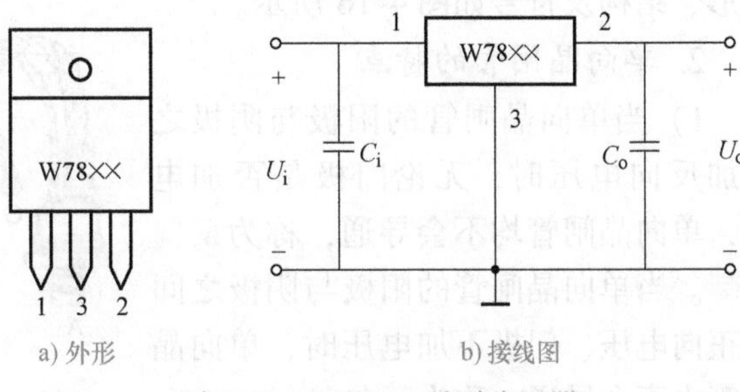

图4-12 W78××系列稳压器

三端集成稳压器的典型应用如下：

1）正、负电压同时输出的电路，如图4-13所示。

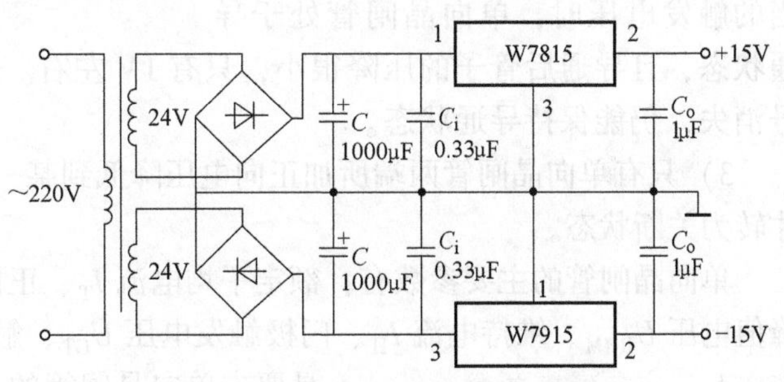

图4-13 正、负电压同时输出的电路

2）提高输出电压的电路，如图4-14所示。图中，U_{XX}为W78××稳压器的固定输出电压，显然

$$U_o = U_{XX} + U_Z$$

3）扩大输出电流的电路，如图4-15所示。

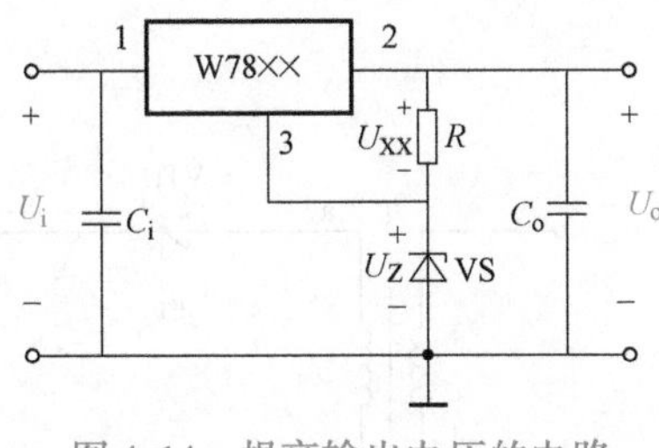

图4-14 提高输出电压的电路

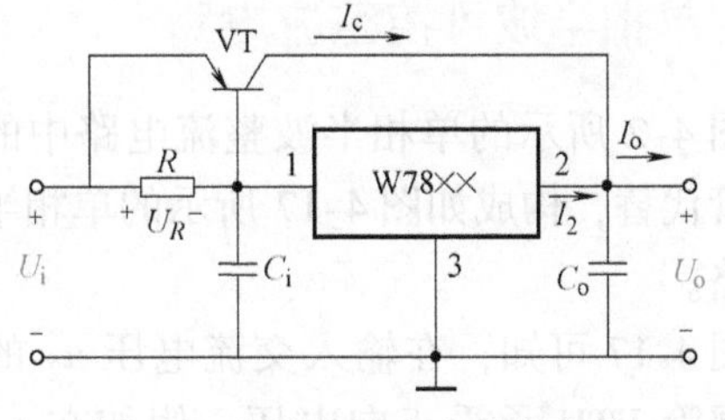

图4-15 扩大输出电流的电路

4.3 晶闸管可控整流电路

可控整流电路的作用是把交流电变换为电压值可以调节的直流电，其中晶闸管可控整流电路是最常用的一种。

4.3.1 单向晶闸管的基本知识

1. 单向晶闸管的结构

单向晶闸管由四层半导体P_1、N_1、P_2和N_2重叠构成，中间形成三个PN结。最外层的

P_1 和 N_2 分别引出阳极 A 和阴极 K，中间的 P_2 层引出门极 G，单向晶闸管的外形、结构及符号如图 4-16 所示。

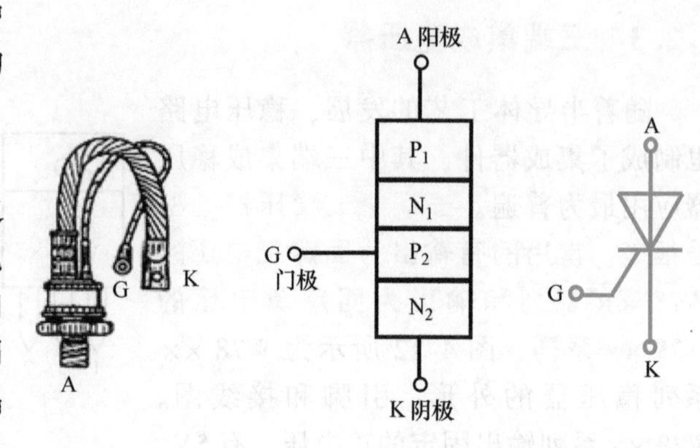

图 4-16 单向晶闸管的外形、结构及符号

2. 单向晶闸管的特点

1）当单向晶闸管的阳极与阴极之间加反向电压时，无论门极是否加电压，单向晶闸管均不会导通，称为反向阻断。当单向晶闸管的阳极与阴极之间加正向电压、门极不加电压时，单向晶闸管也不会导通，称为正向阻断。

2）当单向晶闸管的阳极与阴极之间加正向电压、门极与阴极之间加适当的触发电压时，单向晶闸管处于导通状态，且导通后管子的压降很小，只有 1V 左右。单向晶闸管一经导通后，即使触发信号消失，仍能保持导通状态。

3）只有单向晶闸管两端所加正向电压降低到某一最小值或加反向电压时，单向晶闸管才转为关断状态。

单向晶闸管的主要参数有：额定平均电流 I_T、正向断态重复峰值电压 U_{DRM}、反向重复峰值电压 U_{RRM}、维持电流 I_H、门极触发电压 U_{GT}、触发电流 I_{GT} 和正向平均压降 U_T 等。在选取时，主要考虑两个条件：一是要求单向晶闸管的 U_{DRM} 或 U_{RRM} 的较小值应大于 2 ~ 3 倍的电路正常工作电压峰值；二是要求单向晶闸管的 I_T 应大于 1.5 ~ 2 倍的流过单向晶闸管的正常工作电流。

4.3.2 单相半波可控整流电路

将图 4-2 所示的单相半波整流电路中的二极管用晶闸管代替，构成如图 4-17 所示的单相半波可控整流电路。

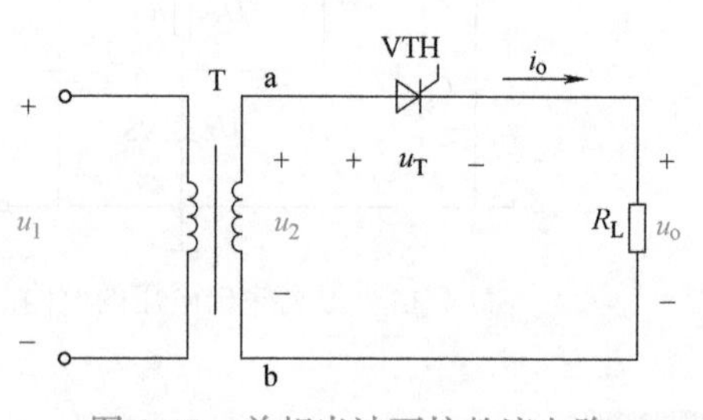

图 4-17 单相半波可控整流电路

由图 4-17 可知，在输入交流电压 u_2 的正半周时，晶闸管 VTH 承受正向电压。假如在 t_1 时刻给门极加上触发脉冲，晶闸管导通，此时负载上得到电压。当交流电压 u_2 下降到接近于零值时，晶闸管正向电流小于维持电流而关断。在电压 u_2 的负半周时，晶闸管承受反向电压，反向阻断，负载电压和电流均为零。在电压 u_2 的第二个正半周，在相应的 t_2 时刻给门极加上触发脉冲，晶闸管再次导通。这样，在负载 R_L 上就可以得到如图 4-18 所示的电压和电流波形。

显然，在晶闸管承受正向电压的时间内，改变门极触发脉冲的输入时刻（移相），负载上得到的电压波形将随着改变，这样就控制了负载上输出电压的大小。

晶闸管在正向电压下不导通的范围称为**触发延迟角**（又称**移相角**），用 α 表示；导通的范围称为**导通角**，用 θ 表示。则输出电压和电流的平均值为

$$U_o=\frac{1}{2\pi}\int_{\alpha}^{\pi}\sqrt{2}U\sin\omega t\mathrm{d}(\omega t)=\frac{\sqrt{2}}{2\pi}U(1+\cos\alpha)$$

$$\approx\frac{0.45}{2}U(1+\cos\alpha) \tag{4-12}$$

$$I_o=\frac{U_o}{R_L}=0.45\frac{U}{R_L}\frac{1+\cos\alpha}{2} \tag{4-13}$$

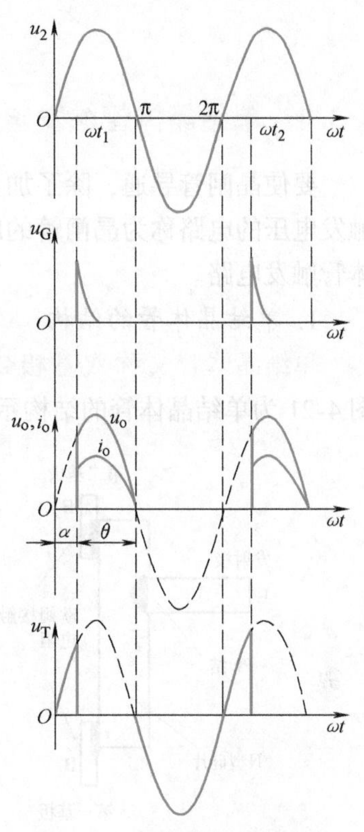

图4-18　单相半波可控整流电路的波形

4.3.3　单相半控桥式整流电路

单相半控桥式整流电路与单相桥式整流电路相似，只是其中两个臂中的二极管被晶闸管所取代，电路如图4-19所示。

在变压器二次电压 u_2 的正半周（a 端为正），VTH_1 和 VD_2 承受正向电压，对晶闸管 VTH_1 引入触发信号，则 VTH_1 和 VD_2 导通，电流通路为

$$a\rightarrow VTH_1\rightarrow R_L\rightarrow VD_2\rightarrow b$$

此时 VTH_2 和 VD_1 都因承受反向电压而截止。同样，在电压 u_2 的负半周，VTH_2 和 VD_1 承受正向电压，如对晶闸管 VTH_2 引入触发信号，则 VTH_2 和 VD_1 导通，电流通路为

$$b\rightarrow VTH_2\rightarrow R_L\rightarrow VD_1\rightarrow a$$

此时 VTH_1 和 VD_2 处于截止状态。

单相半控桥式整流电路的电压 u_o 与电流 i_o 的波形如图4-20所示。显然，与单相半波可控整流电路相比，其输出电压和电流的平均值要大一倍，即

$$U_o=0.9U\frac{1+\cos\alpha}{2} \tag{4-14}$$

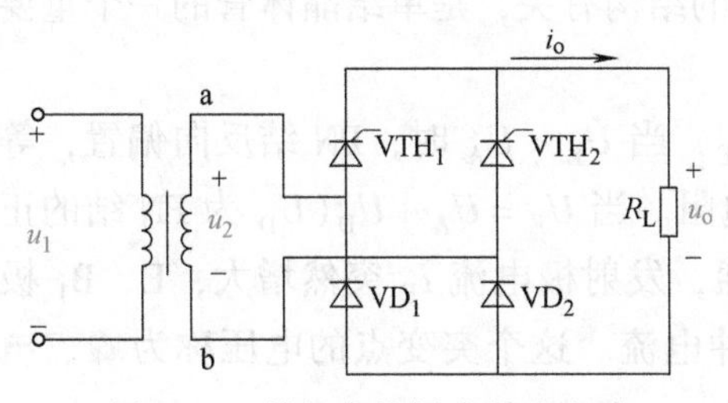

图4-19　单相半控桥式整流电路

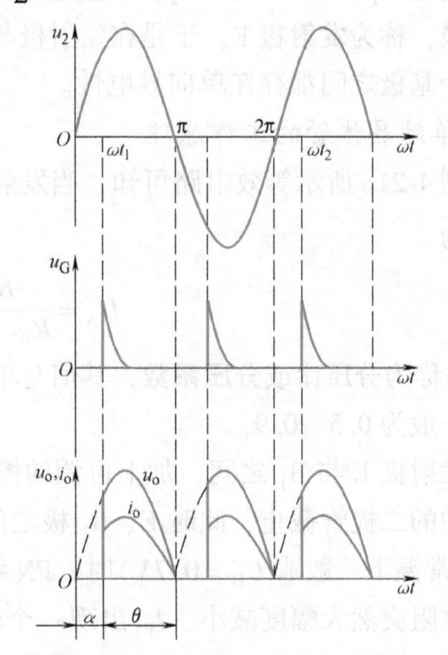

图4-20　单相半控桥式整流电路的电压与电流波形

$$I_o = \frac{U_o}{R_L} = 0.9\frac{U}{R_L}\frac{1+\cos\alpha}{2} \tag{4-15}$$

4.3.4 单结晶体管触发电路

要使晶闸管导通，除了加正向阳极电压外，在门极与阴极之间还必须加触发电压。产生触发电压的电路称为**晶闸管的触发电路**。触发电路的种类很多，本书只介绍最常用的单结晶体管触发电路。

1. 单结晶体管的结构

单结晶体管又称**双基极二极管**，它在结构上具有一个 PN 结，但却引出三个电极。图 4-21 为单结晶体管的结构示意图、电路符号及等效电路。

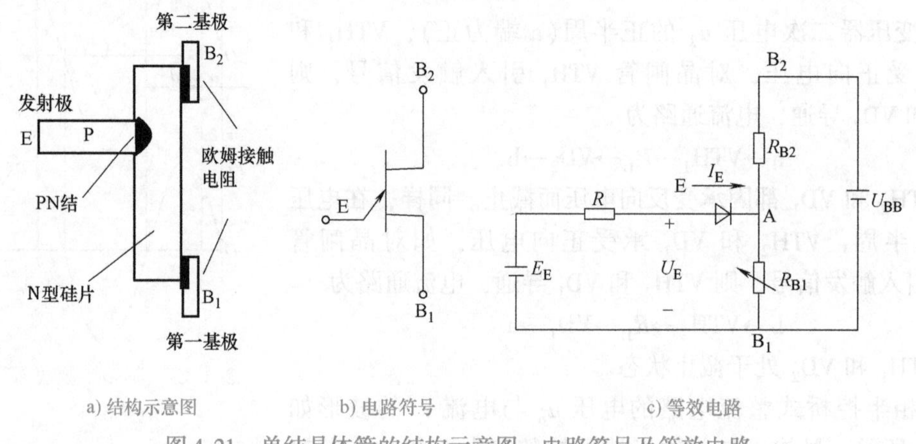

图 4-21 单结晶体管的结构示意图、电路符号及等效电路

单结晶体管的内部结构是在一块高电阻率的 N 型硅片侧面的两端各引出一个电极，称为**第一基极 B_1 和第二基极 B_2**。在基极之间靠近 B_2 处的 N 型硅片上掺入 P 型杂质，并引出一个电极，称为**发射极** E，于是在发射极与硅片的交界处形成一个 PN 结。单结晶体管发射极与两个基极之间都存在单向导电性。

2. 单结晶体管的工作原理

由图 4-21c 所示等效电路可知，当发射极 E 不加电压时，U_{BB}加在 B_1 和 B_2 之间，R_{B1}上的分压为

$$U_A = \frac{R_{B1}}{R_{B1}+R_{B2}}U_{BB} = \eta U_{BB} \tag{4-16}$$

式中，η 称为**分压比**或**分压系数**，其值与单结晶体管的结构有关，是单结晶体管的一个重要参数，一般为 0.5 ~ 0.9。

在发射极 E 与 B_1 之间，加上可调的控制电压 U_E，当 $U_E < U_A$ 时，PN 结反向偏置，等效电路中的二极管截止，此时 E、B_1 极之间呈现高电阻。当 $U_E = U_A + U_D$（U_D 为 PN 结的正向压降，常温下一般取 $U_D = 0.7$V）时，PN 结正向导通，发射极电流 I_E 突然增大，E、B_1 极之间的电阻突然大幅度减小，I_{B1} 出现一个较大的脉冲电流。这个突变点的电压称为**峰点电压**，用 U_P 表示。

单结晶体管导通后，因 E、B_1 极之间 PN 结的动态电阻$\frac{\Delta U_E}{\Delta I_E}$表现为负阻，因此 I_E 自动地快速增大，而 U_E 自动地快速下降。当发射极电流 I_E 增大到某一值时，电压 U_E 下降到最低点，该点电压值称为谷点电压，用 U_V 表示，对应的电流 I_E 称为谷点电流，用 I_V 表示。只要 I_E 电流稍小于 I_V，PN 结将再次反偏，使单结晶体管重新截止。若在谷点状态下调节 U_E 使发射极电流继续增大时，则发射极电压略有上升，但总体变化不大，单结晶体管的伏安特性曲线如图 4-22 所示。

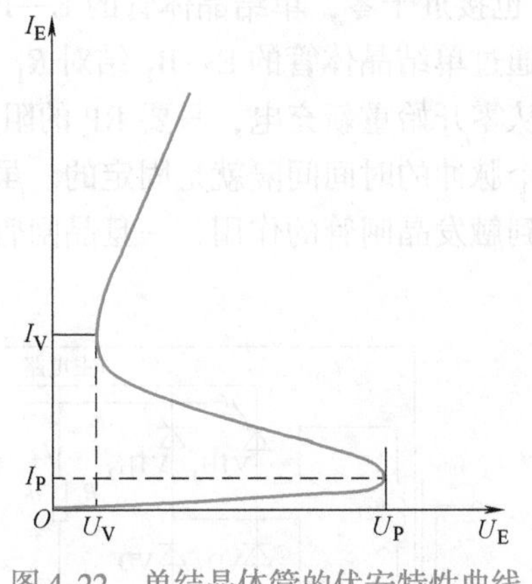

图 4-22 单结晶体管的伏安特性曲线

3. 单结晶体管的基本电路

单结晶体管的基本电路(又称为**单结晶体管多谐振荡电路**)如图 4-23a 所示，它由一个单结晶体管和 RC 充放电电路组成。接通电源后，在电容 C 两端可以获得连续的锯齿波电压，在 R_1 两端输出正脉冲信号，如图 4-23b 所示。

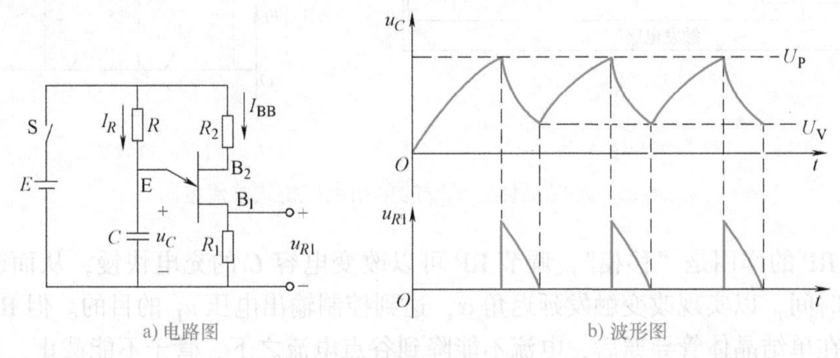

a) 电路图 b) 波形图

图 4-23 单结晶体管振荡电路

当接通电源后，有两路电流流通：一路电流 I_R 经电阻 R 对 C 充电，充电时间常数为 RC；另一路电流 I_{BB} 从 R_2 经 B_2B_1 流向 R_1，其数值较小。在电容 C 上的电压上升到 U_P 以前，单结晶体管是截止的。当 u_C 上升到 U_P 时，单结晶体管 E—B_1 结突然导通，电容 C 通过 E—B_1 结和 R_1 回路放电。由于导通后起始电流很大，使 R_1 两端的电压 u_{R1} 产生跃变。随着电容 C 的放电，u_C 迅速下降，当降到谷点电压 U_V 时，管子又重新截止，开始第二次充放电过程。调节电阻 R 可以改变充电时间常数，从而改变脉冲信号的周期。

图 4-23 所示的单结晶体管振荡电路虽然能够产生周期可调的脉冲，但还不能直接作为可控整流电路的触发电路。它的主要问题在于触发脉冲与主电路的电源电压不同步，在可控整流电路中，触发电路必须与主电路同步。单结晶体管触发的单相半控桥式整流电路如图 4-24a 所示，电阻 R_1 上的脉冲电压 u_G 作为晶闸管的触发电压。图 4-24a 所示的触发电路中，采用了一个同步变压器，变压器的一次侧与主电路接至同一个交流电源，二次电压经桥式整流后再由电阻 R_3 和稳压管 VS 削波，在稳压管两端得到一个幅值为 U_Z 的梯形波，利用这个梯形波作为单结晶体管触发电路的电源电压。电路中各处电压的波形如图 4-24b 所示。当主电路电源过零时，梯形波 u_Z 也过零点，触发电路的电源电压 $U_{BB}=0$，此时峰点电压

U_P 也接近于零，单结晶体管的 E—B_1 结导通，如果此时电容 C 上的电压 u_C 不为零值，就会通过单结晶体管的 E—B_1 结对 R_1 放电，u_C 迅速下降至零，使得电容 C 在电源每次过零后都从零开始重新充电，只要 RP 的阻值与电容 C 的数值不变，那么每半周由过零点到产生第一个脉冲的时间间隔就是固定的。虽然在每个半周期内会产生多个脉冲，但只有第一个脉冲起到触发晶闸管的作用，一旦晶闸管被触发导通，后面的脉冲将不再起作用。

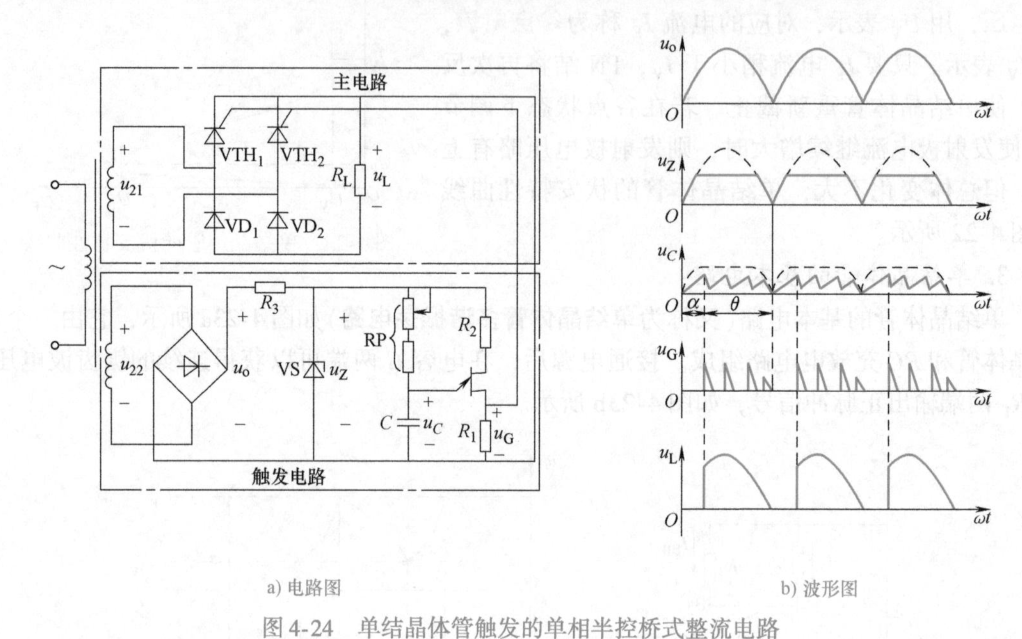

a) 电路图 b) 波形图

图 4-24 单结晶体管触发的单相半控桥式整流电路

电位器 RP 的作用是“移相”，调节 RP 可以改变电容 C 的充电快慢，从而改变发出第一个脉冲的时间，以实现改变触发延迟角 α，达到控制输出电压 u_L 的目的。但 RP 的值不能太小，否则在单结晶体管导通后，电流不能降到谷点电流之下，管子不能截止，造成单结晶体管“直通”。当然，RP 的值也不能太大，太大会减小移相范围。一般 RP 取几千欧到几十千欧。

为了确保输出脉冲电压的宽度并使晶闸管不会出现不能触发和误触发的现象，在单结晶体管触发电路中，电容一般为 0.1～1μF，电阻 R_1 一般为 50～100Ω。

4.4 基础实验

4.4.1 计算机仿真部分

1. 实验目的

1）通过仿真用虚拟示波器观察单相桥式整流电路、电容滤波电路的输出波形。

2）进一步加深对单相桥式整流、电容滤波及集成稳压电路工作原理的理解。

2. 实验内容及步骤

1）在 Multisim 10 仿真软件工作平台上绘制单相桥式整流电路，如图 4-25 所示，用万用表测量输入输出电压及用示波器观察输入输出波形，并将数据记录于表 4-1 中。

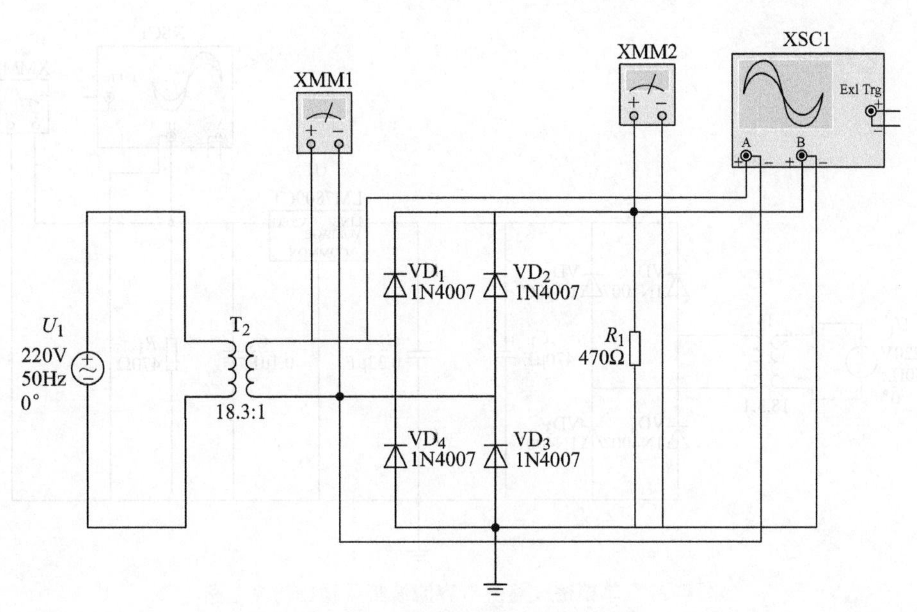

图 4-25 单相桥式整流仿真电路

2）单相桥式整流加电容滤波电路：接入 $C=470\mu F$ 电容，如图4-26 所示，测出此时 U_o 的值记于表 4-1 中，并观察记录 U_o波形。

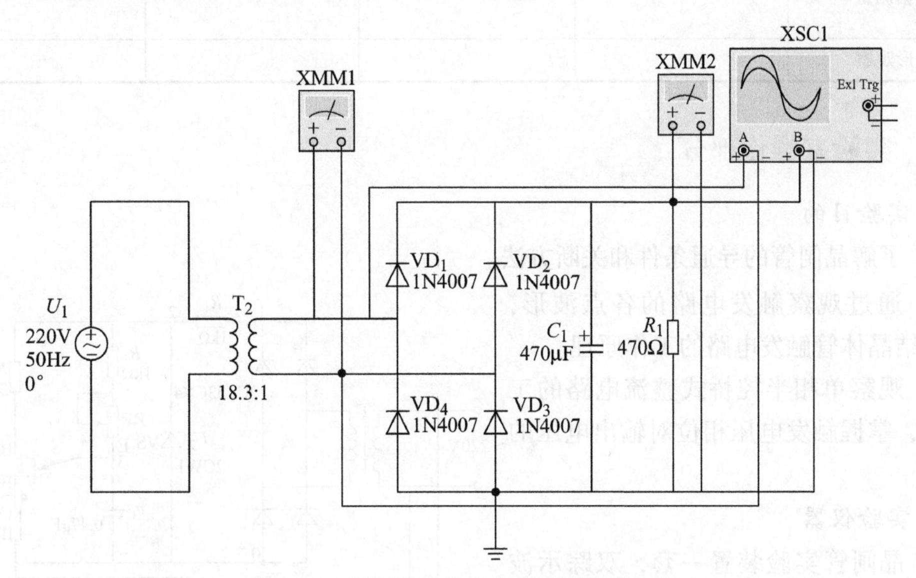

图 4-26 单相桥式整流电容滤波仿真电路

3）单相桥式整流滤波稳压电路：接入三端稳压器 W7809，如图 4-27 所示，测出此时 U_o的值记于表 4-1 中，并观察记录 U_o波形。

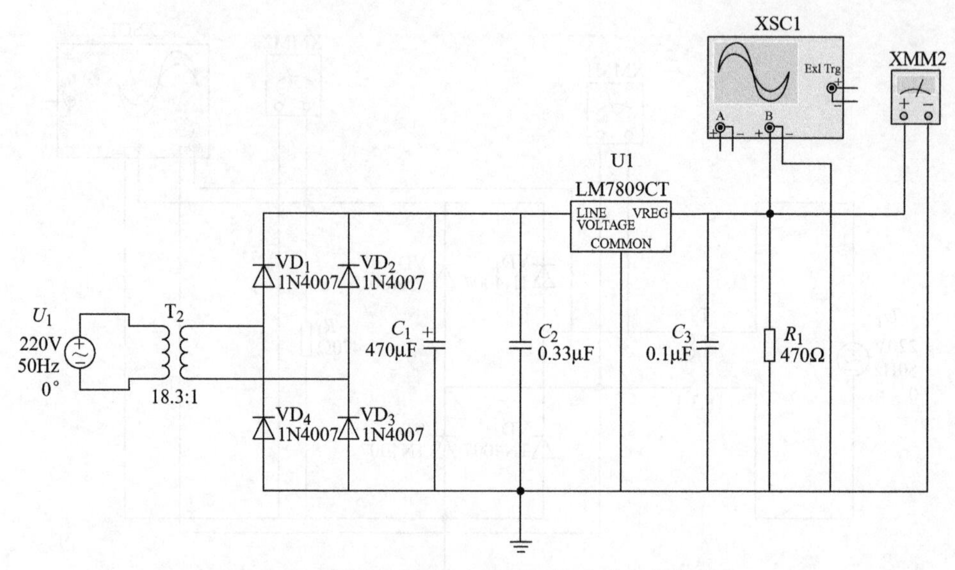

图 4-27 单相桥式整流电容滤波集成稳压仿真电路

表 4-1 单相桥式整流、电容滤波、三端稳压器稳压电路数据测试

电　路	单相桥式整流		整流、滤波	整流、滤波、稳压
数据测量	U_2	U_o	U_o	U_o
波形观察				

4.4.2 实验室操作部分 

1. 实验目的

1）了解晶闸管的导通条件和关断方法。

2）通过观察触发电路的各点波形，掌握单结晶体管触发电路的工作原理。

3）观察单相半控桥式整流电路的工作情况，掌握触发电压相位对输出电压的影响。

2. 实验仪器

1）晶闸管实验装置一套，双踪示波器一台，万用表一块。

2）负载一只，探头一副，导线若干。

3. 实验电路，如图 4-28 所示。

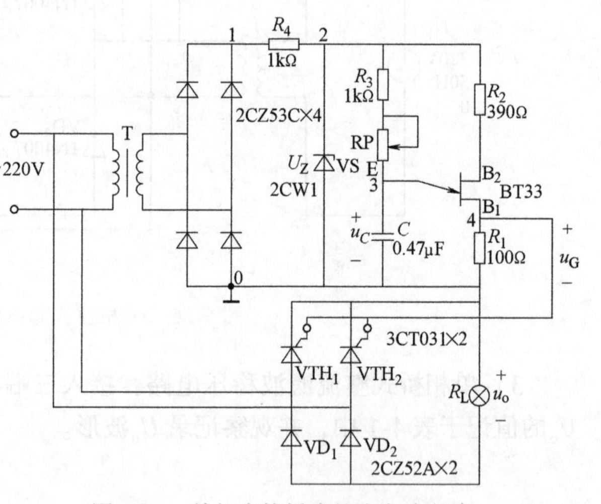

图 4-28 单相半控桥式整流实验电路

4. 实验内容及步骤

1）用万用表检测晶闸管和单结晶体管，并用万用表判别单结晶体管的电极。

2）触发电路研究。

① 断开与主电路 VTH_1、VTH_2 的连线，合上交流电源。

② 用示波器分别观察触发电路1-0、2-0、3-0、4-0 的波形，并记录。

③ 调节电位器 RP，观察 3-0、4-0 的波形变化情况，并判断触发延迟角 α 的增减。

3）主电路研究。

① 触发电路正常后，接上与主电路 VTH_1、VTH_2 的连线，然后合上交流电源。

② 调节 RP，观察灯泡亮度的变化，测出 α 分别为 45°、90°和 135°时的 u_o 值，并画出 u_o 波形，记录于表 4-2 中。

表 4-2　单相半控桥不同触发延迟角输出电压测量

触发延迟角 α	45°	90°	135°
导通角 θ			
电灯两端电压波形			
电灯两端电压测量值			
电灯两端电压计算值			

5. 实验注意事项

1）线路连接正确之后，必须经指导老师检查之后，才可接通电源。

2）用示波器观察输出电压波形时，V/DIV 必须置于较大档位。

3）注意人身安全和仪器安全。

6. 实验总结

1）怎样改变触发延迟角？触发延迟角的范围有多大？对输出电压的影响有哪些？

2）晶闸管和二极管都具有单向导电性，它们有何不同？

4.5 技能训练——双路直流稳压电源的组装与调试

1. 实训目的

1）理解双路直流稳压电源的工作原理。

2）掌握直流稳压电源相关性能指标的测量方法。

3）熟悉整流输出波形与滤波输出波形。

4）了解外界电压波动对稳压效果的影响。

2. 实训设备与器材

1）双踪示波器、万用表、直流数字电压表各一块，自耦变压器一个。

2）电烙铁、松香、焊锡、镊子、尖嘴钳、剪线钳等组合工具一套。

3. 实训内容与步骤

稳压电源功能要求输出双路 12V 电压，采用集成稳压电路 7812、7912。7812 的输入端电压应为 15～20V，7912 的输入端电压应为 -20～-15V，所以选用双 15V 输出的变压器。整流管选用 1N4007 即可满足要求。

（1）双路直流稳压电源的组装　图 4-29 为双路直流稳压电源的原理图，按焊接技术要求，对照原理图在印制电路板或万能板上焊接好电路。

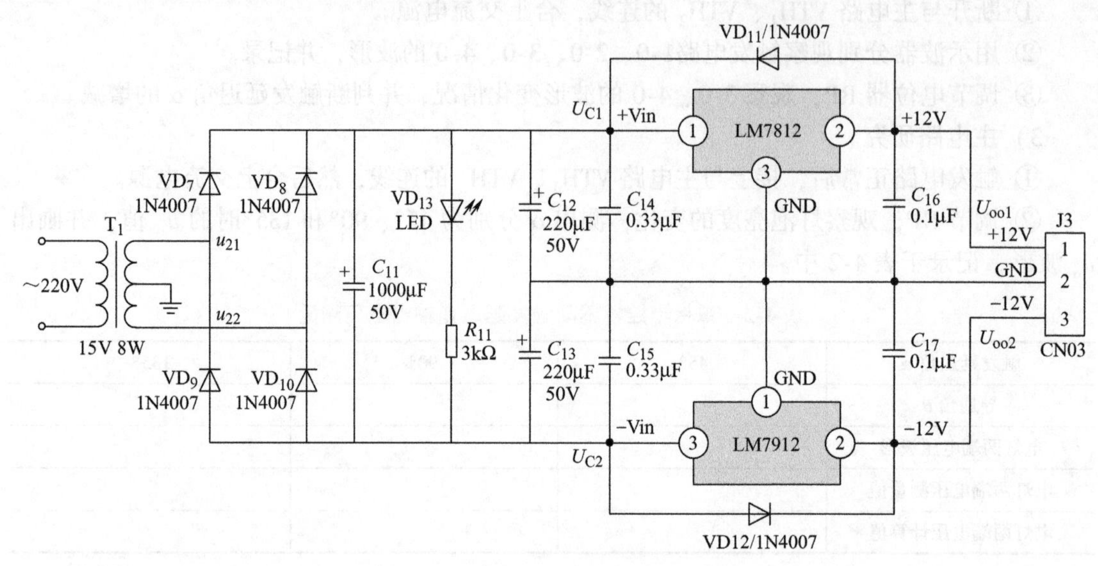

图 4-29 双路直流稳压电源原理图

(2) 双路直流稳压电源的调试及空载时参数的测量

1) 当确认电路无误时进行通电试验，观察电路有无冒烟、焦糊味、放电火花等异常现象，如果有，应立即切断电源，查出原因。如无异常现象，则用万用表的交流电压档测量变压器一次电压，应为220V左右，二次电压应为双路15V左右；用直流电压档测量整流滤波后的直流输出电压，应为18V左右。

2) 利用示波器观察变压器二次侧电压 u_{21}、u_{22}（变压器二次侧两端与地之间）和整流滤波后的电压 u_{c1}（7812输入端）、u_{c2}（7912输入端）及输出电压 U_{oo1}（7812输出端）、U_{oo2}（7912输出端）波形，并用万用表的交流档和直流档分别测量其数值，完成表4-3。

表 4-3 双路整流滤波稳压效果比较

参数	7812正电源			7912负电源		
	u_{21}	u_{c1}	U_{oo1}	u_{22}	u_{c2}	U_{oo2}
DC档测量						
AC档测量						
波形						

(3) 直流稳压性能指标的测量

1) 电流调整率。

测试方法：分别在两个输出端（J3的1、2端和2、3端）接上负载 R_{L1} 和 R_{L2}，调节变压器一次绕组使输入电压 u_i 为220V，调节 R_{L1} 和 R_{L2}，使输出电流都为1A，测出 U_{o1} 和 U_{o2}，即为输出电压值。然后再用电流调整率公式计算：

$$S_{I1}=\frac{U_{o1}-U_{oo1}}{U_{o1}}\times 100\%$$

U_{oo1}、U_{oo2}为步骤（2）中测得的空载时输出直流电压值。同理，可以计算出 U_{o2} 的电流调整率 S_{I2}。

2）电压调整率。

测试方法：在输出端（J3 的 1、2 端）接上负载 R_{L1}，调节变压器一次绕组使输入电压 u_i 为 220V，调节负载电阻 R_{L1}，使输出电流为 1A，测出 $u_i=220V$ 时对应的输出电压 U_{o1}。然后调节自耦变压器，使输入电压 $U_i=242V$，测试此时输出电压记为 U'_{o1}；再调节自耦变压器，使输入电压 $U_i=198V$，测试此时输出电压记为 U''_{o1}；然后再用以下公式计算：

$$S'_{V1}=\frac{U'_{o1}-U_{o1}}{U_{o1}}\times 100\% \qquad S''_{V1}=\frac{U''_{o1}-U_{o1}}{U_{o1}}\times 100\%$$

在 S'_{V1} 和 S''_{V1} 中选出较大值作为电压调整率 S_{V1}。为提高测量准确度，输出电压需用直流数字电压表测量。同理，可以测量并计算出 U_{o2} 的电压调整率 S_{V2}。

根据以上提供的测试方法完成表 4-4。

表 4-4 特性参数测试结果

U_{o1}	U_{o2}	S_{I1}	S_{I2}	S_{V1}	S_{V2}

3）纹波电压的测量。

稳压后输出直流电压中仍含有交流成分，纹波电压是指叠加在输出电压上的交流分量。纹波电压为非正弦量，常用其峰-峰值 ΔU_{opp} 来表示，一般为毫伏级，可用示波器进行测量。测量方法是将示波器 Y 轴输入耦合开关置于“AC”档，选择适当 Y 轴灵敏度旋钮档位，便可清晰观察到脉动波形，从波形图中读得峰-峰值。

4. 实训注意事项

1）焊接前要对照原理图写出元器件清单并清点元器件，判别各元器件的质量好坏。

2）安装印制电路板时，应注意晶体管的管脚和电容的极性，不能焊错。

3）严格按正确的焊接步骤操作，元器件引线成型规范。

5. 实训思考

1）在焊接印制电路板的过程中，应注意哪些问题？

2）电路中各电容器及二极管所起的作用是什么？

3）若输出电压 $U_{oo1}=0$，而 U_{oo2} 正常，试分析其可能的原因。

本章小结

（1）在电子系统中，经常需要将交流电压转换为稳定的直流电压，为此要用整流、滤波和稳压等环节来实现。

（2）在整流电路中，利用二极管的单向导电性将交流电转变为脉动的直流电。常见的形式有单相半波电路、单相全波电路和单相桥式整流电路。为抑制输出直流电压中的纹波，通常在整流电路后接有滤波环节。

（3）为了保证输出电压不受电网电压或负载的变化而产生波动，可再接入稳压电路，在小功率供电系统中，多采用串联反馈式稳压电路。

(4) 串联反馈式稳压电路的调整管工作在线性放大区，通过控制调整管的电压降 U_{BE} 来调整输出电压，是一个带负反馈的闭环有差调节系统。

(5) 晶闸管是一种大功率半导体器件，也是一种可控整流器件，既具有二极管单向导电的整流作用，又具有可控的开关作用，具有弱电控制强电的特点。

(6) 晶闸管的工作条件是：阳极与阴极之间加正向电压，门极与阴极之间加正向触发电压。晶闸管导通后，门极就失去作用。要使晶闸管关断，必须使阳极电流小于维持电流 I_H。

(7) 将二极管整流电路中的二极管用晶闸管替换，就组成了晶闸管可控整流电路，它具有输出电流大、反向耐压高、输出电压可调等优点。通过触发脉冲的移相，可调节输出电压的大小。

(8) 单结晶体管的基本特性是负阻特性，利用该特性可以组成多谐振荡电路，为晶闸管提供触发脉冲。

练　习

4-1 在图4-2所示的单相半波整流电路中，已知变压器二次电压的有效值 $U=30V$，负载电阻 $R_L=100\Omega$，试问：(1) 输出电压和输出电流的平均值 U_o 和 I_o 各为多少？(2) 若电源电压波动 ±10%，二极管承受的最高反向电压为多少？

4-2 桥式整流电路如图4-4所示。若电路中二极管出现下述各种情况，将会出现什么问题？

(1) VD_2 因虚焊而开路。

(2) VD_1 误接造成短路。

(3) VD_4 极性接反。

(4) VD_1 和 VD_2 极性都接反。

4-3 接有电容滤波器的桥式整流电路如图4-7所示，变压器二次电压的有效值 $U=20V$，现用直流电压表测量负载 R_L 两端的电压 U_o，出现下列几种情况，试分析：哪种情况是正常的？哪些发生了故障，并分析其原因。

(1) $U_o=28V$　(2) $U_o=18V$　(3) $U_o=9V$　(4) $U_o=24V$

4-4 一个输出固定电压的电路如图4-30所示，试回答下列问题：

(1) 输出电压 $U_o=$？

(2) 标出三端稳压器的引出端编号。

(3) 三端稳压器的输入电压 U_I 应取多大？（输入与输出间的压差为5V）

(4) 变压器二次电压有效值 U_2 应取多大？

(5) $C_1 \sim C_3$ 的作用是什么？

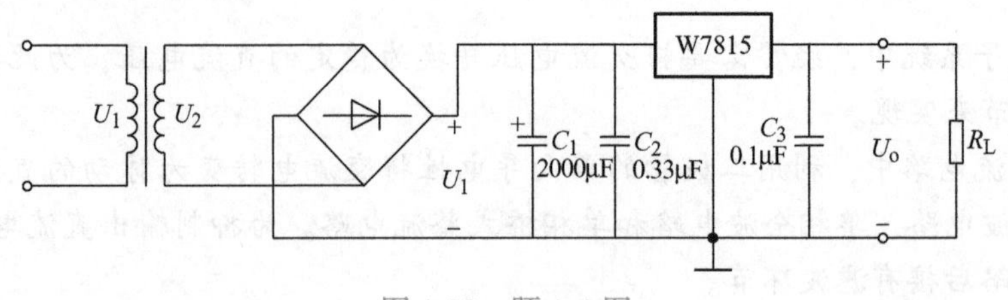

图4-30 题4-4图

4-5 如图4-31所示，试求输出电压 U_o 的可调范围是多大？

4-6 某一电阻性负载，需要直流电压60V、电流30A。今采用单相半波可控整流电路，直接由220V电网供电。试计算晶闸管的导通角。

4-7 有一单相半控桥式整流电路，负载电阻 $R_L = 10\Omega$，直接由220V电网供电，触发延迟角 $\alpha = 30°$。试计算整流电压的平均值和整流电流的平均值。

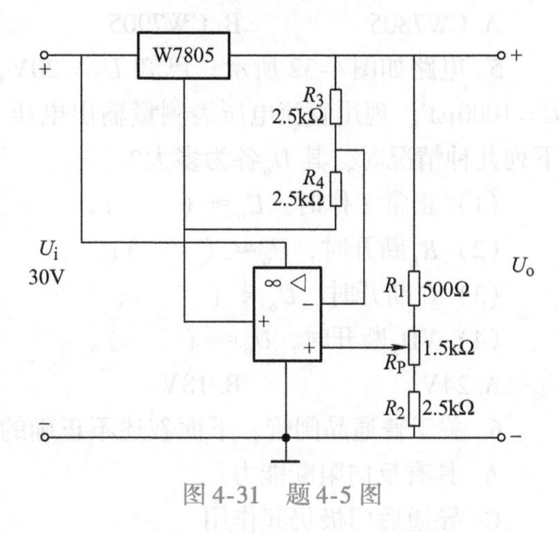

图4-31 题4-5图

自 测

一、填空题

1. 小功率直流稳压电源一般由________、________、________和________组成。

2. 采用电容滤波，电容必须与负载________；采用电感滤波，电感必须与负载________。

3. 稳压电路的任务是使输出直流电压在________或________时也能保持稳定。

4. 电路中，用稳压管实现稳压时，稳压管必须与负载电阻________。

5. 桥式整流电容滤波电路，若输入交流电压有效值为 U_2，电路参数选择合适，则该电路的输出电压平均值约为________；当负载电阻开路时，输出电压平均值为________；当滤波电容开路时，输出电压平均值约为________。

6. 稳压电路能够稳定输出电压，目前广泛采用集成稳压器。三端集成稳压器CW78××系列输出________电压，CW79××系列输出________电压，此两系列输出的直流电压是________的，而CW317系列输出的直流电压是________的。

7. 当单向晶闸管的阳极与阴极加________电压、门极与阴极之间加适当的________电压时，单向晶闸管处于导通状态。

二、选择题

1. 将交流电变成单向脉动直流电的电路称为（　　）电路。

A. 变压　　B. 整流　　C. 滤波　　D. 稳压

2. 桥式整流电容滤波电路中，输入交流电压有效值为10V，测得直流输出电压为9V，则说明电路中（　　）。

A. 滤波电容开路　　B. 滤波电容短路　　C. 负载开路　　D. 负载短路

3. 在单相桥式整流电路中，如果任意一只二极管接反，则（　　）；如果任意一只二极管脱焊，则（　　）。

A. 将引起电源短路　　B. 将成为半波整流电路

C. 仍为桥式整流电路

4. 一个采用桥式整流电容滤波三端集成稳压器稳压的电路，要求输出到负载 R_L 上的电压 U_o 为固定+15V，则三端集成稳压器应选择（　　）。

A. CW7805　　B. CW7905　　C. CW7815　　D. CW7915

5. 电路如图4-32所示，已知 $U_2=20\text{V}$，$R_L=47\Omega$，$C=1000\mu\text{F}$。现用直流电压表测量输出电压 U_2，问出现下列几种情况时，其 U_o 各为多大？

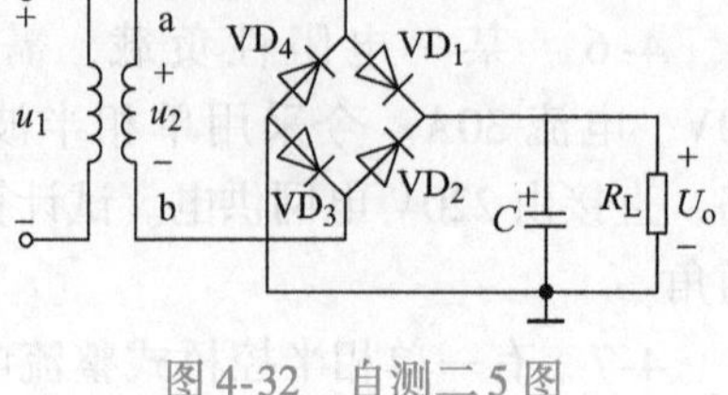

图4-32　自测二5图

（1）正常工作时，$U_o\approx$（　　）；

（2）R_L 断开时，$U_o\approx$（　　）；

（3）C 断开时，$U_o\approx$（　　）；

（4）VD_2 断开时，$U_o\approx$（　　）。

A. 24V　　B. 18V　　C. 20V　　D. 28V

6. 关于普通晶闸管，下面叙述不正确的是（　　）。

A. 具有反向阻断能力　　B. 导通后门极失去作用

C. 导通后门极仍起作用

三、判断下列说法是否正确，正确的在括号中画√，错误的画×

（　　）1. CW78XX 系列三端稳压器和 CW79××系列三端稳压器的引脚排列是一样的。

（　　）2. 要使得三端集成稳压器 CW78××能够正常工作，必须使其输入端电压 U_i 至少比输出端电压 U_o 高出 2.5~3V。

（　　）3. 直流稳压电源是一种能量转换电路，它将直流电能转变为交流电能。

（　　）4. 桥式整流电容滤波电路中，输出电压中的纹波大小与负载电阻有关，负载电阻增大，输出纹波电压也越大。

（　　）5. 串联型线性稳压电路中，调整管与负载串联，它工作在放大区。

（　　）6. 只要给晶闸管加上正向阳极电压它就会导通。

四、计算题

1. 电源220V、50Hz 的交流电压经降压变压器给桥式整流电容滤波电路供电，要求输出直流电压为24V、电流为400mA。试计算变压器二次电压的有效值。

2. 有一单相半波可控整流电路，负载电阻 $R_L=10\Omega$，直接由220 V 电网供电，触发延迟角 $\alpha=60°$。试计算输出整流电压的平均值和整流电流的平均值。

第5章 数字电路基础

学习目标

◇ 了解数字信号与数字电路的基本概念。

◇ 熟悉常用的数制和码制，掌握常用数制的表示方法及它们之间的相互转换。

◇ 掌握逻辑代数的三种基本运算和常用复合运算。

◇ 掌握逻辑代数的基本定律和基本规则，重点掌握逻辑函数常用的表示方法及化简方法。

电子电路按其处理信号的不同，通常可以分为模拟电路和数字电路两大类，前面几章我们讨论的是模拟电路。模拟电路处理的是模拟信号，**模拟信号是指在时间和幅值上都连续变化的信号**；数字电路处理的是数字信号，**数字信号是指在时间和幅值上都离散的信号**。

5.1 数制与码制

5.1.1 常用数制

数制就是计数的方法。日常生活中人们习惯采用十进制，而在数字电路和计算机中广泛使用的是二进制、八进制和十六进制。

1. 十进制

在十进制数中，采用了0、1、2、3、4、5、6、7、8、9十个数码，它的计数规则是"逢十进一"，十进制的基数是10。在十进制数中，数码所处的位置不同，其所代表的数值不同，如

$$(345.25)_{10}=3\times10^2+4\times10^1+5\times10^0+2\times10^{-1}+5\times10^{-2}$$

等号右边的表示形式，我们称为**十进制数的多项式表示法**，也叫**按权展开式**。对于任意一个十进制数，都可以按位权展开为

$$(N)_{10}=a_{n-1}\times10^{n-1}+a_{n-2}\times10^{n-2}+\cdots+a_1\times10^1+a_0\times10^0+$$
$$a_{-1}\times10^{-1}+a_{-2}\times10^{-2}+\cdots+a_{-m}\times10^{-m}=\sum_{i=-m}^{n-1}a_i\times10^i$$

式中，m为小数位数；n为整数位数；a_i为十进制数的任意一个数码；10^i为十进制的位权值。

根据十进制数的特点，可以归纳出数制包含两个基本要素：基数和位权。

2. 二进制

二进制数的基数是2，只有0和1两个数码，计数规则是"逢二进一"。各位的权为2^0、

2^1、2^2、…。任何一个二进制数都可以表示成以基数 2 为底的幂的求和式，即按权展开式。如二进制数 1101.01 可表示为

$$(1101.01)_2 = 1\times2^3 + 1\times2^2 + 0\times2^1 + 1\times2^0 + 0\times2^{-1} + 1\times2^{-2}$$

3. 八进制

八进制的基数是 8，采用了 0、1、2、3、4、5、6、7 八个数码，计数规则是“逢八进一”，各位的权为 8 的幂。

4. 十六进制

十六进制的基数是 16，采用了 0、1、2、3、4、5、6、7、8、9、A、B、C、D、E、F 十六个数码。其中，A 到 F 表示 10 到 15。计数规则是“逢十六进一”。各位的权为 16 的幂，十六进制数也可以表示为以基数 16 为底的幂的求和式。

在计算机应用系统中，二进制主要用于机器内部数据的处理，八进制和十六进制主要用于书写程序，十进制主要用于最终运算结果的输出。

5.1.2　不同进制数的相互转换

1. 二进制、八进制、十六进制数转换为十进制数

将二进制、八进制、十六进制数转换成十进制数时，只要将它们按位权展开，求出相加的和，便得到相应进制数对应的十进制数。如

$$(10101.11)_2 = 1\times2^4 + 0\times2^3 + 1\times2^2 + 0\times2^1 + 1\times2^0 + 1\times2^{-1} + 1\times2^{-2} = (21.75)_{10}$$

$$(265.34)_8 = 2\times8^2 + 6\times8^1 + 5\times8^0 + 3\times8^{-1} + 4\times8^{-2} = (181.4375)_{10}$$

$$(AC.8)_{16} = 10\times16^1 + 12\times16^0 + 8\times16^{-1} = (172.5)_{10}$$

2. 十进制数转换为二进制、八进制、十六进制数

将十进制数转换为其他数制时，需将十进制数分成整数部分和小数部分，分别进行转换，整数部分采用“除基数取余”法，小数部分采用“乘基数取整”法；最后将整数部分和小数部分组合到一起，就得到该十进制数转换的完整结果。

例 5-1　将 $(25.375)_{10}$ 转换为二进制数。

解　整数部分 25 用“除 2 取余”法，小数部分 0.375 用“乘 2 取整”法。

除 2	商		余数
2	25		
2	12	……	1
2	6	……	0
2	3	……	0
2	1	……	1
	0	……	1

（余数自下而上读取）

乘 2		整数
0.375 × 2 = 0.750	……	0
0.750 × 2 = 1.500	……	1
0.500 × 2 = 1.000	……	1
0.000		

（整数自上而下读取）

$(25.375)_{10} = (11001.011)_2$

同理，十进制数转换为八进制、十六进制数，方法同上，请读者自行分析。

3. 二进制数与八进制、十六进制数的相互转换

由于二进制和八进制、十六进制之间正好满足 2^3、2^4 的关系，因此转换时将二进制数

的整数部分从最低位开始，小数部分从最高位开始，每三位或每四位一组，按组将二进制数转换为相应的八进制数或十六进制数。

例 5-2 将二进制数 1110011010. 0110101 分别转换成八进制数和十六进制数。

解 $(001/110/011/010.011/010/100)_2=(1632.324)_8$

$(0011/1001/1010.0110/1010)_2=(39A.6A)_{16}$

5.1.3 码制

在数字系统中，常将有特定意义的信息(如文字、数字、符号及指令等)用某一码制规定的代码来表示。下面介绍一些常用的码制。

二-十进制码就是用4位二进制数来表示1位十进制数中的0~9这十个数码，简称**BCD码**(Binary Coded Decimal)。4位二进制数有16种不同的组合方式，即16种代码，根据不同的规则从中选择10种来表示十进制的10个数码，其编码方式很多，常用的BCD码分为有权码和无权码两类。表5-1中为几种常用的BCD码。

表 5-1 几种常用的 BCD 码

十进制数	有权码			无权码	
	8421 码	2421 码	5421 码	余 3 码	格雷码
0	0000	0000	0000	0011	0000
1	0001	0001	0001	0100	0001
2	0010	0010	0010	0101	0011
3	0011	0011	0011	0110	0010
4	0100	0100	0100	0111	0110
5	0101	1011	1000	1000	0111
6	0110	1100	1001	1001	0101
7	0111	1101	1010	1010	0100
8	1000	1110	1011	1011	1100
9	1001	1111	1100	1100	1101

例 5-3 完成下列转换。

$(932.56)_{10}=(?)_{8421BCD}$ $(10000110.0111)_{8421BCD}=(?)_{10}$

解 $(932.56)_{10}=(100100110010.01010110)_{8421BCD}$

$(10000110.0111)_{8421BCD}=(86.7)_{10}$

5.2 逻辑代数的基本知识

逻辑代数也称为**布尔代数**，是描述客观事物逻辑关系的数学方法。和普通代数一样，也是用字母表示变量与函数，但变量与函数的取值只有1和0两种可能，而且1和0并不表示具体的数值大小，只表示两种完全对立的逻辑状态，如电灯的亮和灭、电机的旋转与停止等。

5.2.1 逻辑代数的基本运算

在逻辑代数中，有与、或、非三种最基本的逻辑运算。运算是一种函数关系，它可以用语言描述，也可以用逻辑代数表达式描述，还可以用表格或图形来描述。输入逻辑变量所有取值的组合与其所对应的输出逻辑函数值构成的表格，称为**真值表**。用规定的逻辑符号表示的图形称为**逻辑图**。下面分别分析三种最基本的逻辑运算。

1. 与运算

只有当决定事件发生的所有条件全部具备时，结果才会发生，这种逻辑关系称为与逻辑关系(又称**与运算**)。图5-1所示为一个简单的与逻辑电路，A、B是两个串联开关，Y是灯，从图中可知，只有当两个开关全都闭合时，灯才会亮，因此满足与逻辑关系。

如果用0和1来表示开关和灯的状态，设开关断开和灯不亮均用0表示，而开关闭合和灯亮均用1表示，则可得出真值表，见表5-2。若用逻辑表达式来描述，则可写为

$$Y=A\cdot B$$

式中的“·”表示与运算，也称为**逻辑乘**，通常可省略。

与逻辑的运算规则为：输入有0出0，全1出1。用来实现与逻辑的电路称为**与门电路**，简称**与门**，其逻辑符号如图5-2所示。

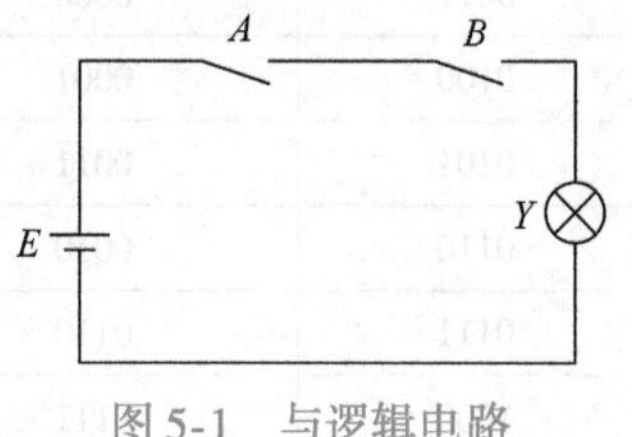

图5-1 与逻辑电路

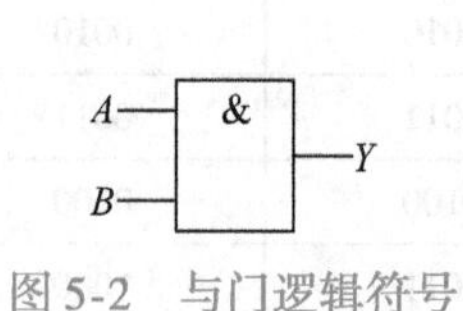

图5-2 与门逻辑符号

表5-2 与逻辑真值表

输入		输出
A	B	Y
0	0	0
0	1	0
1	0	0
1	1	1

2. 或运算

决定事件发生的几个条件中，只要有一个或一个以上条件得到满足，结果就会发生，这种逻辑关系称为或逻辑(又称**或运算**)。若用逻辑表达式来描述，则可写为

$$Y=A+B$$

式中的“+”表示或运算，也称为**逻辑加**。

或逻辑的运算规则为：输入有1出1，全0出0。用来实现或逻辑的电路称为**或门电路**，简称**或门**，其逻辑符号如图5-3所示。或逻辑真值表见表5-3。

表5-3 或逻辑真值表

输入		输出
A	B	Y
0	0	0
0	1	1
1	0	1
1	1	1

图5-3 或门逻辑符号

3. 非运算

在某一事件中，若结果总是和条件呈相反状态，则这种逻辑关系称为非逻辑。若用逻辑表达式来描述，则可写为

$$Y=\overline{A}$$

$\overline{A}$ 读作“A 非”或“A 反”，在逻辑运算中，通常将 A 称为**原变量**，而将 $\overline{A}$ 称为**反变量**或**非变量**。非逻辑的运算规则为：0 的非为 1，1 的非为 0。用来实现非逻辑的电路称为**非门**，也称**反相器**，其逻辑符号如图 5-4 所示。非逻辑真值表见表 5-4。

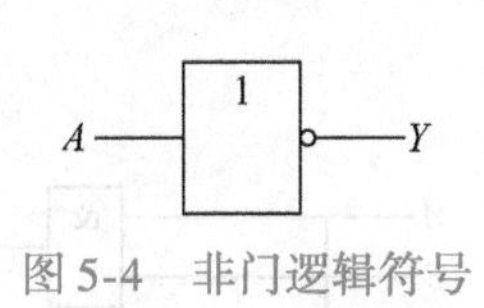

图 5-4 非门逻辑符号

表 5-4 非逻辑真值表

A	Y
0	1
1	0

4. 复合运算

与、或、非运算是逻辑代数中最基本的三种运算，在实际应用中常将与门、或门和非门组合起来，形成复合门，如与非门、或非门、与或非门、异或门以及同或门等，其逻辑表达式、逻辑符号及真值表见表 5-5。

表 5-5 常见的复合逻辑关系

逻辑名称	与非			或非			与或非					异或			同或		
逻辑表达式	$Y=\overline{AB}$			$Y=\overline{A+B}$			$Y=\overline{AB+CD}$					$Y=A\oplus B$			$Y=A\odot B$		
逻辑符号	&			≥1			& ≥1					=1			=1		
真值表	A	B	Y	A	B	Y	A	B	C	D	Y	A	B	Y	A	B	Y
	0	0	1	0	0	1	0	0	0	0	1	0	0	0	0	0	1
	0	1	1	0	1	0	0	0	0	1	1	0	1	1	0	1	0
	1	0	1	1	0	0	…	…	…	…		1	0	1	1	0	0
	1	1	0	1	1	0	1	1	1	1	0	1	1	0	1	1	1
逻辑运算规则	有 0 出 1 全 1 出 0			有 1 出 0 全 0 出 1			与项为 1 结果为 0 其余输出全为 1					不同为 1 相同为 0			不同为 0 相同为 1		

5. 逻辑函数的表示方法及相互转换

(1) 逻辑函数　由前面讨论的逻辑关系可以知道，逻辑变量分为两种：输入逻辑变量和输出逻辑变量，当输入逻辑变量的取值确定之后，输出逻辑变量的取值也就被相应地确定了，输出逻辑变量与输入逻辑变量之间存在一定的对应关系，我们将这种对应关系称为**逻辑函数**。由于逻辑变量是只取 0 或 1 的二值变量，因此逻辑函数也是二值逻辑函数。

(2) 逻辑函数的表示方法及转换　逻辑函数的表示方法有**逻辑函数表达式**、**真值表**、**逻辑图**、**波形图和卡诺图**等。不同的表示方法相互间可以进行转换，下面通过举例说明它们

之间的转换。

例 5-4 已知函数的逻辑函数表达式 $Y=AB+BC+CA$。要求：列出相应的真值表；已知输入波形，画出输出波形；画出逻辑图。

解 （1）将 A、B、C 的所有组合代入逻辑函数表达式中进行计算，得到真值表如表 5-6 所示。

（2）根据真值表和已知输入波形，画出输出波形，如图 5-5 所示。

（3）根据逻辑函数表达式，画出逻辑图，如图 5-6 所示。

表 5-6 例 5-4 真值表

A	B	C	Y
0	0	0	0
0	0	1	0
0	1	0	0
0	1	1	1
1	0	0	0
1	0	1	1
1	1	0	1
1	1	1	1

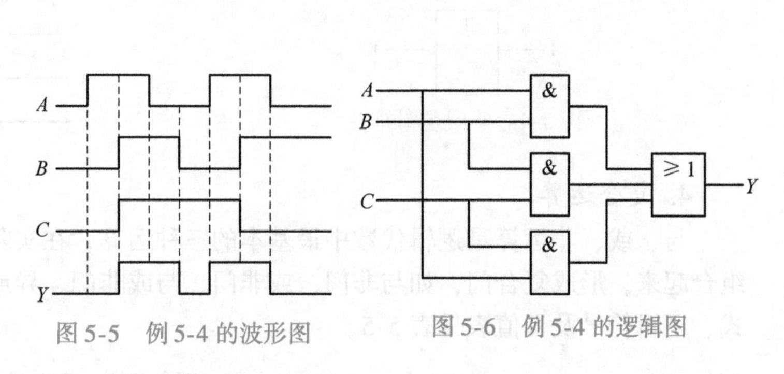

图 5-5 例 5-4 的波形图

图 5-6 例 5-4 的逻辑图

5.2.2 逻辑代数的定律和运算规则

1. 基本定律

逻辑代数的基本定律见表 5-7。

表 5-7 逻辑代数的基本定律

定律名称	逻 辑 与	逻 辑 或
0—1 律	$A\cdot 1=A$	$A+0=A$
	$A\cdot 0=0$	$A+1=1$
交换律	$A\cdot B=B\cdot A$	$A+B=B+A$
结合律	$A\cdot(B\cdot C)=(A\cdot B)\cdot C$	$A+(B+C)=(A+B)+C$
分配律	$A\cdot(B+C)=A\cdot B+A\cdot C$	$A+B\cdot C=(A+B)\cdot(A+C)$
互补律	$A\cdot\overline{A}=0$	$\overline{A}+A=1$
重叠律	$A\cdot A=A$	$A+A=A$
还原律	$\overline{\overline{A}}=A$	
反演律（摩根定律）	$\overline{A\cdot B\cdot C\cdot\cdots}=\overline{A}+\overline{B}+\overline{C}+\cdots$	$\overline{A+B+C\cdots}=\overline{A}\cdot\overline{B}\cdot\overline{C}\cdots$
吸收律	$A\cdot(A+B)=A$	$A+AB=A$
	$(A+B)(A+\overline{B})=A$	$AB+A\overline{B}=A$
	$A(\overline{A}+B)=AB$	$A+\overline{A}B=A+B$

（续）

定律名称	逻 辑 与	逻 辑 或
隐含律	$(\overline{A}+B)(A+C)(B+C)=(\overline{A}+B)(A+C)$	$AB+\overline{A}C+BC=AB+\overline{A}C$
	$(\overline{A}+B)(A+C)(B+C+D)=(\overline{A}+B)(A+C)$	$AB+\overline{A}C+BCD=AB+\overline{A}C$

以上定律的正确性可以用真值表证明，若等式两边的真值表相同，则等式成立。

2. 基本运算规则

（1）**代入规则** 在任何一个逻辑等式中，如果将等式两边的某一变量都用一个函数代替，则等式仍然成立。

例 5-5 已知等式 $B(A+C)=BA+BC$。若将所有出现 A 的地方都用函数 $D+F$ 代替，则等式仍然成立。即

$$B[(D+F)+C]=B(D+F)+BC=BD+BF+BC$$

（2）**反演规则** 若求一个逻辑函数 Y 的反函数时，只要将函数中所有“·”换成“+”，“+”换成“·”；“0”换成“1”，“1”换成“0”；原变量换成反变量，反变量换成原变量；则所得到的逻辑函数式就是逻辑函数 Y 的反函数表达式。

例 5-6 已知 $Y=\overline{A+\overline{B}}\cdot\overline{B+C+\overline{D+E}}$，求 $\overline{Y}$。

解 $$\overline{Y}=\overline{\overline{A}B}+\overline{\overline{B}\,\overline{C}\,\overline{\overline{D}\,\overline{E}}}$$

（3）**对偶规则** Y 是一个逻辑函数表达式，如果将 Y 中的“·”换成“+”，“+”换成“·”，“0”换成“1”，“1”换成“0”，则所得到新的逻辑函数式 Y'，就是 Y 的对偶函数。

对于两个函数，如果原函数相等，那么其对偶函数、反函数也相等。

例 5-7 已知 $Y=(A+\overline{B})(A+C)$，求对偶函数 Y'。

解 $$Y'=A\overline{B}+AC$$

5.2.3 逻辑函数的代数化简法

根据逻辑代数的定律和运算规则，常用的逻辑函数表达式有如下几种：

$$Y=\overline{A}B+AC \quad \text{与-或表达式}$$

$$=(A+B)(\overline{A}+C) \quad \text{或-与表达式}$$

$$=\overline{\overline{\overline{A}B}\cdot\overline{AC}} \quad \text{与非-与非表达式}$$

$$=\overline{\overline{A+B}+\overline{\overline{A}+C}} \quad \text{或非-或非表达式}$$

$$=\overline{\overline{A}\,\overline{B}+A\,\overline{C}} \quad \text{与-或-非表达式}$$

根据逻辑函数表达式，可以画出相应的逻辑图。然而，直接根据某种逻辑要求归纳出来的逻辑函数表达式往往不是最简的形式，这就需要对逻辑函数表达式进行化简，利用化简后的逻辑函数表达式构成逻辑电路时，可以节省元器件，降低成本，提高工作的可靠性。

逻辑函数化简的方法有代数法和卡诺图法。代数法就是运用逻辑代数的基本定律和运算规则化简逻辑函数。常用的方法有并项法、吸收法、消去法和配项法。下面通过举例说明。

例 5-8 试化简逻辑函数 $Y=A\overline{B}+B\overline{C}+\overline{B}C+\overline{A}B$。

解

$$\begin{aligned} Y &= A\overline{B}+B\overline{C}+(A+\overline{A})\overline{B}C+\overline{A}B(C+\overline{C}) \\ &= A\overline{B}+B\overline{C}+A\overline{B}C+\overline{A}\overline{B}C+\overline{A}BC+\overline{A}B\overline{C} \\ &= A\overline{B}(1+C)+B\overline{C}(1+\overline{A})+\overline{A}C(\overline{B}+B) \\ &= A\overline{B}+B\overline{C}+\overline{A}C \end{aligned}$$

例 5-9 化简 $Y=AD+A\overline{D}+AB+\overline{A}C+BD+A\overline{B}EF+\overline{B}EF$。

解

$$\begin{aligned} Y &= A+AB+\overline{A}C+BD+A\overline{B}EF+\overline{B}EF \\ &= A+\overline{A}C+BD+\overline{B}EF \\ &= A+C+BD+\overline{B}EF \end{aligned}$$

利用代数化简法，要求熟练掌握逻辑代数的定律和运算规则，并需要掌握一定的化简方法，同时对于一个较复杂的逻辑函数式也难以判断化简结果是否为最简。为了克服这个缺点，引入另一种化简方法——卡诺图化简法。

5.2.4 逻辑函数的卡诺图化简法

1. 最小项的定义及其性质

（1）最小项的定义 在 n 个输入变量的逻辑函数中，如果一个乘积项包含 n 个变量，而且每个变量以原变量或反变量的形式出现且仅出现一次，那么该乘积项称为**该函数的一个最小项**。对 n 个输入变量的逻辑函数来说，共有 2^n 个最小项。

（2）最小项的编号 为了表达方便，最小项通常用 m_i 表示，下标 i 即最小项编号，用十进制数表示。编号的方法是：使最小项的值为 1 所对应的输入变量的取值作为二进制数，将此二进制数转换成相应的十进制数就是该最小项的编号，以 $\overline{A}B\overline{C}$ 为例，因为它与 010 相对应，所以记作 m_2。

（3）最小项表达式 任何一个逻辑函数都可以表示成若干个最小项之和的形式，这样的逻辑函数表达式称为**最小项表达式**。

例 5-10 将逻辑函数 $Y(A,B,C)=AB+\overline{A}C$ 转换成最小项表达式。

解

$$\begin{aligned} Y(A,B,C) &= AB+\overline{A}C \\ &= AB(C+\overline{C})+\overline{A}C(B+\overline{B}) \\ &= ABC+AB\overline{C}+\overline{A}BC+\overline{A}\overline{B}C \\ &= m_7+m_6+m_3+m_1=\sum m(1,3,6,7) \end{aligned}$$

2. 逻辑函数的卡诺图表示法

（1）卡诺图 **卡诺图**是按相邻性原则排列的最小项的方格图。卡诺图的排列结构特点是按几何相邻反映逻辑相邻进行的。n 个变量的逻辑函数，由 2^n 个最小项组成。卡诺图的变量标注均采用循环码形式。这样上下、左右之间的最小项都是逻辑相邻项。特别指出，卡诺图水平方向同一行左、右两端的方格也是相邻项，同样垂直方向同一列上、下顶端两个方格也是相邻项，卡诺图中对称于水平和垂直中心线的四个外顶格也是相邻项。

1）二变量卡诺图。设变量为 A、B，因为有 2 个变量，对应有 4 个最小项，卡诺图应有 4 个小方格，图 5-7 为二变量卡诺图。

2）三变量卡诺图。设变量为 A、B、C，共有 $2^3=8$ 个最小项，卡诺图如图 5-8 所示。

B \ A	0	1
0	$\overline{A}\overline{B}$ m_0	$A\overline{B}$ m_2
1	$\overline{A}B$ m_1	AB m_3

A \ B	0	1
0	$\overline{A}\overline{B}$ m_0	$\overline{A}B$ m_1
1	$A\overline{B}$ m_2	AB m_3

图 5-7 二变量卡诺图

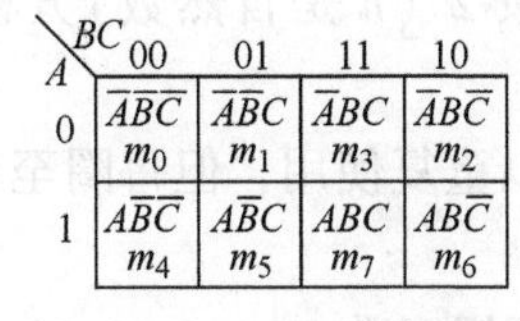

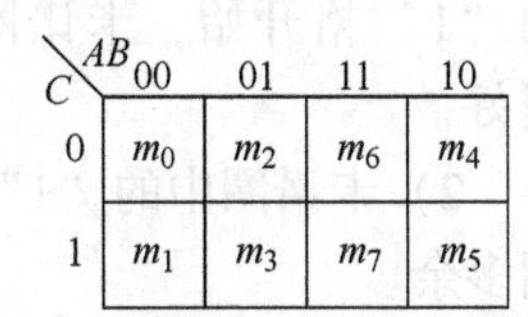

图 5-8 三变量卡诺图

3）四变量卡诺图。设变量为 A、B、C、D，共有 $2^4=16$ 个最小项，卡诺图如图 5-9 所示。

（2）用卡诺图表示逻辑函数 任何一个逻辑函数都可以写成最小项表达式，而卡诺图中的每一个小方格代表逻辑函数的一个最小项，只要将逻辑函数中包含的最小项对应的方格内填1，没有包含的项填0(或不填)，就得到函数卡诺图。

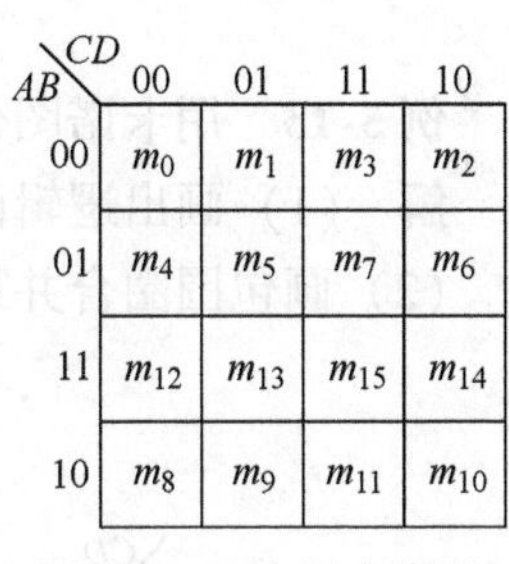

图 5-9 四变量卡诺图

如果已知一个逻辑函数的真值表，可直接填出该函数的卡诺图。实际中，与或函数式可直接用卡诺图表示。

例 5-11 试用卡诺图表示逻辑函数 $Y=B\overline{C}+\overline{C}D+\overline{B}CD+\overline{A}\,\overline{C}D+ABCD$。

解 先逐项用卡诺图表示，然后再合起来即可。

$B\overline{C}$：在 $B=1$、$C=0$ 对应的方格(不管 A,D 取值)，得 m_4、m_5、m_{12}、m_{13}，在对应位置填1；

$\overline{C}D$：在 $C=0$、$D=1$ 所对应的方格中填1，即 m_1、m_5、m_9、m_{13}；

$\overline{B}CD$：在 $B=0$、$C=D=1$ 对应方格中填1，即 m_3、m_{11}；

$\overline{A}\,\overline{C}D$：在 $A=C=0$、$D=1$ 对应方格中填1，即 m_1、m_5；

$ABCD$：即 m_{15}。所得卡诺图如图 5-10 所示。

3. 用卡诺图化简逻辑函数

（1）化简依据和合并规律 卡诺图的化简依据：卡诺图中几何相邻的最小项在逻辑上也有相邻性，而逻辑相邻的两个最小项只有一个因子不同，根据互补律 $A+\overline{A}=1$ 可知，将它们合并，可以消去互补因子，留下公共因子。

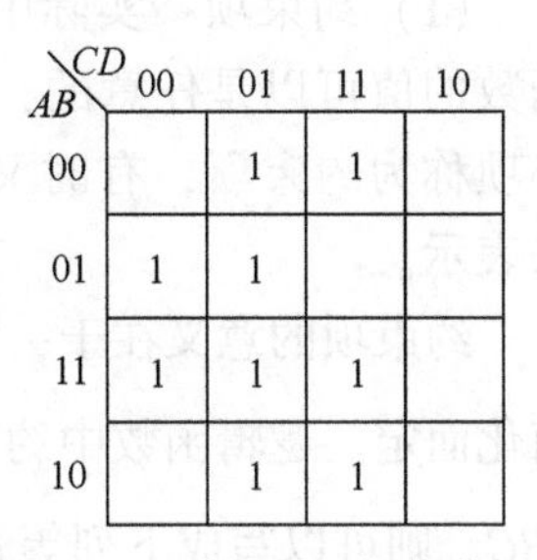

图 5-10 例 5-11 的卡诺图

相邻最小项的合并规律：两相邻最小项可合并为一项，消去一个取值不同的变量，保留相同变量；同理，四相邻项合并可消去两个变量，八相邻项合并可消去三个变量。

（2）化简步骤

1）用卡诺图表示逻辑函数。

2）对可以合并的相邻最小项（相邻的“1”）画出包围圈（也叫卡诺圈）。

3）消去互补因子，保留公共因子，写出每个包围圈所得的乘积项。

4）从卡诺图中读出最简与或表达式，最简式可能不是唯一的。

用卡诺图化简时，为保证结果的最简化和准确性，画卡诺圈时应遵循以下几个原则：

1）先圈相对来讲比较孤立的“1”（无其他“1”格与之相邻），或从只有一种圈法的“1”格开始，卡诺圈应按 2^n（n 是自然数）方格来圈，卡诺圈越大越好，卡诺圈越少越好。

2）卡诺圈中的“1”可以重复使用，但每圈至少有一个从未被圈过的“1”，否则，该圈多余。

例 5-12 用卡诺图化简逻辑函数 $Y(A,B,C,D)=\sum m(0,1,2,5,6,7,12,13,15)$。

解 （1）画出逻辑函数的卡诺图，如图 5-11 所示。

（2）画包围圈合并最小项，得最简与或表达式为

$$Y(A,B,C,D)=BD+AB\overline{C}+\overline{A}C\overline{D}+\overline{A}\overline{B}\overline{C}$$

例 5-13 用卡诺图化简逻辑函数 $Y(A,B,C,D)=\overline{B}\overline{D}+A\overline{B}D+ABCD+\overline{A}B\overline{C}D+\overline{A}\overline{B}C\overline{D}$。

解 （1）画出逻辑函数的卡诺图，如图 5-12 所示。

（2）画包围圈合并最小项，得最简与或表达式为

$$Y(A,B,C,D)=\overline{B}\overline{D}+A\overline{B}+\overline{A}B\overline{C}D+ACD$$

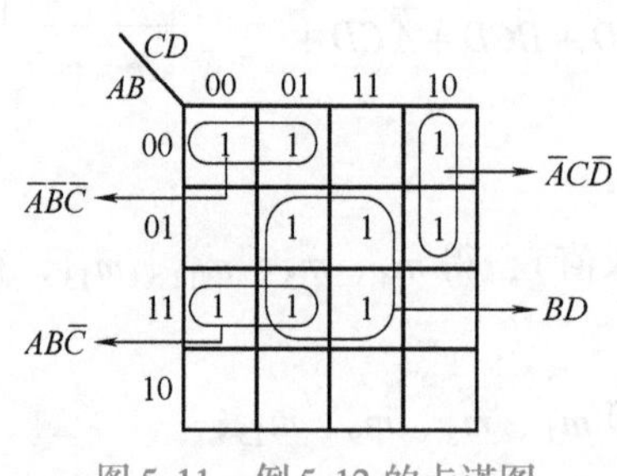

图 5-11 例 5-12 的卡诺图

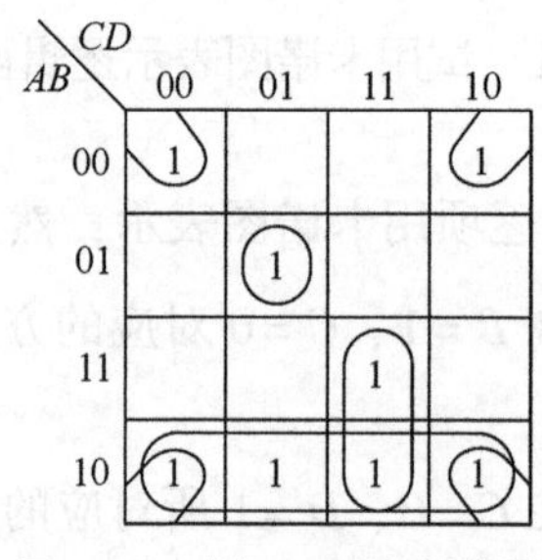

图 5-12 例 5-13 的卡诺图

4. 用卡诺图化简具有约束项的逻辑函数

（1）约束项 实际中经常会遇到这样的问题，在真值表内对应于变量的某些取值下，函数的值可以是任意的，或者这些变量的取值根本不会出现，这些变量取值所对应的最小项称为约束项，有时又称为禁止项、无关项、任意项，在卡诺图、真值表中用 × 或 Φ 来表示。

约束项的意义在于，它的值可以取 0 或取 1，具体取什么值，可以根据使函数尽量得到简化而定。逻辑函数中约束项的表示方法如下：如一个三变量逻辑函数的约束项是 $\overline{A}BC$ 和 ABC，则可以写成下列等式 $\overline{A}BC+ABC=0$ 或 $\sum d(3,7)=0$。

（2）化简步骤

1）将函数式中的最小项在卡诺图对应的方格内填 1，约束项在对应的方格内填 ×，其余方格填 0 或空着。

2）画包围圈时，约束项究竟是看成1还是0，以使包围圈的个数最少、圈最大为原则。

3）写出化简结果。

例5-14 化简逻辑函数 $Y(A,B,C,D)=\sum m(3,6,7,9)+\sum d(10,11,12,13,14,15)$

解 根据最小项和约束项画卡诺图，如图5-13所示。合并最小项时，并不一定要把所有的“×”都圈起来，需要时就圈，不需要时就不圈。合并化简得

$$Y(A,B,C,D)=AD+CD+BC$$

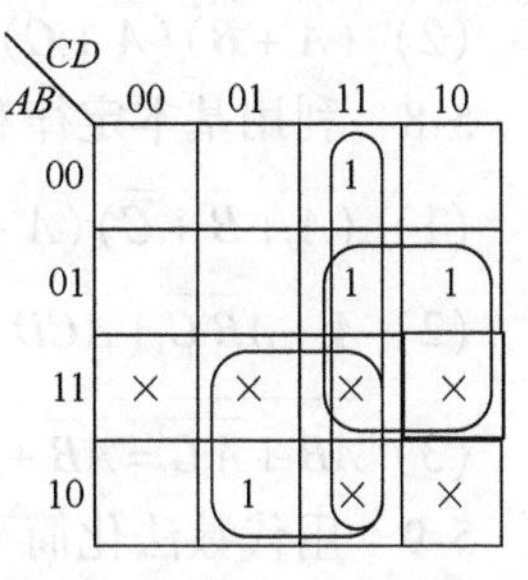

图5-13 例5-14的卡诺图

本章小结

（1）数字电路的工作信号是一种突变的离散信号。数字电路中主要采用二进制数。二进制代码不仅可以表示数值的大小，还可以表示文字和符号。

（2）逻辑代数是分析和设计逻辑电路的重要工具。逻辑代数有三种基本运算(与、或、非)，应熟记逻辑代数的运算规则和基本公式。

（3）逻辑函数通常有五种表示方式，即真值表、逻辑函数表达式、卡诺图、逻辑图和波形图，知道其中任何一种形式，都能将它转换为其他形式。

（4）逻辑函数的化简有代数法和卡诺图法。代数法适用于任何复杂的逻辑函数，但技巧性强。卡诺图法在化简时比较直观、简便，也容易掌握。

练　习

5-1 将下列十进制数转换为二进制数、八进制数和十六进制数。

（1）43　（2）125　（3）23.25

5-2 将下列二进制数转换为十进制数。

（1）$(10110110)_2$　（2）$(110101)_2$　（3）$(100110.11)_2$

5-3 将下列二进制数转换为八进制数和十六进制数。

（1）$(101001)_2$　（2）$(11.01101)_2$　（3）$(1101101)_2$

5-4 将下列八进制数转换为二进制数。

（1）$(1267)_8$　（2）$(426)_8$　（3）$(174.26)_8$

5-5 将下列十六进制数转换为二进制数。

（1）$(A4.3B)_{16}$　（2）$(7D.01)_{16}$　（3）$(2C.8)_{16}$

5-6 将下列的8421BCD码和十进制数互相转换。

（1）$(19.7)_{10}$　（2）$(326)_{10}$　（3）$(100101111000)_{8421BCD}$

5-7 用真值表证明下列恒等式。

（1）$A\overline{B}+\overline{A}B=(\overline{A}+\overline{B})(A+B)$

（2）$(A+\bar{B})(\bar{A}+C)(\bar{B}+C)=(A+\bar{B})(\bar{A}+C)$

5-8 利用基本定律和运算规则证明下列恒等式。

（1）$(\bar{A}+\bar{B}+\bar{C})(A+B+C)=A\bar{B}+\bar{A}C+B\bar{C}$

（2）$A+A\bar{B}\bar{C}+\bar{A}CD+(\bar{C}+\bar{D})E=A+CD+E$

（3）$\overline{AB+\bar{A}\bar{C}}=A\bar{B}+\bar{A}C$

5-9 用代数法化简下列逻辑函数。

（1）$Y=AB(BC+A)$

（2）$Y=\overline{\overline{A\bar{B}}+ABC+A(B+A\bar{B})}$

（3）$Y=\bar{A}\bar{B}\bar{C}+\bar{A}BC+ABC+A+B\bar{C}$

（4）$Y=(\bar{A}+B)(\bar{B}+C)(\bar{C}+D)(\bar{D}+A)$

（5）$Y=\overline{\overline{AC}+B}\cdot\overline{\overline{CD}+\bar{C}D}$

5-10 分别画出图 5-14a 所示各逻辑门的输出波形，输入波形如图 5-14b 所示。

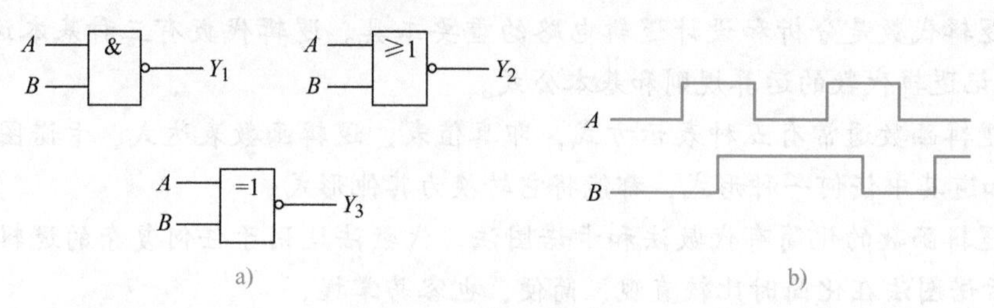

图 5-14 题 5-10 图

5-11 画出实现下列逻辑表达式的逻辑电路图（用非门和二输入与非门实现）。

（1）$Y=AB+AC$

（2）$Y=\overline{(A+B)(C+D)}$

5-12 将下列函数化为最小项之和的形式。

（1）$Y=\overline{A\bar{B}}+B\bar{C}+\overline{\bar{A}\bar{B}\bar{C}}+\bar{A}B\bar{C}$

（2）$Y=(A+B)(AC+\bar{D})$

5-13 用卡诺图化简下列函数。

（1）$Y=A\bar{B}+\bar{B}\bar{C}\bar{D}+ABD+\bar{A}\bar{B}C\bar{D}$

（2）$Y=\bar{A}(C\bar{D}+\bar{C}D)+\bar{B}CD+A\bar{C}D+\bar{A}C\bar{D}$

（3）$Y=(A\oplus B)C+ABC+\bar{A}\bar{B}C$

（4）$Y=A\bar{B}+\bar{A}C+BC+\bar{C}D$

（5）$Y(A,B,C)=\sum m(0,2,4,5,6)$

（6）$Y(A,B,C,D)=\sum m(0,1,4,5,6,7,9,10,13,14,15)$

（7）$Y(A,B,C,D)=\sum m(2,6,7,8,9,10,11,13,14,15)$

(8) $Y(A,B,C,D)=\sum m(4,5,6,13,14,15)$

(9) $Y(A,B,C,D)=\sum m(0,13,14,15)+\sum d(1,2,3,9,10,11)$

(10) $Y(A,B,C,D)=\sum m(0,2,4,6,9,13)+\sum d(3,5,7,11,15)$

自　测

一、填空题

1. 数字信号的特点是在________上和________上都是断续变化的，其高电平和低电平常用________和________来表示。

2. 数制转换：$(101001)_2=(\quad)_{10}=(\quad)_8$　　$(912)_{10}=(\qquad\qquad)_{8421BCD}$

3. 逻辑函数的常用表示方法有________、________、________等。

4. 最基本的门电路是________、________、________3种。

5. 逻辑代数中1+1=________，二进制数中1+1=________。

6. 在数字电路中，最基本的逻辑关系有________、________、________。

7. 化简逻辑函数的方法有________、________。

8. 某函数有 n 个变量，则共有________个最小项。

9. 逻辑符号（输入A、B，≥1，输出Y）是________门，其逻辑表达式为________。

10. 逻辑函数 $Y=A\oplus 1=$________。

11. 所谓最简与或式，是指表达式中包含的乘积项（与项）的个数最少，且每个乘积项中包含的变量的个数________。

二、选择题

1. 以下表达式中符合逻辑运算法则的是（　　）。

A. $C\cdot C=C^2$　　B. $1+1=101$　　C. $0<1$　　D. $A+1=1$

2. 用8421BCD码表示十进制数27，可以写成（　　）。

A. $(010111)_{8421BCD}$　　B. $(11010)_{8421BCD}$　　C. $(27)_{8421BCD}$　　D. $(00100111)_{8421BCD}$

3. 若一个逻辑函数由3个输入变量组成，则最小项共有（　　）个。

A. 8　　B. 16　　C. 4　　D. 6

4. 在下列3个逻辑函数表达式中，（　　）是最小项表达式。

A. $Y(A,B)=A\overline{B}+\overline{A}B$　　B. $Y(A,B,C)=\overline{A}BC+A\overline{B}C+B\overline{C}$

C. $Y(A,B,C,D)=\overline{A}\cdot\overline{B}\cdot\overline{C}+A\overline{C}B+ABC+\overline{ABC}$

5. 根据表5-8中的对应关系，Y 与 A、B 之间的逻辑关系为（　　）。

A. $Y=AB$　　B. $Y=\overline{AB}$

C. $Y=A+B$　　D. $Y=\overline{A+B}$

表5-8　自测二5表

A	B	Y
0	0	0
0	1	0
1	0	0
1	1	1

6. 能实现“有0出0，全1出1”逻辑功能的是（　　）。

A. 与非门　　B. 或非门

C. 异或门　　D. 与门

7. 将表达式 $AB+CD$ 变成与非-与非表达式，其形式为（ ）。

A. $\overline{\overline{AB\overline{C}D}}$　　B. $\overline{AB+\overline{C}D}$　　C. $\overline{\overline{AB}\cdot\overline{CD}}$　　D. $\overline{\overline{\overline{A}\cdot\overline{B}+\overline{C}\cdot D}}$

8. 逻辑函数 $Y=B+AB+AC+ABC$ 的最简与或式为（　　）。

A. $Y=AB+AC$　　B. $Y=B+AC$　　C. $Y=AB+C$　　D. $Y=B+C$

9. 逻辑函数 $Y(A,B,C,D)=\sum m(3,5,6,7,10)+\sum d(0,1,2,4,8)$ 的最简与或式为（　　）。

A. $Y=\overline{A}\,\overline{B}+AC$　　B. $Y=AB+\overline{C}D$　　C. $Y=\overline{A}+\overline{B}\,\overline{D}$　　D. $Y=A+\overline{B}\,\overline{D}$

第6章 组合逻辑电路

学习目标

◇ 了解门电路的工作原理及基本应用。

◇ 了解 TTL 和 CMOS 门电路的使用常识。

◇ 熟悉组合逻辑电路的特点和分析、设计方法。

◇ 熟悉常用编码器、译码器等中规模集成组合逻辑电路的功能及其应用。

◇ 学会查阅数字集成电路手册，能根据实际问题的需要正确选择合适的集成电路。

6.1 门电路

目前各种数字电路都广泛采用集成电路。构成集成电路的半导体器件主要有两大类：一类是双极型晶体管；另一类是单极型 MOS 管。常用的集成电路有 TTL 门电路和 CMOS 门电路。

6.1.1 TTL 门电路

TTL 门电路是双极型晶体管集成电路的典型代表，它的特点是开关速度较快、抗静电能力强，缺点是集成度低、功耗较大。下面首先介绍 TTL 与非门电路。

1. TTL 与非门

图 6-1 所示为 TTL 与非门的电路图及逻辑符号。该电路由三部分组成：第一部分是由多发射极晶体管 VT_1 构成的输入级，实现与逻辑；第二部分是 VT_2 构成的反相放大器；第三部分是由 VT_3、VT_4、VT_5 组成的推拉式输出电路，用以提高输出的带负载能力和抗干扰能力。

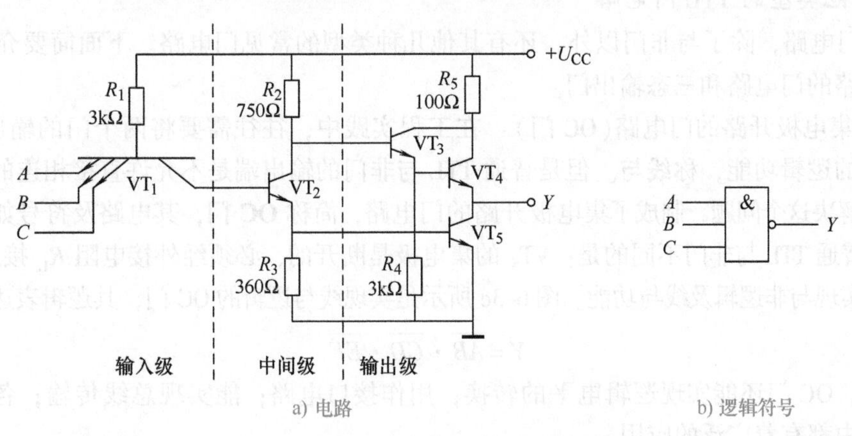

a) 电路　　b) 逻辑符号

图 6-1　TTL 与非门的电路图及逻辑符号

（1）TTL与非门的工作原理　当输入至少有一个为低电平，即 $u_i = U_{IL} = 0.3V$ 时，VT_1 的发射结将正向偏置而导通，则 $u_{B1} = 1V$，该电压作用于 VT_1 的集电结和 VT_2、VT_5 的发射结上，故 VT_2、VT_5 截止，而 VT_3、VT_4 导通，输出为高电平，$u_o = U_{OH} \approx U_{CC} - U_{BE3} - U_{BE4} = 3.6V$。

当输入全部为高电平，即 $u_i = U_{IH} = 3.6V$ 时，U_{CC} 通过 R_1 和 VT_1 的集电结向 VT_2、VT_5 提供基极电流，使 VT_2、VT_5 饱和导通，此时 $u_{B1} = U_{BC1} + U_{BE2} + U_{BE5} = 2.1V$，使 VT_1 的发射结反向偏置、集电结正向偏置，故 VT_1 处于倒置状态。由于 VT_2 和 VT_5 饱和，使 $u_{C2} = U_{CES2} + U_{BE5} = 1V$。该电压作用于 VT_3、VT_4 的发射结上，使 VT_3 和 VT_4 截止。由于 VT_3 和 VT_4 截止，且 VT_5 饱和导通，因此输出为低电平，$u_o = U_{OL} = U_{CES5} \approx 0.3V$。

综上所述，当输入全为高电平时，输出为低电平，电路处于开门状态；当输入至少有一个为低电平时，输出为高电平，电路处于关门状态。即输入全1时，输出为0；输入有0时，输出为1。由此可见，电路的输出与输入之间满足与非逻辑关系，即 $Y = \overline{ABC}$。

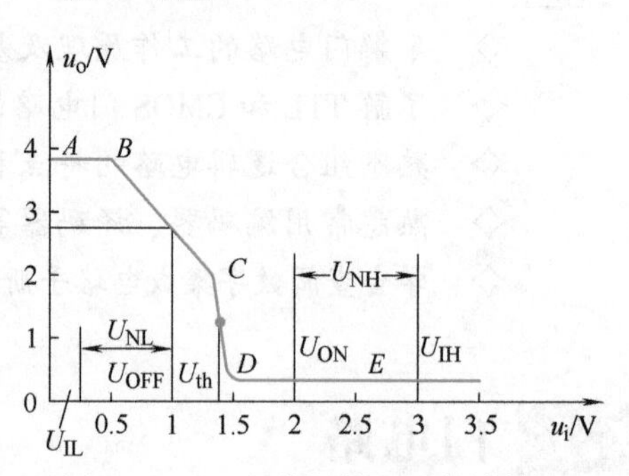

图6-2　TTL与非门的电压传输特性

（2）TTL与非门的电压传输特性　TTL与非门的电压传输特性如图6-2所示。由上述分析可知，在传输特性曲线的 AB 段，$u_i \leq 0.6V$ 时，VT_1 深度饱和，VT_2、VT_5 截止，VT_3、VT_4 导通，电路输出高电平 $u_o = 3.6V$。在 BC 段，$0.6V < u_i < 1.3V$ 时，VT_2 开始导通，VT_5 仍未导通，VT_3、VT_4 处于射极输出状态。随 u_i 的增加，u_{B2} 增加，u_{C2} 下降，并通过 VT_3、VT_4 使 u_o 也下降。因为 u_o 基本上随 u_i 的增加而线性减小，故把 BC 段称线性区。在 CD 段，$1.3V < u_i < 1.4V$ 时，VT_5 开始导通，并随 u_i 的增加趋于饱和，使输出 u_o 为低电平，所以把 CD 段称转折区或过渡区。在 DE 段时，VT_2、VT_5 饱和，VT_4 截止，输出为低电平，与非门处于饱和状态，所以把 DE 段称为饱和区。

（3）主要参数　TTL与非门的主要参数有输出高电平 U_{OH}，输出低电平 U_{OL}，阈值电压 U_{th}，关门电平 U_{OFF}，开门电平 U_{ON}，高低电平噪声容限 U_{NH}、U_{NL}，扇出系数 N，输入漏电流 I_{IH}，输入短路电流 I_{IS}，平均传输延迟时间 t_{pd} 等。

2. 其他类型的TTL门电路

TTL门电路，除了与非门以外，还有其他几种类型的常见门电路。下面简要介绍常见的集电极开路的门电路和三态输出门。

（1）集电极开路的门电路(OC门)　在工程实践中，往往需要将两个门的输出端并联，以实现与的逻辑功能，称**线与**。但是普通TTL与非门的输出端是不允许直接相连的。

为了解决这个问题，制成了集电极开路的门电路，简称**OC门**，其电路及符号如图6-3所示。它与普通TTL与非门不同的是：VT_5 的集电极是断开的，必须经外接电阻 R_L 接通电源后，电路才能实现与非逻辑及线与功能。图6-3c所示是实现线与逻辑的OC门，其逻辑表达式为

$$Y = \overline{AB} \cdot \overline{CD} \cdot \overline{EF}$$

此外，OC门还能实现逻辑电平的转换，用作接口电路；能实现总线传输；各类OC门在计算机中都有着广泛的应用。

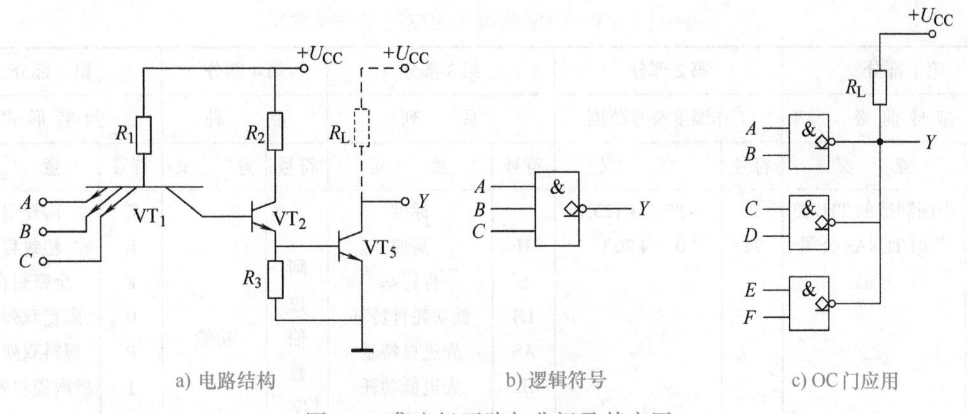

图 6-3 集电极开路与非门及其应用

(2) 三态输出门(TSL 门) 三态输出门简称**三态门**，也是在计算机中广泛应用的一种特殊门电路，它的输出除有高、低电平两种状态外，还有第三种状态——高阻状态(或称为禁止状态)。其电路组成是在 TTL 与非门的输入级多了一个控制器件 VD，如图 6-4a 所示，图 6-4b 和图 6-4c 为其逻辑符号。

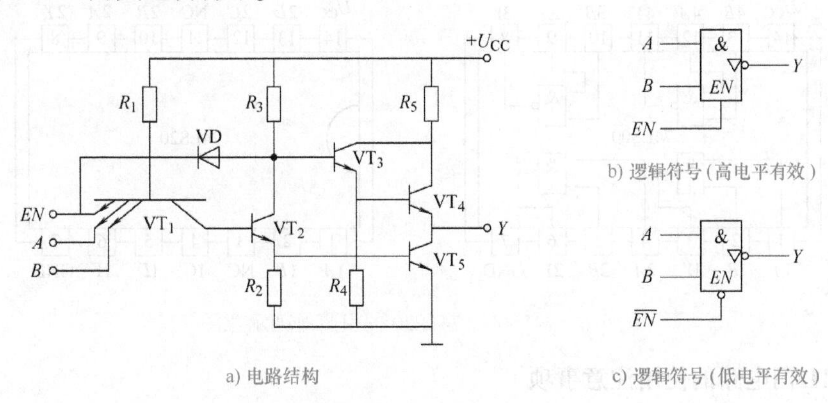

图 6-4 三态输出门

EN 为**控制端**，又称**使能端**。当 $EN=1$(高电平)时，二极管截止，其结构相当于普通 TTL 与非门，三态门处于工作状态，输出 $Y=\overline{AB}$，这时称使能端 *EN* 高电平有效；当 $EN=0$(低电平)时，VT_4 和 VT_5 都截止，输出端呈现高阻状态。如果在图 6-4a 所示电路的控制端加一个非门，则电路在使能端为 0 时为正常工作状态，这种门称为低电平有效的三态输出门，其使能端用$\overline{EN}$表示，为了表明这一点，在逻辑符号的使能端加一圆圈，如图 6-4c 所示。

三态输出门电路主要用于计算机或微处理器系统中信号的分时总线传送，其连接形式如图 6-5 所示。

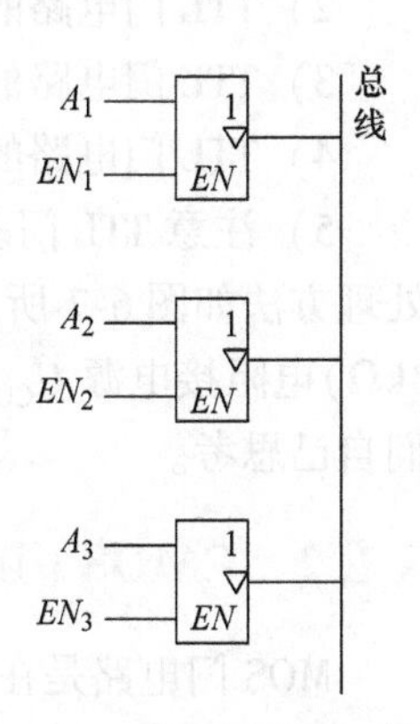

图 6-5 三态输出门电路构成总线传输结构

3. TTL 门电路的使用

TTL 门电路的系列有 74、74H、74S、74AS、74LS、74ALS 及 74FAS 等。

(1) 常用 TTL 门电路 TTL 门电路的型号由五部分组成，其符号和意义见表 6-1。

表 6-1 TTL 门电路型号组成的符号及意义

第 1 部分		第 2 部分		第 3 部分		第 4 部分		第 5 部分	
型号前缀		工作温度符号范围		系 列		品 种		封装形式	
符号	意 义	符号	意 义	符号	意 义	符号	意 义	符号	意 义
CT	中国制造的 TTL 类	54	−55 ~ +125℃		标准	阿拉伯数字	功能	W	陶瓷扁平
SN	美国 TEXAS 公司产品	74	0 ~ +70℃	H	高速			B	塑封扁平
				S	肖特基			F	全密封扁平
				LS	低功耗肖特基			D	陶瓷双列直插
				AS	先进肖特基			P	塑料双列直插
				ALS	先进低功耗肖特基			J	黑陶瓷双列直插
				FAS	快捷肖特基				

图 6-6 是 TTL 系列中 74LS00 及 74LS20 的引脚排列示意图。

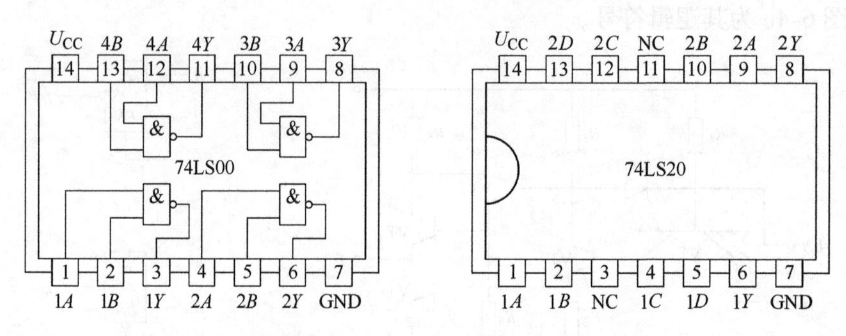

图 6-6 74LS00、74LS20 的引脚排列示意图

（2）TTL 门电路的使用注意事项

1）TTL 门电路的工作电压（U_{CC}）应满足在标准值 5V ±0.5V 的范围内。

2）TTL 门电路的输出端所接负载不能超过规定的扇出系数。

3）TTL 门电路的输出端不能直接接地或直接与 5V 电源相连，否则会损坏器件。

4）TTL 门电路的输出端不能并联使用（OC 门、TSL 门除外），否则会损坏器件。

5）注意 TTL 门多余输入端的处理方法。对于与门、与非门，TTL 门电路多余输入端的处理方法如图 6-7 所示，在干扰很小的情况下，可以悬空（表示逻辑 1）；直接或通过（1 ~ 3kΩ）电阻接电源 U_{CC}；与使用的输入端并接。或门、或非门多余输入端的处理方法请同学们自己思考。

6.1.2 CMOS 门电路

MOS 门电路是在 TTL 门电路之后出现的一种广泛应用的数字集成电路。按照结构的不同，可以分为 NMOS、PMOS 和 CMOS 三种类型。由于制造工艺的不断改进，CMOS 门电路已成为占主导地位的逻辑器件，其工作速度已经赶上甚至超过 TTL 门电路，功耗和抗干扰能力则远优于 TTL 门电路。

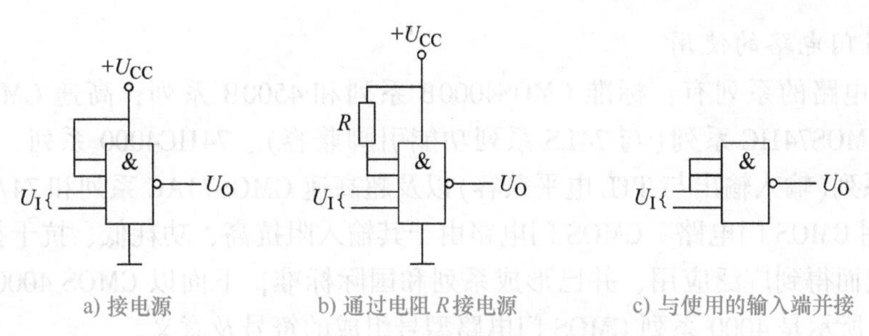

图 6-7　TTL 与非门多余输入端的处理方法

1. CMOS 与非门、或非门

图 6-8 为 2 输入 CMOS 与非门电路，其中包括两个串联的增强型 NMOS 管和两个并联的增强型 PMOS 管，输入端 A、B 分别连到一个 NMOS 管和一个 PMOS 管的栅极。当输入端 A、B 中有一个为低电平时，就会使与它相连的 NMOS 管截止，并使与它相连的 PMOS 管导通，输出为高电平；仅当 A、B 全为高电平时，才会使两个串联的 NMOS 管都导通，并使两个并联的 PMOS 管都截止，输出低电平。因此，这种电路具有与非的逻辑功能，即 $Y=\overline{A\cdot B}$。

同样，也可以构成 CMOS 或非门，如图 6-9 所示，实现或非的逻辑功能，即 $Y=\overline{A+B}$。

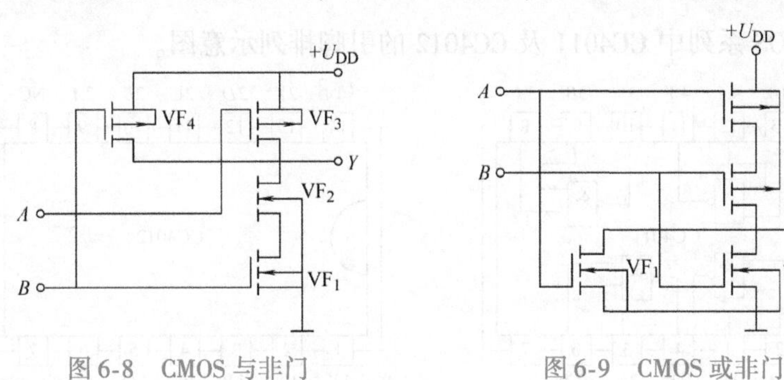

图 6-8　CMOS 与非门　　图 6-9　CMOS 或非门

2. CMOS 传输门

CMOS 传输门(TG 门)的电路和符号如图 6-10 所示，是一种能够双向传输信号的可控开关，由一个 NMOS 管和一个 PMOS 管并联而成，它们的源极和漏极分别接在一起作为传输门的输入端和输出端。PMOS 管的衬底接正电源 U_{DD}，NMOS 管的衬底接地。两个栅极分别接极性相反、幅度相等的一对控制信号 C 和 $\overline{C}$。

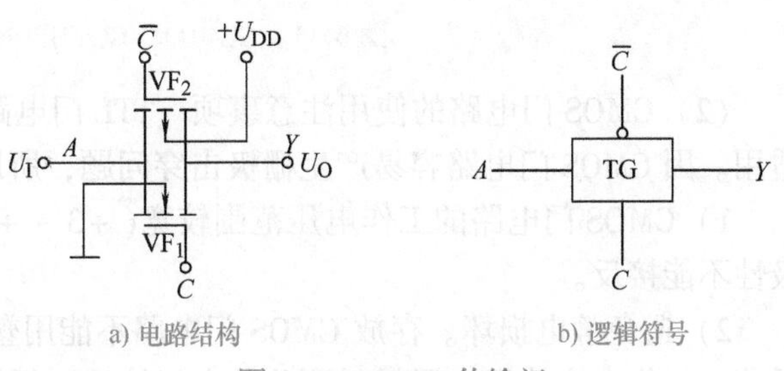

图 6-10　CMOS 传输门

当控制端 C 加高电平 U_{DD}、$\overline{C}$ 端加低电平 0V 时，VF_1、VF_2 中至少有一管导通，即传输门为导通状态，相当于开关闭合；当控制端 C 加 0V、$\overline{C}$ 端加高电平 U_{DD}时，VF_1、VF_2 都截止，相当于开关断开。

由于 MOS 管结构对称，漏极、源极可以互换，因此 CMOS 传输门具有双向性，故可称为双向可控开关。CMOS 传输门既可以传输数字信号，也可以传输模拟信号。

3. CMOS门电路的使用

CMOS门电路的系列有：标准CMOS4000B系列和4500B系列；高速CMOS40H系列；新型高速型CMOS74HC系列(与74LS系列功能引脚兼容)、74HC4000系列、74HC4500系列、74HCT系列(输入输出与TTL电平兼容)以及超高速CMOS74AC系列和74ACT系列。

(1) 常用CMOS门电路 CMOS门电路由于其输入阻抗高、功耗低、抗干扰能力强、集成度高等优点而得到广泛应用，并已形成系列和国际标准，下面以CMOS 4000为例做简要介绍。表6-2所示是4000系列CMOS门电路型号组成的符号及意义。

表6-2 CMOS门电路型号组成的符号及意义

第1部分		第2部分		第3部分		第4部分	
产品制造单位		系 列		品 种		工作温度范围	
符号	意 义	符号	意 义	符号	意 义	符号	意 义
CC	中国制造的CMOS类型	40	系列符号	阿拉伯数字	功能	C	0～+70℃
CD	美国无线电公司产品	45				E	-40～+85℃
TC	日本东芝公司产品	145				R	-55～+85℃
						M	-55～+125℃

图6-11是CMOS系列中CC4011及CC4012的引脚排列示意图。

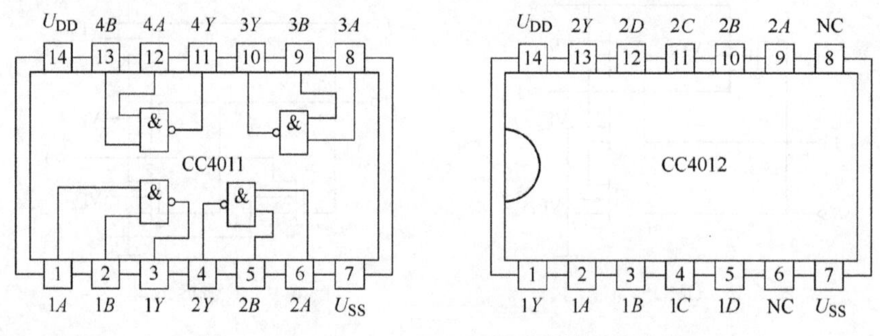

图6-11 CC4011、CC4012的引脚排列示意图

(2) CMOS门电路的使用注意事项 TTL门电路的使用注意事项一般对CMOS门电路也适用。因CMOS门电路容易产生栅极击穿问题，所以要特别注意以下几点：

1) CMOS门电路的工作电压范围较宽(+3～+18V)，但不允许超过规定的范围。电源极性不能接反。

2) 避免静电损坏。存放CMOS门电路不能用塑料袋，要用金属将引脚短接或用金属盒屏蔽。工作台应使用金属材料覆盖并良好接地。焊接时，电烙铁壳应接地。

3) 输出端不允许直接与电源或地相连，否则将导致器件损坏。

4) 多余输入端的处理方法。CMOS门电路的输入阻抗高，易受外界干扰，所以CMOS门电路的多余输入端不允许悬空，应根据逻辑要求或接电源(与非门、与门)、或接地(或非门、或门)或与其他输入端并接。

6.2 组合逻辑电路的分析方法和设计方法

逻辑电路按照逻辑功能的不同可分为两大类：一类是组合逻辑电路，另一类是时序逻辑电路。所谓组合逻辑电路，是指电路在任何时刻的输出只与该时刻的输入有关，而与原来的输出状态无关。

6.2.1 组合逻辑电路的分析方法

所谓组合逻辑电路的分析，就是根据给定的逻辑电路，通过分析确定电路的逻辑功能，或者检查电路设计是否合理、经济。

1. 组合逻辑电路的分析步骤

1）根据已知的逻辑图，从输入到输出逐级写出逻辑函数表达式。

2）利用公式法或卡诺图法化简逻辑函数表达式。

3）列真值表。

4）确定其逻辑功能。

2. 组合逻辑电路的分析举例

例6-1 分析如图6-12所示电路的逻辑功能。

解 写出逻辑函数表达式

$$Y_1 = \overline{AB}$$

$$Y_2 = \overline{A \cdot Y_1} = \overline{A \cdot \overline{AB}}$$

$$Y_3 = \overline{Y_1 \cdot B} = \overline{\overline{AB} \cdot B}$$

$$Y = \overline{Y_2 \cdot Y_3} = \overline{\overline{A \cdot \overline{AB}} \cdot \overline{B \cdot \overline{AB}}}$$

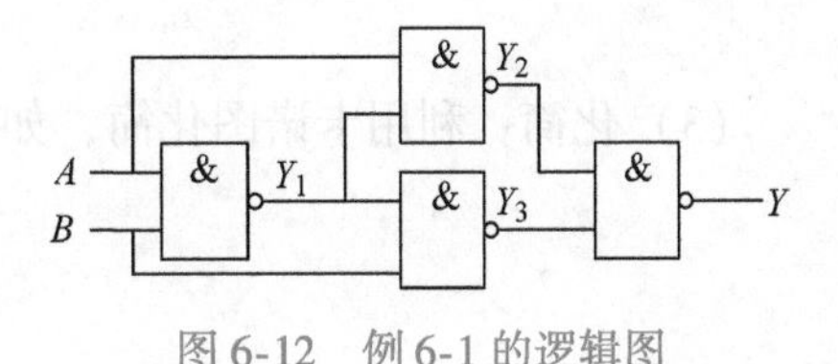

图6-12 例6-1的逻辑图

化简可得最简与或表达式为

$$\begin{aligned} Y &= \overline{\overline{A \cdot \overline{AB}} \cdot \overline{B \cdot \overline{AB}}} \\ &= A \cdot \overline{AB} + \overline{AB} \cdot B \\ &= A\overline{B} + \overline{A}B \\ &= A \oplus B \end{aligned}$$

从逻辑函数表达式可以看出，电路具有“异或”功能。

6.2.2 组合逻辑电路的设计方法

所谓组合逻辑电路的设计，就是根据给出的逻辑功能要求，设计出实现该功能的逻辑电路。显然，组合逻辑电路的设计是逻辑电路分析的逆过程。

1. 组合逻辑电路的设计步骤

1）明确实际问题的逻辑功能，确定输入、输出变量及表示符号，并对它们进行逻辑赋值。

2）根据逻辑功能要求列出真值表。

3）由真值表利用卡诺图法进行化简得到逻辑函数表达式。

4）根据要求画出逻辑图。

2. 组合逻辑电路的设计举例

例 6-2 用与非门设计一个举重裁判表决电路。设举重比赛有三个裁判，一个主裁判和两个副裁判。杠铃是否举起由每一个裁判按一下自己面前的按钮来确定。只有当两个或两个以上裁判判明成功，并且其中有一个为主裁判时，表明成功的灯才亮。

解 （1）确定输入、输出变量：设输入变量 A、B、C 分别表示主裁判及两个副裁判，1 表示裁判判明成功，0 表示不成功；输出变量 Y 表示成功的灯，1 表示亮，0 表示灭。

（2）列真值表：见表 6-3。

表 6-3 例 6-2 的真值表

A	B	C	Y	A	B	C	Y
0	0	0	0	1	0	0	0
0	0	1	0	1	0	1	1
0	1	0	0	1	1	0	1
0	1	1	0	1	1	1	1

（3）化简：利用卡诺图化简，如图 6-13 所示，可得

$$
\begin{aligned}
Y &= AB + AC \\
&= \overline{\overline{AB + AC}} \\
&= \overline{\overline{AB} \cdot \overline{AC}}
\end{aligned}
$$

（4）画逻辑图：逻辑电路图如图 6-14 所示。

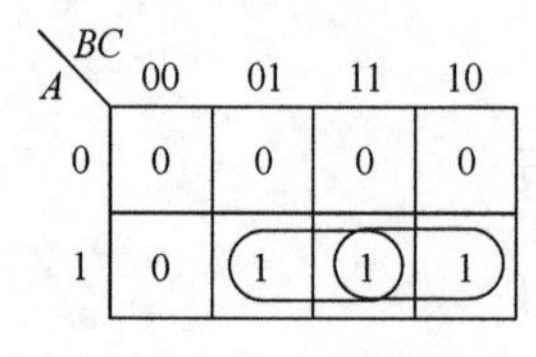

图 6-13 例 6-2 的卡诺图

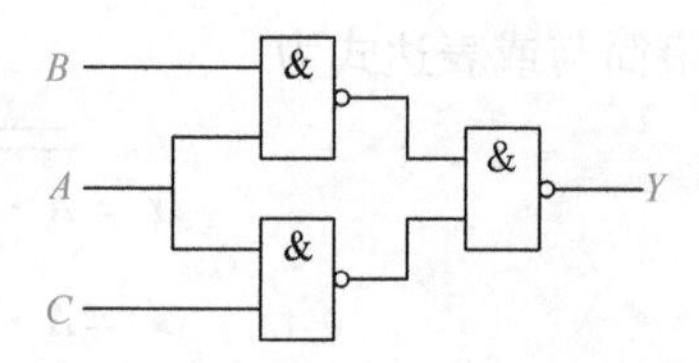

图 6-14 例 6-2 的逻辑图

6.3 编码器

所谓编码，就是将具有特定含义的输入信号(文字、数字、符号)转换为二进制代码的过程。完成编码工作的数字电路称为编码器。

6.3.1 编码器的分类

编码器可分为普通编码器和优先编码器；按输出代码种类的不同，也可分为二进制编码器和非二进制编码器。

1. 普通编码器

采用普通编码器编码时，任何时刻只允许输入一个编码信号，否则输出将发生混乱。下面以 2 位二进制普通编码器为例，分析编码器的工作原理。

图6-15所示是实现由2位二进制代码对4个输入信号进行编码的编码器电路。这种编码器有4根输入线、2根输出线，常称为**4线-2线编码器**。

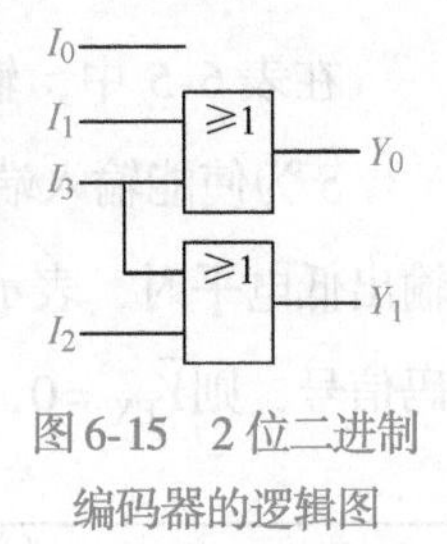

图6-15 2位二进制编码器的逻辑图

采用组合逻辑电路的分析方法对图6-15进行分析，列出各输出的逻辑函数表达式为

$$Y_0 = I_1 + I_3$$

$$Y_1 = I_2 + I_3$$

由逻辑函数表达式可列出编码表，见表6-4。

表6-4 2位二进制编码器的编码表

输入				输出		输入				输出	
I_3	I_2	I_1	I_0	Y_1	Y_0	I_3	I_2	I_1	I_0	Y_1	Y_0
0	0	0	1	0	0	0	1	0	0	1	0
0	0	1	0	0	1	1	0	0	0	1	1

表中逻辑1为有效电平；逻辑0为无效电平。例如，当I_2为有效输入“1”，而其他输入均为无效输入“0”时，则所得输出编码为$Y_1Y_0=10$。可见，每一个特定的有效输入，对应一组不同的编码输出，图6-15所示电路完成了对4个输入信号的编码工作。

2. 优先编码器

优先编码器是当多个输入端同时有信号时，电路只对其中优先级别较高的输入信号进行编码，编码具有唯一性。优先级别是由编码器设计者事先规定好的。

6.3.2 集成优先编码器

8线-3线集成优先编码器的常见型号有TTL系列中的54/74148、54/74LS148和CMOS系列中的54/74HC148、40H148，10线-4线集成优先编码器的常见型号有TTL系列中的54/74147、54/74LS147和CMOS系列中的54/74HC147、40H147等。

1. 集成3位二进制优先编码器74LS148

74LS148是8线-3线优先编码器，逻辑符号和引脚图如图6-16所示。图中，$\overline{I}_0 \sim \overline{I}_7$为信号输入端，$\overline{S}$端为使能输入端，$\overline{Y}_0 \sim \overline{Y}_2$是三个输出端，$\overline{Y}_S$和$\overline{Y}_{EX}$是用于扩展功能的输出端。74LS148的逻辑功能见表6-5。

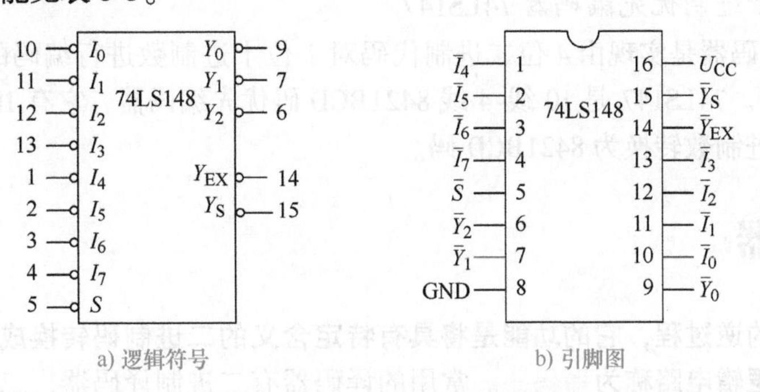

图6-16 74LS148优先编码器

在表6-5中，输入$\overline{I}_0 \sim \overline{I}_7$低电平有效，$\overline{I}_7$为最高优先级，$\overline{I}_0$为最低优先级。

$\overline{S}$为使能输入端，低电平有效，即只有当$\overline{S}=0$时，编码器才工作。$\overline{Y}_S$为选通输出端，$\overline{Y}_S$输出低电平时，表示“电路工作，但无编码输入”。$\overline{Y}_{EX}$为扩展输出端，当$\overline{S}=0$时，只要有编码信号，则$\overline{Y}_{EX}=0$，说明有编码信号输入，输出信号是编码输出；$\overline{Y}_{EX}=1$表示不是编码输出。

表6-5 74LS148的逻辑功能表

输入									输出				
$\overline{S}$	$\overline{I}_7$	$\overline{I}_6$	$\overline{I}_5$	$\overline{I}_4$	$\overline{I}_3$	$\overline{I}_2$	$\overline{I}_1$	$\overline{I}_0$	$\overline{Y}_2$	$\overline{Y}_1$	$\overline{Y}_0$	$\overline{Y}_{EX}$	$\overline{Y}_S$
1	×	×	×	×	×	×	×	×	1	1	1	1	1
0	1	1	1	1	1	1	1	1	1	1	1	1	0
0	0	×	×	×	×	×	×	×	0	0	0	0	1
0	1	0	×	×	×	×	×	×	0	0	1	0	1
0	1	1	0	×	×	×	×	×	0	1	0	0	1
0	1	1	1	0	×	×	×	×	0	1	1	0	1
0	1	1	1	1	0	×	×	×	1	0	0	0	1
0	1	1	1	1	1	0	×	×	1	0	1	0	1
0	1	1	1	1	1	1	0	×	1	1	0	0	1
0	1	1	1	1	1	1	1	0	1	1	1	0	1

用两片74LS148级联，可以构成16线-4线优先编码器，如图6-17所示。

图中高位片$\overline{S}_1=0$时，允许对高位输入$\overline{I}_8 \sim \overline{I}_{15}$编码，此时$\overline{Y}_{S1}=1$，即$\overline{S}_0=1$，低位片禁止编码。但若$\overline{I}_8 \sim \overline{I}_{15}$都是高电平，即均无编码请求时，$\overline{Y}_{S1}=0$，即$\overline{S}_0=0$，此时允许低位片对输入$\overline{I}_0 \sim \overline{I}_7$编码，从而实现了高位片和低位片优先级别的控制。

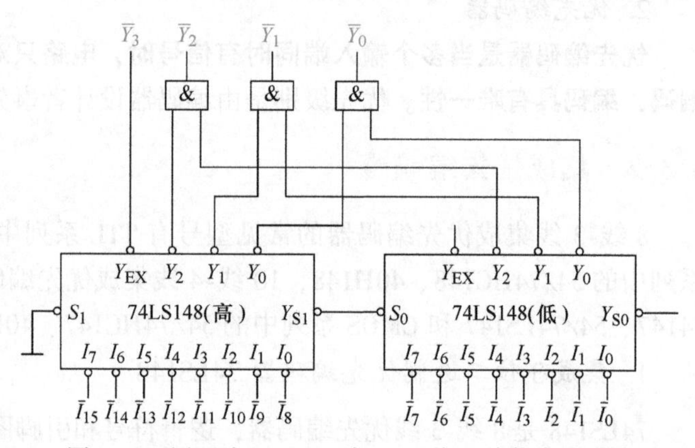

图6-17 用两片74LS148实现16线-4线优先编码器

2. 集成二-十进制优先编码器74LS147

二-十进制编码器是实现由4位二进制代码对1位十进制数进行编码的数字电路，简称为**BCD码编码器**。74LS147是10线-4线8421BCD码优先编码器，它有10个输入端和4个输出端，能把十进制数转换为8421BCD码。

6.4 译码器

译码是编码的逆过程，它的功能是将具有特定含义的二进制码转换成对应的输出信号，具有译码功能的逻辑电路称为译码器。常用的译码器有二进制译码器、二-十进制译码器和显示译码器三类。

6.4.1 二进制译码器

二进制译码器的输入是二进制码。假设有 n 条输入线，则这 n 位二进制码就可表示出 2^n 个状态。二进制译码器的主要产品有双2线-4线译码器(74LS139、CC4555等)；3线-8线译码器(74LS138、CC74HC138等)；4线-16线译码器(74154、CC4515、CC74HC154等)。

图6-18所示为74LS138的逻辑符号和引脚图，其逻辑功能见表6-6。

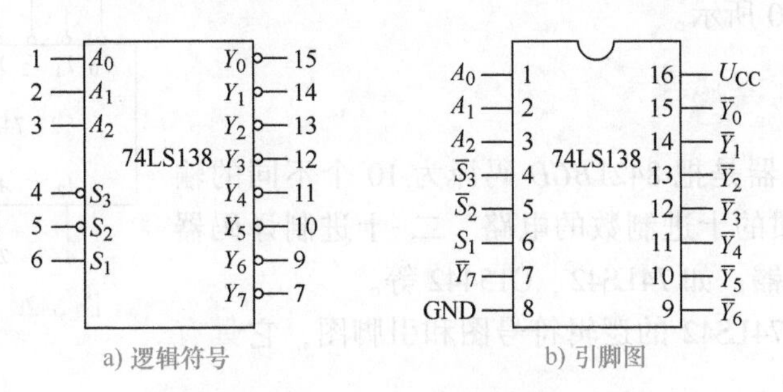

a) 逻辑符号　　b) 引脚图

图6-18　74LS138译码器

表6-6　74LS138译码器的逻辑功能表

输入						输出							
$\overline{S}_3$	$\overline{S}_2$	S_1	A_2	A_1	A_0	$\overline{Y}_7$	$\overline{Y}_6$	$\overline{Y}_5$	$\overline{Y}_4$	$\overline{Y}_3$	$\overline{Y}_2$	$\overline{Y}_1$	$\overline{Y}_0$
×	×	0	×	×	×	1	1	1	1	1	1	1	1
×	1	×	×	×	×	1	1	1	1	1	1	1	1
1	×	×	×	×	×	1	1	1	1	1	1	1	1
0	0	1	0	0	0	1	1	1	1	1	1	1	0
0	0	1	0	0	1	1	1	1	1	1	1	0	1
0	0	1	0	1	0	1	1	1	1	1	0	1	1
0	0	1	0	1	1	1	1	1	1	0	1	1	1
0	0	1	1	0	0	1	1	1	0	1	1	1	1
0	0	1	1	0	1	1	1	0	1	1	1	1	1
0	0	1	1	1	0	1	0	1	1	1	1	1	1
0	0	1	1	1	1	0	1	1	1	1	1	1	1

其中 A_2、A_1、A_0 为二进制译码输入端，$\overline{Y}_7 \sim \overline{Y}_0$ 为译码输出端(低电平有效)，$\overline{S}_3$、$\overline{S}_2$、S_1 为选通控制端。利用选通端可以将多片74LS138连接起来以扩展译码器的功能。如图6-19所示，用两片74LS138级联起来，可以构成4线-16线译码器。

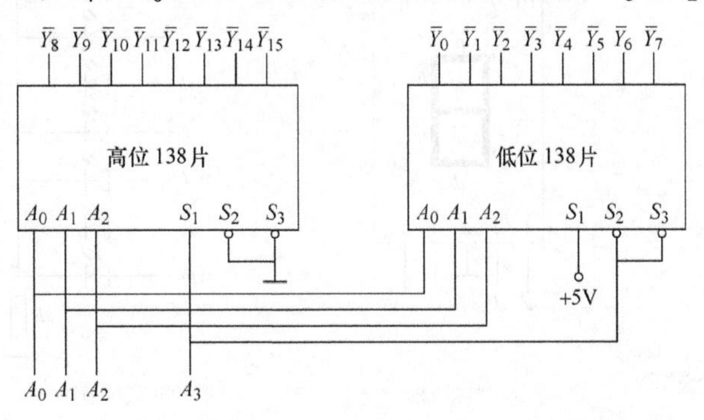

图6-19　用两片74LS138实现4线-16线译码器

例6-3　用74LS138实现函数 $F=\overline{A}\,\overline{C}+AB$。

解　(1) 将函数式变换为最小项之和的形式

$$F=\overline{A}\,\overline{B}\,\overline{C}+\overline{A}B\overline{C}+AB\overline{C}+ABC=m_0+m_2+m_6+m_7$$

（2）将输入变量 A、B、C 分别接入 A_2、A_1、A_0 端，并将使能端接有效电平。

（3）由于74LS138是低电平输出，所以将函数表达式变换为

$$F=\overline{\overline{m_0+m_2+m_6+m_7}}=\overline{\overline{m_0}\cdot\overline{m_2}\cdot\overline{m_6}\cdot\overline{m_7}}=\overline{\overline{Y}_0\cdot\overline{Y}_2\cdot\overline{Y}_6\cdot\overline{Y}_7}$$

（4）在译码器的输出端加一个与非门，即可实现给定的逻辑函数，如图6-20所示。

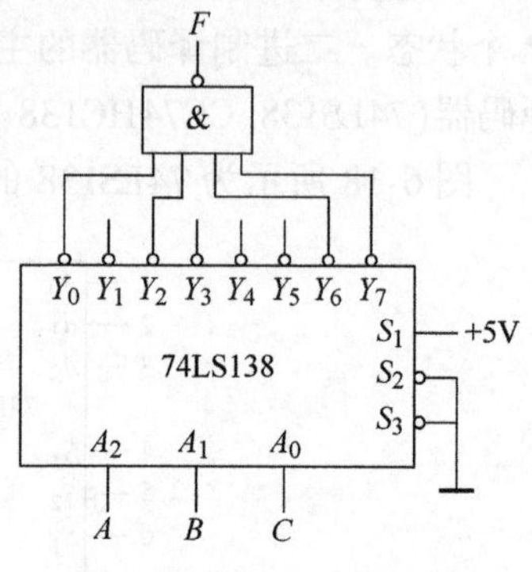

图6-20 例6-3的逻辑图

6.4.2 二-十进制译码器

二-十进制译码器是把8421*BCD*码译为10个不同的输出，以表示人们习惯的十进制数的电路。二-十进制译码器也称**4线-10线译码器**，如74LS42、CT5442等。

图6-21所示为74LS42的逻辑符号图和引脚图，它具有自动拒绝伪码的功能。

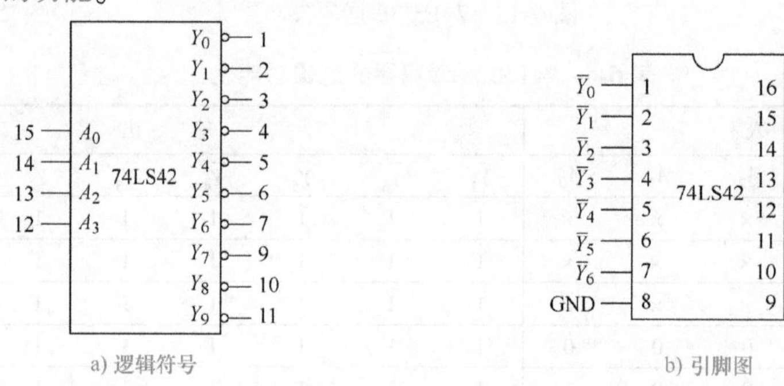

图6-21 二-十进制译码器74LS42

6.4.3 显示译码器

1. 显示器件

在数字测量仪表和各种数字系统中，都需要将数字量直观地显示出来，数字显示

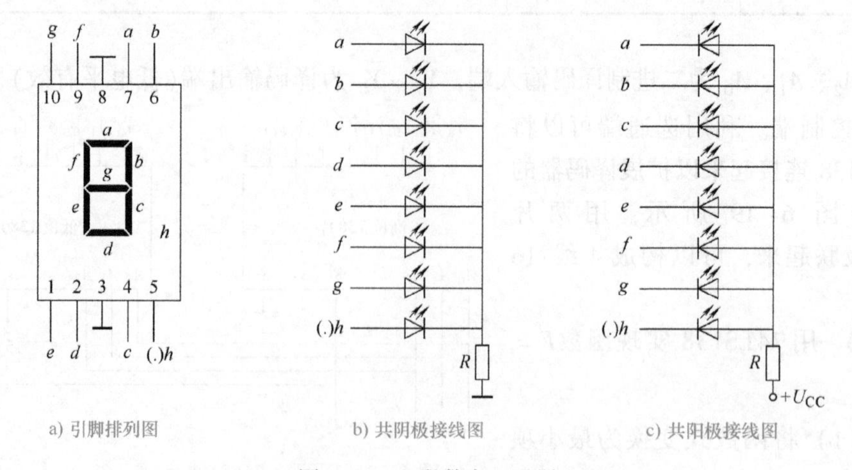

图6-22 七段数字显示器

电路通常由译码驱动器和显示器等部分组成。七段数字显示器是目前常用的显示器如图 6-22a 所示，它利用不同发光段的组合，显示 0～9 共 10 个数字，如图 6-23 所示。七段数字显示器的发光器件通常使用发光二极管和液晶显示器，这里主要介绍前者。发光二极管构成的七段数字显示器有共阴极和共阳极两种组态，如图 6-22b、c 所示。

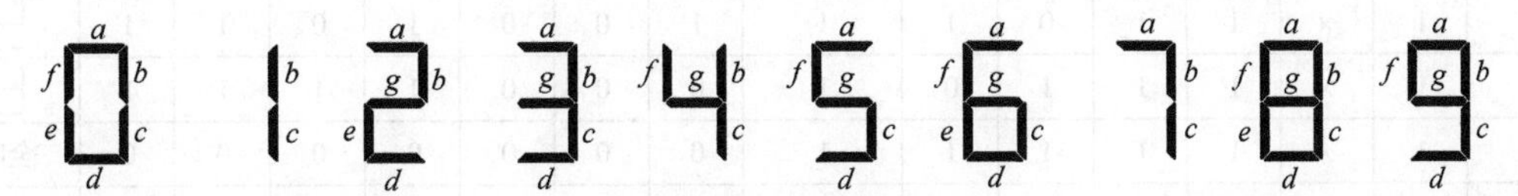

图 6-23 七段数字显示器发光段组合图

常用的集成七段显示译码器有两类：一类输出高电平有效信号，用来驱动共阴极显示器，典型的产品有 74LS48、74LS248 等；另一类输出低电平有效信号，以驱动共阳极显示器，典型的产品有 74LS47、74LS247 等。这些产品一般都带有驱动器，可以直接驱动七段 LED 数码管进行数字显示。下面介绍常用的 74LS48 七段显示译码器。

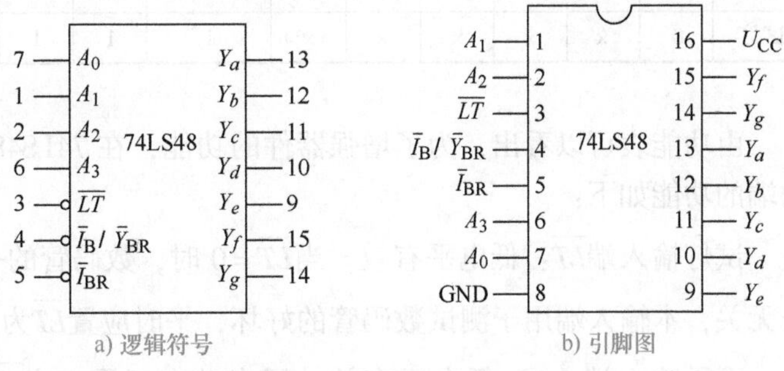

a) 逻辑符号　　b) 引脚图

图 6-24 74LS48 七段显示译码器

2. 显示译码/驱动集成电路 74LS48

图 6-24 所示为显示译码/驱动器 74LS48 的逻辑符号及引脚图，表 6-7 所示为 74LS48 的逻辑功能表。

表 6-7 74LS48 的逻辑功能表

数字（十进制）	输入							输出							字形
	$\overline{LT}$	$\bar{I}_{BR}$	A_3	A_2	A_1	A_0	$\bar{I}_B/\bar{Y}_{BR}$	Y_a	Y_b	Y_c	Y_d	Y_e	Y_f	Y_g	
0	1	1	0	0	0	0	1	1	1	1	1	1	1	0	
1	1	×	0	0	0	1	1	0	1	1	0	0	0	0	
2	1	×	0	0	1	0	1	1	1	0	1	1	0	1	
3	1	×	0	0	1	1	1	1	1	1	1	0	0	1	
4	1	×	0	1	0	0	1	0	1	1	0	0	1	1	
5	1	×	0	1	0	1	1	1	0	1	1	0	1	1	
6	1	×	0	1	1	0	1	0	0	1	1	1	1	1	
7	1	×	0	1	1	1	1	1	1	1	0	0	0	0	
8	1	×	1	0	0	0	1	1	1	1	1	1	1	1	
9	1	×	1	0	0	1	1	1	1	1	0	0	1	1	
	1	×	1	0	1	0	1	0	0	0	1	1	0	1	

（续）

数字（十进制）	输入							输出							字形
	$\overline{LT}$	$\bar{I}_{BR}$	A_3	A_2	A_1	A_0	$\bar{I}_B/\bar{Y}_{BR}$	Y_a	Y_b	Y_c	Y_d	Y_e	Y_f	Y_g	
	1	×	1	0	1	1	1	0	0	1	1	0	0	1	⊐
	1	×	1	1	0	0	1	0	1	0	0	0	1	1	⊔
	1	×	1	1	0	1	1	1	0	0	1	0	1	1	⊏
	1	×	1	1	1	0	1	0	0	0	1	1	1	1	⊢
	1	×	1	1	1	1	1	0	0	0	0	0	0	0	全暗
灭灯	×	×	×	×	×	×	0	0	0	0	0	0	0	0	全暗
灭零	1	0	0	0	0	0	0	0	0	0	0	0	0	0	全暗
试灯	0	×	×	×	×	×	1	1	1	1	1	1	1	1	8

由功能表可以看出，为了增强器件的功能，在74LS48中还设置了一些辅助端。这些辅助端的功能如下：

试灯输入端$\overline{LT}$：低电平有效。当$\overline{LT}=0$时，数码管的七段应同时点亮，与输入的译码信号无关，本输入端用于测试数码管的好坏，平时应置$\overline{LT}$为高电平。

灭零输入端$\bar{I}_{BR}$：低电平有效。用来动态灭零，当$\overline{LT}=1$且$\bar{I}_{BR}=0$、输入$A_3A_2A_1A_0=0000$时，译码输出的“0”字即被熄灭；当译码输入不全为0时，正常显示。

灭灯输入/灭零输出端$\bar{I}_B/\bar{Y}_{BR}$：是一个特殊的端子，有时用作输入，有时用作输出。当$\bar{I}_B/\bar{Y}_{BR}$作为输入使用时，称为**灭灯输入端**，这时只要$\bar{I}_B=0$，无论$A_3A_2A_1A_0$的状态是什么，数码管全灭。当$\bar{I}_B/\bar{Y}_{BR}$作为输出使用时，称为**灭零输出端**，这时只有在$\overline{LT}=1$且$\bar{I}_{BR}=0$、输入$A_3A_2A_1A_0=0000$时，$\bar{Y}_{BR}$才会输出低电平，因此$\bar{Y}_{BR}=0$表示译码器已将本该显示的零熄灭了。

6.5 数据选择器和数据分配器

6.5.1 数据选择器

1. 数据选择器的概念

数据选择器又称“多路开关”或“**多路调制器**”，它的功能是在选择输入（又称“地址输入”）信号的作用下，从多个数据输入通道中选择某一通道的数据（数字信息）传输至输出端。它是一个多输入、单输出的组合逻辑部件。4选1数据选择器的功能示意图如图6-25所示，功能表见表6-8。

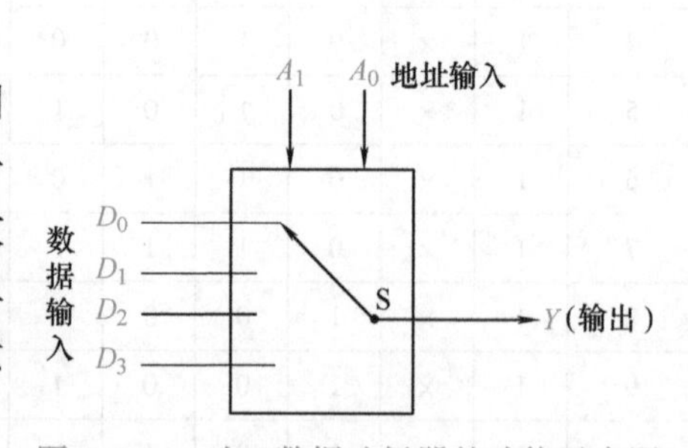

图6-25 4选1数据选择器的功能示意图

因为4选1数据选择器是从四路输入数据中选择

一路数据作为输出信号，输入地址代码必须有四个不同的状态与之相对应，所以地址输入端必须有两个(A_1 和 A_0)。此外，为了对选择器工作与否进行控制和扩展功能的需要，还设置了附加使能端$\overline{E}$。当$\overline{E}=0$时，选择器工作；当$\overline{E}=1$时，选择器输入的数据被封锁，输出为0。4 选 1 数据选择器工作时的输出函数表达式为

$$Y=\overline{A}_1\ \overline{A}_0D_0+\overline{A}_1A_0D_1+A_1\ \overline{A}_0D_2+A_1A_0D_3$$

2. 集成 8 选 1 数据选择器

集成8选1数据选择器有 TTL 系列的 54/74151、54/74LS151 和 CMOS 中的 54/74HC151、54/74HCT151 等。其逻辑符号及引脚图如图 6-26 所示，逻辑功能表见表 6-9。

表 6-8 4 选 1 数据选择器的功能表

地址输入		使能控制	输出
A_1	A_0	$\overline{E}$	Y
×	×	1	0
0	0	0	D_0
0	1	0	D_1
1	0	0	D_2
1	1	0	D_3

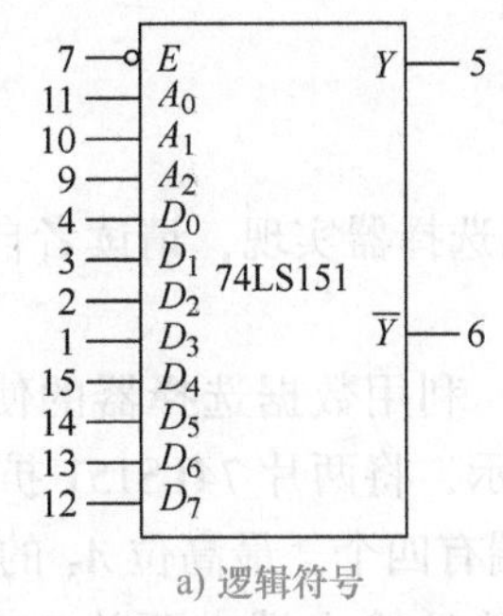

a) 逻辑符号

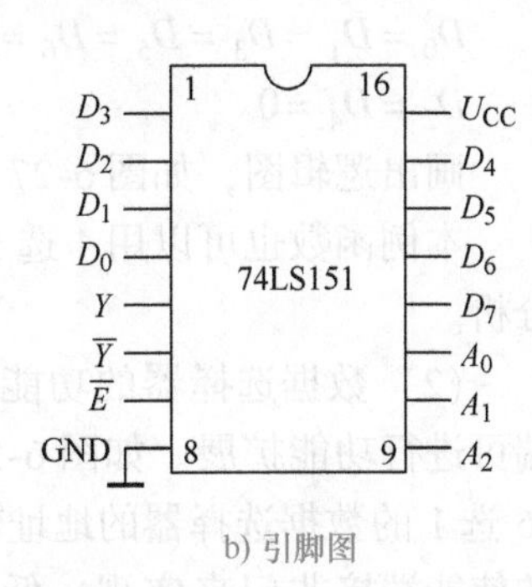

b) 引脚图

图 6-26 8 选 1 数据选择器 74LS151

表 6-9 8 选 1 数据选择器 74LS151 的逻辑功能表

输入					输出	
$\overline{E}$	A_2	A_1	A_0	D	Y	$\overline{Y}$
1	×	×	×	×	0	1
0	0	0	0	D_0	D_0	$\overline{D}_0$
0	0	0	1	D_1	D_1	$\overline{D}_1$
0	0	1	0	D_2	D_2	$\overline{D}_2$
0	0	1	1	D_3	D_3	$\overline{D}_3$
0	1	0	0	D_4	D_4	$\overline{D}_4$
0	1	0	1	D_5	D_5	$\overline{D}_5$
0	1	1	0	D_6	D_6	$\overline{D}_6$
0	1	1	1	D_7	D_7	$\overline{D}_7$

它有三个地址控制端 A_2、A_1、A_0，用以选择不同的通道；$D_0\sim D_7$ 为数据输入信号；$\overline{E}$ 为使能端，当$\overline{E}=0$时，选择器工作；当$\overline{E}=1$时，输出 $Y=0$。按表 6-9 可写出逻辑函数表达式为

$$Y=\overline{A}_2\ \overline{A}_1\ \overline{A}_0D_0+\overline{A}_2\ \overline{A}_1A_0D_1+\overline{A}_2A_1\ \overline{A}_0D_2+\overline{A}_2A_1A_0D_3+A_2\ \overline{A}_1\ \overline{A}_0D_4$$
$$+A_2\ \overline{A}_1A_0D_5+A_2A_1\ \overline{A}_0D_6+A_2A_1A_0D_7$$

3. 数据选择器的应用

(1) 实现逻辑函数 利用数据选择器，当使能端有效时，将地址输入、数据输入代替

逻辑函数中的变量实现逻辑函数。

例 6-4 用数据选择器实现函数 $Y = C + \overline{A}\,\overline{B} + AB + A\overline{B}C$。

解 1）首先将函数写为最小项与或表达式

$$Y = ABC + \overline{A}BC + A\overline{B}C + \overline{A}\,\overline{B}C + \overline{A}\,\overline{B}\,\overline{C} + AB\overline{C}$$
$$= \sum m(0,1,3,5,6,7)$$

2）Y 为三变量函数，数据选择器的地址输入端为三个，所以选定 8 选 1 数据选择器，如 74LS151。

3）根据最小项表达式将数据输入端作下列赋值：

$D_0 = D_1 = D_3 = D_5 = D_6 = D_7 = 1$

$D_2 = D_4 = 0$

画出逻辑图，如图 6-27 所示。

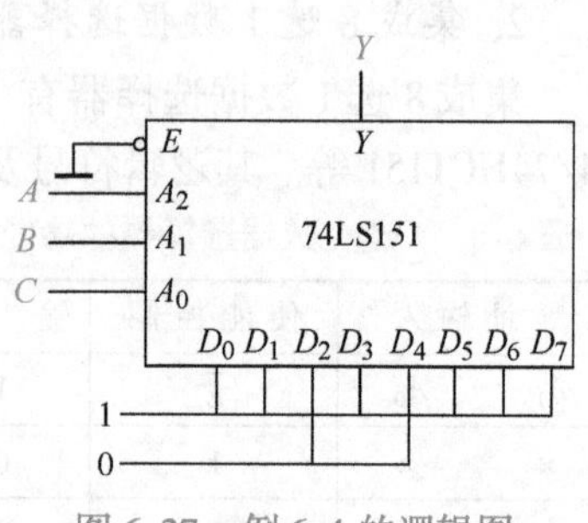

图 6-27 例 6-4 的逻辑图

本例函数也可以用 4 选 1 数据选择器实现，请读者自行分析。

（2）数据选择器的功能扩展 利用数据选择器的使能端可进行功能扩展。如图 6-28 所示，将两片 74LS151 扩展为 16 选 1 数据选择器的接线图。16 选 1 的数据选择器的地址输入端有四个，最高位 A_3 的输入可以由两片 8 选 1 数据选择器的使能端接非门来实现，低三位地址输入端由两片 74LS151 的地址输入端相连而成。当 $A_3 = 0$时，芯片 1 工作，根据地址控制端信号 $A_3A_2A_1A_0$ 选择数据 $D_0 \sim D_7$ 输出；当 $A_3 = 1$ 时，芯片 2 工作，选择数据 $D_8 \sim D_{15}$进行输出。

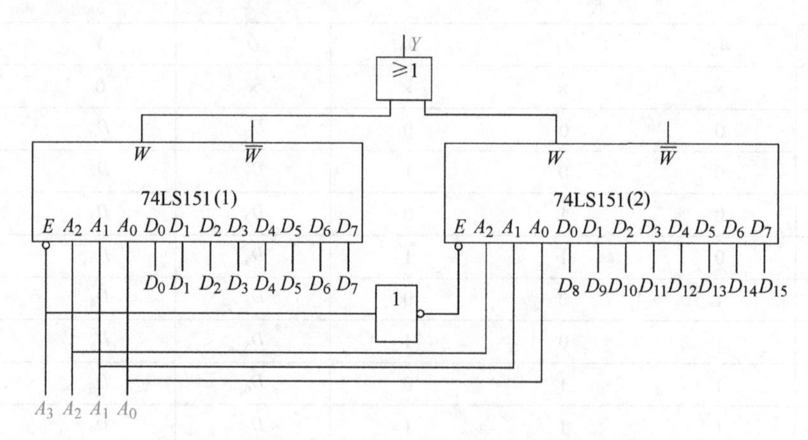

图 6-28 用两片 74LS151 实现 16 选 1 数据选择器

6.5.2 数据分配器

数据分配器是数据选择器的逆过程，也就是将 1 位输入数据传送到多个输出中的某一个，具体传送到哪一个输出端，由地址控制端来确定。它的作用相当于单刀多掷开关，其示意图如图 6-29 所示。

需要说明的是，半导体芯片生产厂家并不生产数据分配器，数据分配器实际上是变量译码器的一种特殊应用。但要注意，作为数据分配器使用的译码器必须具有“使能端”，且

“使能端”要作为数据输入端使用。而译码器的输入端要作为通道选择地址码输入端，译码器的输出端就是分配器的输出端。图 6-30 所示是用 74LS138 译码器作为数据分配器的逻辑原理图。

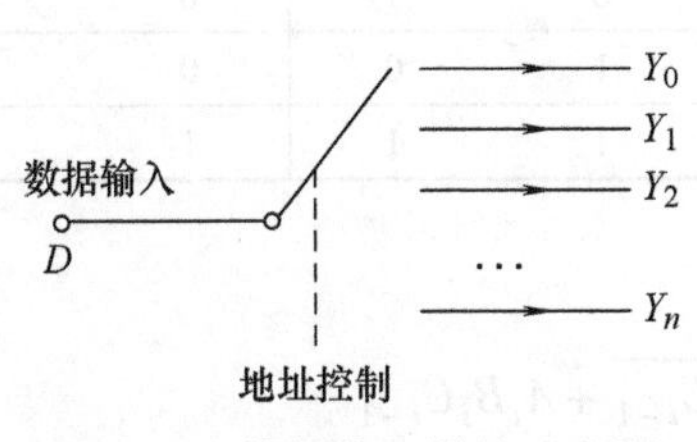

图 6-29　数据分配器的示意图

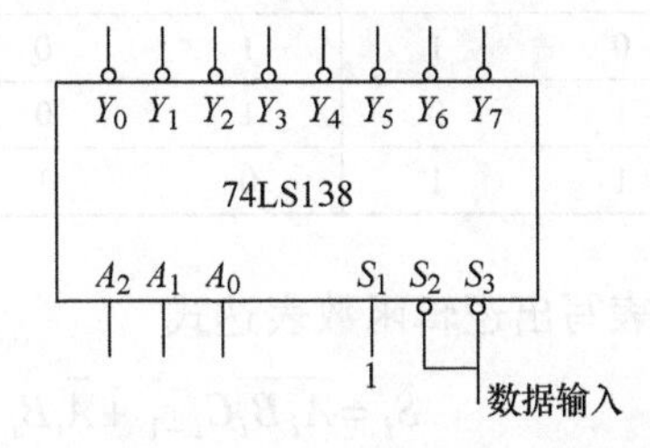

图 6-30　用 74LS138 作为数据分配器的逻辑原理图

6.6 加法器和数值比较器

6.6.1 加法器

数字系统的基本任务之一是进行算术运算。在系统中加、减、乘、除均可利用加法来实现，所以加法器便成为数字系统中最基本的运算单元。

1. 一位半加器

所谓半加，即是不考虑来自低位的进位，直接将两个一位二进制数相加。实现半加的运算电路称为**半加器**。

设 A 和 B 是两个一位二进制数，半加后得到的和为 S，向高位的进位为 C，其真值表见表 6-10。

表 6-10　半加器的真值表

A	B	S	C	A	B	S	C
0	0	0	0	1	0	1	0
0	1	1	0	1	1	0	1

由半加器的真值表可以推出半加器的逻辑函数表达式，即

$$S = \overline{A}B + A\overline{B} = A \oplus B$$

$$C = AB$$

由上述逻辑函数表达式画出逻辑图，如图 6-31 所示。

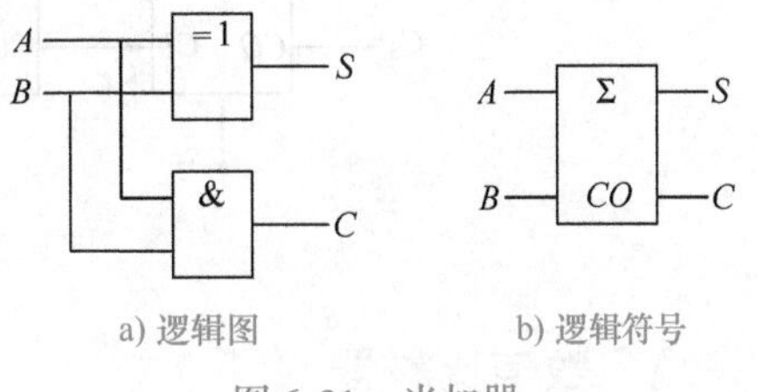

a) 逻辑图　　b) 逻辑符号

图 6-31　半加器

2. 一位全加器

全加器是不仅考虑两个一位二进制数 A_i 和 B_i 相加，而且考虑来自相邻低位的进位 C_{i-1} 并进行相加的逻辑电路。

设 A_i 和 B_i 分别是被加数和加数，C_{i-1} 为相邻低位的进位，S_i 为本位的和，C_i 为本位的进位。全加器的真值表见表 6-11。

表 6-11 全加器的真值表

A_i	B_i	C_{i-1}	S_i	C_i	A_i	B_i	C_{i-1}	S_i	C_i
0	0	0	0	0	1	0	0	1	0
0	0	1	1	0	1	0	1	0	1
0	1	0	1	0	1	1	0	0	1
0	1	1	0	1	1	1	1	1	1

由真值表写出逻辑函数表达式

$$
\begin{aligned}
S_i &= \overline{A_i}\,\overline{B_i}C_{i-1} + \overline{A_i}B_i\overline{C_{i-1}} + A_i\overline{B_i}\,\overline{C_{i-1}} + A_iB_iC_{i-1} \\
&= (A_i \oplus B_i)\overline{C_{i-1}} + \overline{A_i \oplus B_i}C_{i-1} \\
&= A_i \oplus B_i \oplus C_{i-1} \\
C_i &= \overline{A_i}B_iC_{i-1} + A_i\overline{B_i}C_{i-1} + A_iB_i\overline{C_{i-1}} + A_iB_iC_{i-1} \\
&= A_iB_i + B_iC_{i-1} + A_iC_{i-1}
\end{aligned}
$$

画出逻辑图如图 6-32 所示。

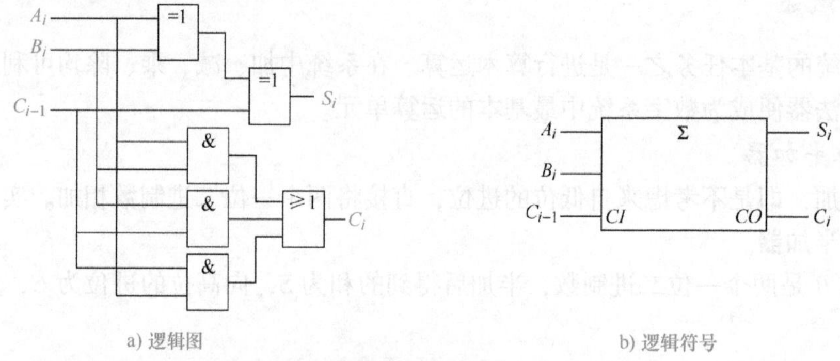

a) 逻辑图　　b) 逻辑符号

图 6-32 全加器

3. 多位全加器

实现两个多位二进制数相加的电路称为**多位加法器**。多位加法器有串行进位加法器和超前进位加法器两种。图 6-33 所示是一个 4 位串行进位加法器。

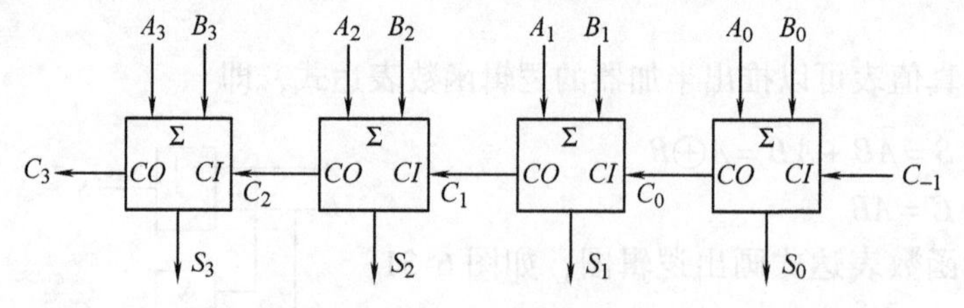

图 6-33 4 位串行进位加法器

6.6.2 数值比较器

数值比较器是一种将两个 n 位二进制数进行比较，并判决其大小关系的逻辑电路。

1. 一位二进制比较器

设 A、B 是两个一位二进制数，$Y_{A>B}$、$Y_{A=B}$、$Y_{A<B}$ 分别表示 $A>B$、$A=B$ 和 $A<B$ 三种比较结果，其真值表见表 6-12。

表 6-12　一位二进制比较器真值表

A	B	$Y_{A>B}$	$Y_{A=B}$	$Y_{A<B}$	A	B	$Y_{A>B}$	$Y_{A=B}$	$Y_{A<B}$
0	0	0	1	0	1	0	1	0	0
0	1	0	0	1	1	1	0	1	0

由真值表写出逻辑函数表达式

$$Y_{A>B}=A\overline{B}$$

$$Y_{A=B}=AB+\overline{A}\,\overline{B}=\overline{\overline{A}B+A\overline{B}}$$

$$Y_{A<B}=\overline{A}B$$

由逻辑函数表达式画出逻辑图，如图 6-34 所示。

2. 集成数值比较器

集成数值比较器 74LS85 是四位二进制数比较器，引脚排列如图 6-35 所示，功能表见表 6-13。通过功能表可知，其逻辑功能是对两个四位二进制数 A（$A_3A_2A_1A_0$）和 B（$B_3B_2B_1B_0$）进行比较并判决其大小关系。其比较规律是由高位开始比较，逐位进行。它的三个输出端 $F_{A>B}$、$F_{A<B}$、$F_{A=B}$ 表示比较结果的输出，高电平有效。为了进行功能扩展，另有三个级联输入端：$A>B$、$A=B$、$A<B$，表示低四位比较的结果输入。

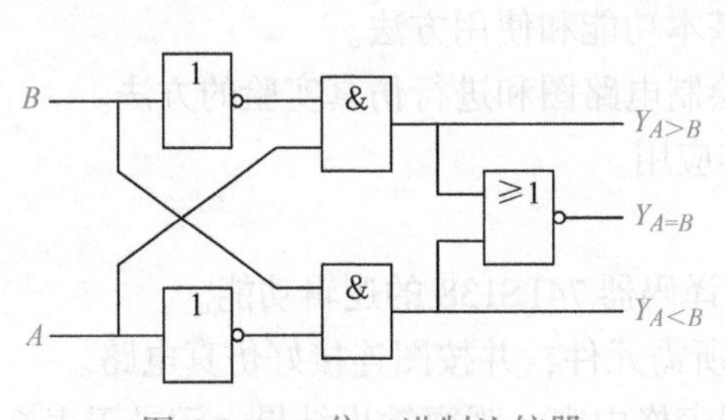

图 6-34　一位二进制比较器

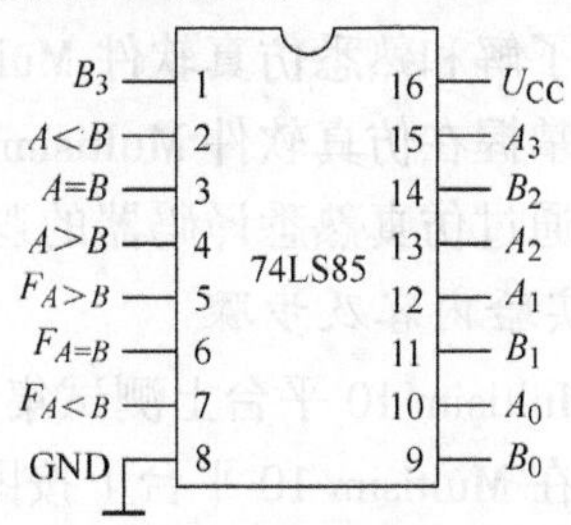

图 6-35　74LS85 的引脚排列图

表 6-13　四位数值比较器的功能表

输　入				级联输入			输　出		
A_3　B_3	A_2　B_2	A_1　B_1	A_0　B_0	$A>B$	$A<B$	$A=B$	$F_{A>B}$	$F_{A<B}$	$F_{A=B}$
$A_3>B_3$	×　×	×　×	×　×	×	×	×	1	0	0
$A_3<B_3$	×　×	×　×	×　×	×	×	×	0	1	0
$A_3=B_3$	$A_2>B_2$	×　×	×　×	×	×	×	1	0	0
	$A_2<B_2$	×　×	×　×	×	×	×	0	1	0
	$A_2=B_2$	$A_1>B_1$	×　×	×	×	×	1	0	0
		$A_1<B_1$	×　×	×	×	×	0	1	0
		$A_1=B_1$	$A_0>B_0$	×	×	×	1	0	0
			$A_0<B_0$	×	×	×	0	1	0
			$A_0=B_0$	1	0	0	1	0	0
				0	1	0	0	1	0
				0	0	1	0	0	1

利用级联输入端可扩展数值比较的位数。图6-36所示为两片四位二进制比较器扩展为八位二进制比较器的逻辑图。其接线规律为：将低位芯片的输出接至高位芯片的级联输入端，而低位芯片的级联输入端 $A>B$、$A<B$ 接低电平，$A=B$ 接高电平。

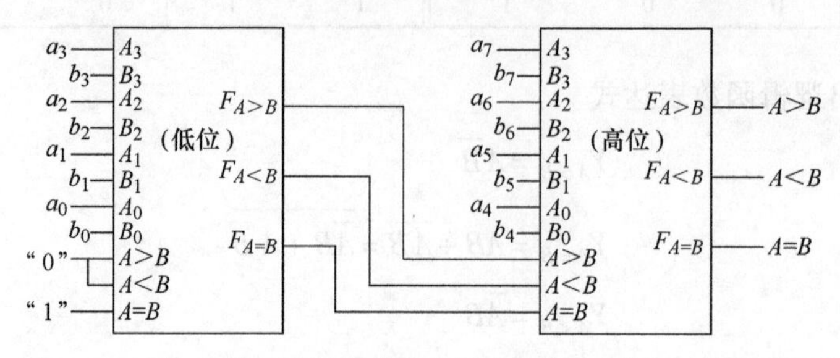

图6-36 两片四位二进制比较器扩展为八位二进制比较器逻辑图

6.7 基础实验

6.7.1 计算机仿真部分

1. 实验目的

1）了解和熟悉仿真软件 Multisim 10 的基本功能和使用方法。

2）掌握在仿真软件 Multisim 10 平台上绘制电路图和进行仿真实验的方法。

3）通过仿真熟悉译码器的逻辑功能及其应用。

2. 实验内容及步骤

在 Multisim 10 平台上测试集成3线-8线译码器74LS138的逻辑功能。

1）在 Multisim 10 平台上按图6-37调出所需元件，并按图连接好仿真电路。

2）启动仿真开关，运行仿真实验，根据表格内容，观察输出结果，记录于表6-14中。

表6-14 74LS138仿真测试记录表

输入						输出							
$\overline{G}_{2A}$	$\overline{G}_{2B}$	G_1	C	B	A	$\overline{Y}_7$	$\overline{Y}_6$	$\overline{Y}_5$	$\overline{Y}_4$	$\overline{Y}_3$	$\overline{Y}_2$	$\overline{Y}_1$	$\overline{Y}_0$
×	×	0	×	×	×	1	1	1	1	1	1	1	1
×	1	×	×	×	×	1	1	1	1	1	1	1	1
1	×	×	×	×	×	1	1	1	1	1	1	1	1
0	0	1	0	0	0								
0	0	1	0	0	1								
0	0	1	0	1	0								
0	0	1	0	1	1								
0	0	1	1	0	0								
0	0	1	1	0	1								
0	0	1	1	1	0								
0	0	1	1	1	1								

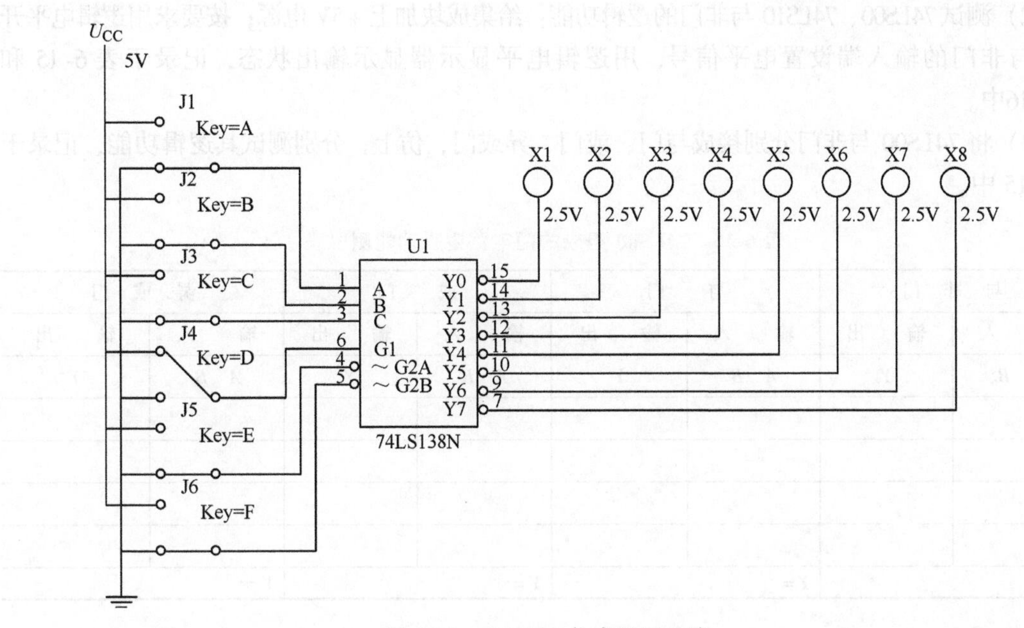

图 6-37 74LS138 仿真测试电路

6.7.2 实验室操作部分 

1. 实验目的

1）掌握与非门的逻辑功能，学会用与非门构成其他门电路的方法。

2）了解集成与非门 74LS00、74LS10 的引脚图及引脚功能。

2. 实验仪器

1）数字实验台、万用表各 1 个。

2）74LS00 与非门 2 块、74LS10 与非门 1 块、导线若干。

3. 实验电路

写出用 74LS00 与非门组成与门、或门、异或门的逻辑函数表达式，并且根据其写出的逻辑函数表达式，在图 6-38、图 6-39、图 6-40 的基础上完成电路连线，并在图上标出引脚号，供实验用。

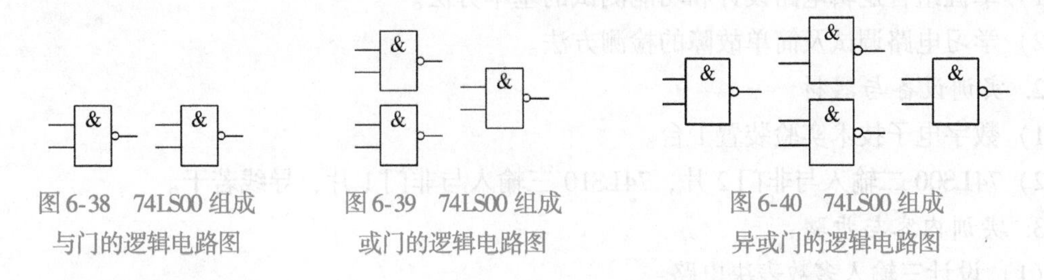

图 6-38 74LS00 组成与门的逻辑电路图　　图 6-39 74LS00 组成或门的逻辑电路图　　图 6-40 74LS00 组成异或门的逻辑电路图

4. 实验内容及步骤

1）熟悉数字实验台的使用，十六位电平输出和逻辑笔的使用，及实验所用集成器件 TTL 与非门 74LS00、74LS10。了解 74LS00、74LS10 的外形和外引线排列。

2）测试74LS00、74LS10与非门的逻辑功能：给集成块加上+5V电源；按要求用逻辑电平开关给与非门的输入端设置电平信号，用逻辑电平显示器显示输出状态，记录于表6-15和表6-16中。

3）将74LS00与非门分别接成与门、或门、异或门，仿上，分别测试其逻辑功能，记录于表6-15中。

表6-15 74LS00组成的门电路逻辑功能测试表

与 非 门		与 门		或 门		异 或 门	
输 入	输 出	输 入	输 出	输 入	输 出	输 入	输 出
A B	*Y*	*A B*	*Y*	*A B*	*Y*	*A B*	*Y*
Y =		*Y* =		*Y* =		*Y* =	

表6-16 74LS10与非门逻辑功能测试表

与 非 门	
输 入	输 出
A B C	*Y*
Y =	

6.8 技能训练

6.8.1 组合逻辑电路的设计与测试

1. 实训目的

1）掌握组合逻辑电路设计和功能测试的基本方法。

2）学习电路调试及简单故障的检测方法。

2. 实训设备与器材

1）数字电子技术实验装置1台。

2）74LS00二输入与非门2片，74LS10三输入与非门1片，导线若干。

3. 实训内容与步骤

（1）设计三输入多数表决电路

1）确定输入、输出变量并赋值。

输入变量：______________________________

输出变量：______________________________

2）列真值表：根据步骤1）的内容完成表6-17所示的真值表。

表6-17 三输入多数表决电路真值表

输入端	输出端	输入端	输出端
A *B* *C*	*Y*	*A* *B* *C*	*Y*

3）化简：根据步骤2）真值表的内容写出输出端*Y*的表达式并化简。

输出端：*Y* = ______________________

化简后，*Y* = ____________________

4）画逻辑图：根据步骤3）的逻辑表达式完成逻辑电路图。

5）合理安排各器件在实验装置上的位置，按照步骤4）电路图完成接线，并能保证电路逻辑清楚，接线整齐。在检查电路的连接无误后，接入电源，由开关控制输入数据的取值，观察输出的电平指示灯是否符合真值表的值。若指示灯显示不正确，则按照查找故障的方法检测线路和器件，排除故障直至显示正确。

（2）设计机器故障监测报警电路　某车间三台机器，用红、黄两个故障指示灯表示机器的工作情况。当只有一台机器有故障时，黄灯亮；有两台机器同时发生故障时，红灯亮；只有当三台机器都发生故障时，才会使红、黄两灯都亮。设计一个控制灯亮的逻辑电路，用74LS00及74LS10实现，要求使用的集成电路器件的片数最少。

1）确定输入、输出变量并赋值。

输入变量：______________________

输出变量：______________________

2）列真值表：根据步骤1）的内容完成表6-18所示的真值表。

表6-18 机器故障监测报警电路真值表

输入端	输出端1	输出端2	输入端	输出端1	输出端2
A *B* *C*	Y_1（黄灯）	Y_2（红灯）	*A* *B* *C*	Y_1（黄灯）	Y_2（红灯）

3）化简：根据步骤2）真值表的内容写出输出端1和输出端2的表达式并化简。

输出端1：　　　　　　　　　　输出端2：

Y_1 = ____________________　　Y_2 = ____________________

= ____________________　　= ____________________

4）画逻辑图：根据步骤3）的逻辑表达式完成控制机器故障指示灯的逻辑电路图。

5）电路功能测试：按照步骤4）的电路图，完成控制电路的连线及电路功能的测试。

4. 实训思考

1）分析实验中遇到的故障及检测方法，总结数字电路的设计、测试方法。

2）试用74LS00设计两位数值比较器，列出其真值表，画出其逻辑电路图。

6.8.2 智力竞赛抢答器的组装与调试

1. 实训目的

1）掌握组合逻辑电路的设计方法。

2）掌握中规模组合逻辑电路集成块的使用方法。

3）掌握数字集成块的测试方法。

4）熟悉智力竞赛抢答器的工作原理。

5）掌握电路的组装、调试及故障排除方法。

2. 实训设备与器材

1）直流稳压电源1台。

2）CD4532、CD4511各1片，BS201数码管1个，电阻若干。

3. 实训原理

电路如图6-41所示，为4路抢答器电路，$S_1 \sim S_4$ 为抢答按钮，S_0 为主持人复位按钮，CD4532是8线-3线优先编码器，用作对抢答选手进行编码，CD4068是8输入与非门，CD4511为七段显示译码器，可以直接驱动共阴极数码管，并具有对输入信号锁存的功能，其功能见表6-19。S_0 为复位键，当 S_0 接地时，抢答处于复位状态，$LE=0$，除了14脚输出低电平外，其余输出端输出高电平，显示器显示“0”。晶体管VT作为反相，将 G 变为高电平，把显示“0”时对应的笔画信号变为全是1，即 $A \sim F=1$，输入与非门CD4068后，使CD4068的13脚输出为0，该电平经 R_7 送入CD4511的5脚，使 $LE=0$，当 $S_1 \sim S_4$ 按键有按下时，CD4511的输出端 $A \sim F$ 不全为1，所以CD4068的13脚输出为1，使CD4511的 $LE=1$，将抢答的选手编号锁存并输出到显示器显示结果，这样后按下的键就不起作用了，显示器上一直显示抢答者的编号，表示抢答成功，直到再次复位为止。

表6-19 CD4511功能表

输入							输出							
LE	$\overline{BI}$	$\overline{LT}$	D	C	B	A	Y_a	Y_b	Y_c	Y_d	Y_e	Y_f	Y_g	显示
×	×	0	×	×	×	×	1	1	1	1	1	1	1	8
×	0	1	×	×	×	×	0	0	0	0	0	0	0	暗
0	1	1	0	0	0	0	1	1	1	1	1	1	0	0
⋮	⋮	⋮			⋮					⋮				⋮
0	1	1	1	0	0	1	1	1	1	0	0	1	1	9
0	1	1	1	0	1	0	0	0	0	0	0	0	0	暗
⋮	⋮	⋮			⋮					⋮				⋮
0	1	1	1	1	1	1	0	0	0	0	0	0	0	暗
1	1	1	×	×	×	×	加1电平之前瞬间的BCD码被锁存							

4. 实训步骤

1）按图6-41将各单元电路的元器件安装在同一块电路板上。

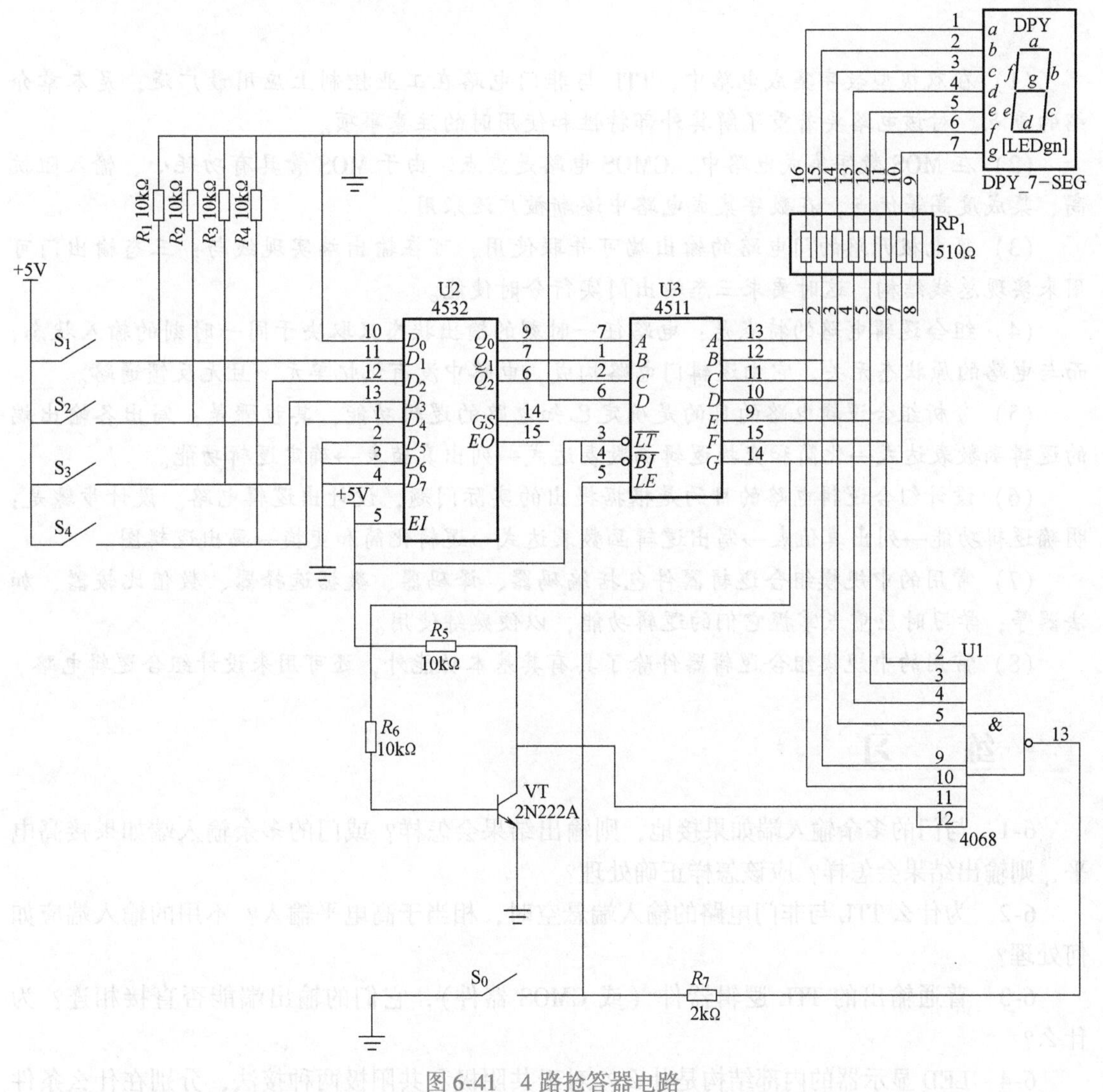

图6-41 4路抢答器电路

2）首先安装调试编码电路，然后进行译码显示电路及数据锁存电路的安装调试，每安装完成一个，给电路供电，并对其进行调试，使其满足设计要求。

3）将调试好的每个单元电路连接起来进行统一调试。

5. 实训注意事项

1）由于电路中元器件较多，安装前必须合理安排各元器件在实验装置上的位置，保证电路逻辑清楚，接线整齐。

2）由于采用的元器件是COMS集成电路，注意多余输入端的正确处理。

6. 实训思考

电路如何实现抢答信号的锁存？

本章小结

(1) 在双极型数字集成电路中，TTL与非门电路在工业控制上应用最广泛，是本章介绍的重点。对该电路要着重了解其外部特性和使用时的注意事项。

(2) 在MOS数字集成电路中，CMOS电路是重点。由于MOS管具有功耗小、输入阻抗高、集成度高等优点，在数字集成电路中逐渐被广泛采用。

(3) 集电极开路的门电路的输出端可并联使用，可在输出端实现线与；三态输出门可用来实现总线结构，这时要求三态输出门实行分时使能。

(4) 组合逻辑电路的特点是：电路任一时刻的输出状态只取决于同一时刻的输入状态，而与电路的原状态无关。它由逻辑门电路构成，电路中没有记忆单元，且无反馈通路。

(5) 分析组合逻辑电路的目的是确定已知电路的逻辑功能，其步骤是：写出各输出端的逻辑函数表达式→化简和变换逻辑函数表达式→列出真值表→确定逻辑功能。

(6) 设计组合逻辑电路的目的是根据提出的实际问题，设计出逻辑电路。设计步骤是：明确逻辑功能→列出真值表→写出逻辑函数表达式→逻辑化简和变换→画出逻辑图。

(7) 常用的中规模组合逻辑器件包括编码器、译码器、数据选择器、数值比较器、加法器等；学习时应重点掌握它们的逻辑功能，以便熟练使用。

(8) 常用的中规模组合逻辑器件除了具有其基本功能外，还可用来设计组合逻辑电路。

练　　习

6-1 与门的多余输入端如果接地，则输出结果会怎样？或门的多余输入端如果接高电平，则输出结果会怎样？应该怎样正确处理？

6-2 为什么TTL与非门电路的输入端悬空时，相当于高电平输入？不用的输入端应如何处理？

6-3 普通输出的TTL逻辑器件（或CMOS器件），它们的输出端能否直接相连？为什么？

6-4 LED显示器的内部结构是什么？对于共阴极和共阳极两种接法，分别在什么条件下才能发光？

6-5 求图6-42所示电路的输出表达式。

6-6 按图6-43所示电路对应的逻辑关系，写出各图多余输入端的处理方法。

6-7 图6-44所示均为TTL门电路。

(1) 写出Y_1、Y_2、Y_3、Y_4的逻辑表达式。

(2) 已知A、B、C的波形如图6-44e所示，分别画出$Y_1 \sim Y_4$的波形。

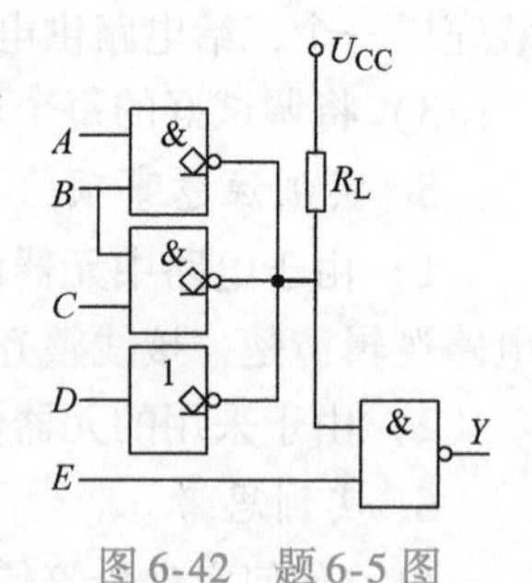

图6-42 题6-5图

6-8 分析图6-45所示组合逻辑电路的功能，写出输出函数表达式，列出真值表，说明电路的逻辑功能。

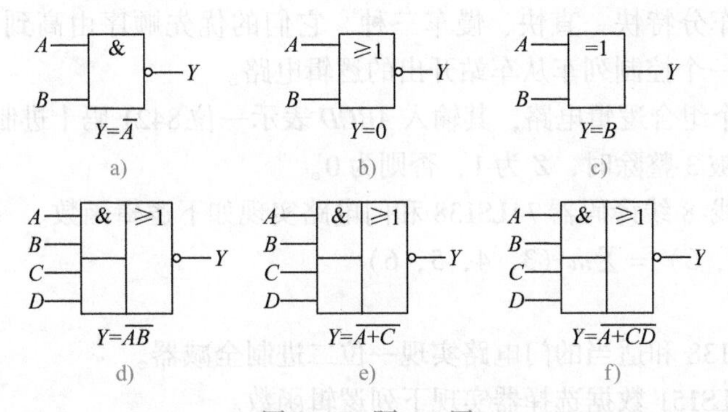

图 6-43 题 6-6 图

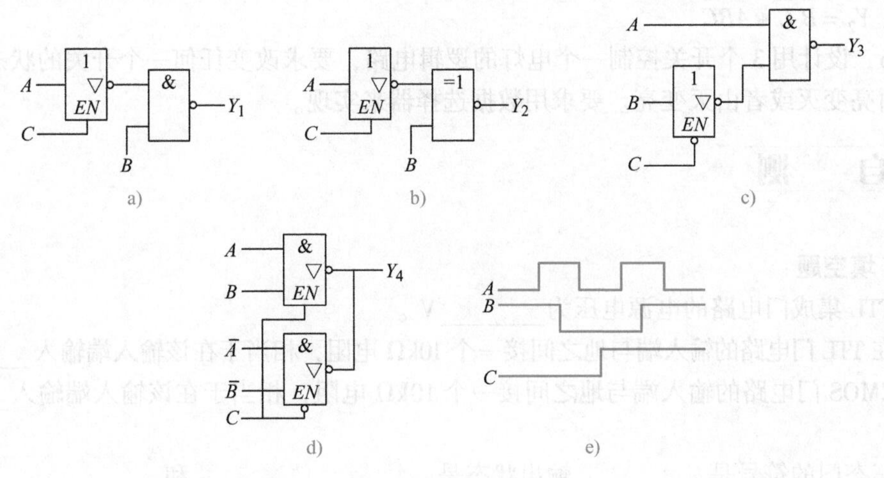

图 6-44 题 6-7 图

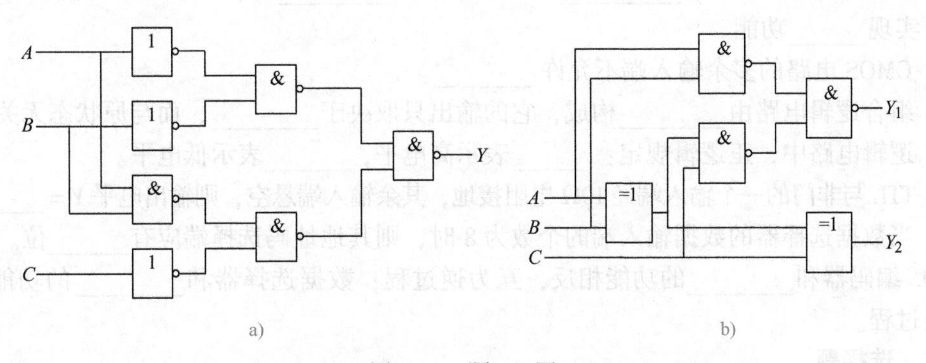

图 6-45 题 6-8 图

6-9 某产品有 A、B、C、D 四项质量指标。规定：A 必须满足要求，其他三项中只要有任意两项满足要求，产品算合格，否则为不合格。试设计组合逻辑电路以实现上述功能。

6-10 分别用与非门设计能实现下列功能的组合逻辑电路。

（1）三变量判奇电路。

（2）四变量多数表决电路。

（3）三变量一致电路（变量取值相同时输出为1，否则输出为0）。

6-11 旅客列车分特快、直快、慢车三种。它们的优先顺序由高到低依次是特快、直快、慢车。试设计一个控制列车从车站开出的逻辑电路。

6-12 设计一个组合逻辑电路，其输入 $ABCD$ 表示一位 8421 码十进制数，输出为 Z。当输入的十进制数能被 3 整除时，Z 为 1，否则为 0。

6-13 试用 3 线-8 线译码器 74LS138 和门电路实现如下逻辑函数。

（1）$Y_1(A, B, C) = \sum m(3, 4, 5, 6)$

（2）$Y_2 = AC$

6-14 用 74LS138 和适当的门电路实现一位二进制全减器。

6-15 试用 74LS151 数据选择器实现下列逻辑函数。

（1）$Y_1(A, B, C) = \sum m(1, 3, 5, 7)$

（2）$Y_2 = \overline{B}\,\overline{C} + AB\overline{C}$

6-16 设计用 3 个开关控制一个电灯的逻辑电路，要求改变任何一个开关的状态都能控制电灯由亮变灭或者由灭变亮。要求用数据选择器来实现。

自 测

一、填空题

1. TTL 集成门电路的电源电压为________V 。

2. 在 TTL 门电路的输入端与地之间接一个 10kΩ 电阻，相当于在该输入端输入________电平；在 CMOS 门电路的输入端与地之间接一个 10kΩ 电阻，相当于在该输入端输入________电平。

3. 三态门的符号是________，输出状态是________、________和________。

4. OC 门的逻辑符号是________，OC 门又称为________门，多个 OC 门输出端并联到一起可实现______功能。

5. CMOS 电路的多余输入端不允许________。

6. 组合逻辑电路由________构成，它的输出只取决于________，而与原状态无关。

7. 逻辑电路中，正逻辑规定：______表示高电平，______表示低电平。

8. TTL 与非门的一个输入端经 10Ω 电阻接地，其余输入端悬空，则输出电平 $Y=$______ 。

9. 当数据选择器的数据输入端的个数为 8 时，则其地址码选择端应有______位。

10. 编码器和________的功能相反，互为逆过程；数据选择器和________的功能相反，互为逆过程。

二、选择题

1. 通常，具有同样功能的 TTL 电路比 CMOS 电路工作速度（　　）。

A. 高　　B、低　　C. 差不多

2. COMS 与非门多余输入端的处理方法是（　　）。

A. 悬空　　B. 接地　　C. 接低电平　　D. 接电源 $+U_{DD}$

3. COMS 或非门多余输入端的处理方法是（　　）。

A. 悬空　　B. 接地　　C. 接高电平　　D. 接电源 $+U_{CC}$

4. 以下电路中可以实现“线与”功能的有（　　）。

A. 与非门　　B. 三态输出门　　C. 集电极开路门

5. 下列电路中，不属于组合逻辑电路的是（　　）。

A. 加法器　　B. 寄存器　　C. 优先编码器　　D. 译码器

6. 组合逻辑电路通常由（　　）组合而成。

A. 门电路　　B. 触发器　　C. 计数器　　D. 寄存器

7. 七段显示译码器是指（　　）的电路。

A. 将二进制代码转换成 0~9 个数字　　B. 将 BCD 码转换成七段显示字形信号

C. 将 0~9 个数转换成 BCD 码　　D. 将七段显示字形信号转换成 BCD 码

8. 比较两个一位二进制数 A 和 B，当 $A=B$ 时输出 $F=1$，则 F 的表达式是（　　）。

A. $F=AB$　　B. $F=\overline{A}B$　　C. $F=A\overline{B}$　　D. $F=A\odot B$

9. 在 3 线-8 线译码器 74LS138 中，输入 $A_2A_1A_0=011$，$S_1=1$、$\overline{S}_2=0$、$\overline{S}_3=0$ 时，译码器 74LS138 的有效输出端是（　　）。

A. $\overline{Y}_0$　　B. $\overline{Y}_3$　　C. $\overline{Y}_6$　　D. 无

10. 一个具有 N 个地址的数据选择器的功能是（　　）

A. N 选 1　　B. 2^N 选 1　　C. $2N$ 选 1　　D. （2^N-1）选 1

三、判断下列说法是否正确，正确的在括号中画√，错误的画×。

（　　）1. CMOS 电路比 TTL 电路功耗大。

（　　）2. TTL 与非门输入端可以接任意值电阻。

（　　）3. 普通 TTL 与非门输出端不能并联使用。

（　　）4. 在数字电路中，高电平、低电平指的是一定的电压范围，而不是一个固定的数值。

（　　）5. 优先编码器某一时刻，只允许输入一个编码信号。

（　　）6. 三态门的输出端可以并接，但三态门的控制端所加的控制信号电平只能使其中一个门处于工作状态，而其他所有的输出端相并联的三态门均处于高阻状态。

（　　）7. 三态门的三种状态分别为：高电平、低电平、不高不低的电压。

（　　）8. 输出端允许直接相连，实现线与。

（　　）9. 共阴极结构的显示器需要低电平驱动才能显示。

（　　）10. 译码器、计数器、全加器、寄存器都是组合逻辑电路。

第7章 时序逻辑电路

学习目标

◇ 了解触发器的概念，掌握几种常用触发器的电路组成、逻辑符号、特点及应用。
◇ 了解不同触发器之间的转换。
◇ 理解时序逻辑电路的组成、特点，掌握时序逻辑电路的分析方法。
◇ 理解计数器的概念、分类，掌握同步计数器和异步计数器的分析及应用。
◇ 掌握 74LS161、74LS290 等常用的集成计数器的应用。
◇ 了解寄存器的基本概念、工作原理，掌握 74LS194 的应用。

时序逻辑电路又称时序电路，由存储电路和组合逻辑电路两部分组成。与组合逻辑电路不同之处在于，组合逻辑电路任一时刻的输出状态只与此刻的输入信号有关；时序逻辑电路任一时刻的输出状态不仅取决于当时的输入信号，而且取决于电路原来的状态。因此，组合逻辑电路不具有记忆性，而时序逻辑电路具有记忆功能。时序逻辑电路的状态是由存储电路来记忆的，存储电路的组成单元是触发器。

7.1 触发器

触发器(Flip Flop,FF)是由逻辑门电路通过一定的方式组合而成，具有两个互补的输出：Q 和 $\overline{Q}$。

触发器有两个基本特性：①它有两个稳定状态，可分别用来表示二进制数码 0 和 1；②在输入信号作用下，触发器的两个稳定状态可相互转换，输入信号消失后，已转换的稳定状态可长期保持下来。因此，它是一个具有记忆功能的基本逻辑电路，有着广泛的应用。

7.1.1 基本 RS 触发器

1. 电路组成

图 7-1a 是由两个与非门交叉连接而成的基本 RS 触发器。$\overline{R}$、$\overline{S}$ 是它的两个信号输入端，字母上的非号是表示低电平有效，Q 和 $\overline{Q}$ 为触发器的两个互补输出端，我们将 Q 的状态称为触发器的状态。图 7-1b 为基本 RS 触发器的逻辑符号，$\overline{R}$、$\overline{S}$ 端的圆圈表示低电平有效。

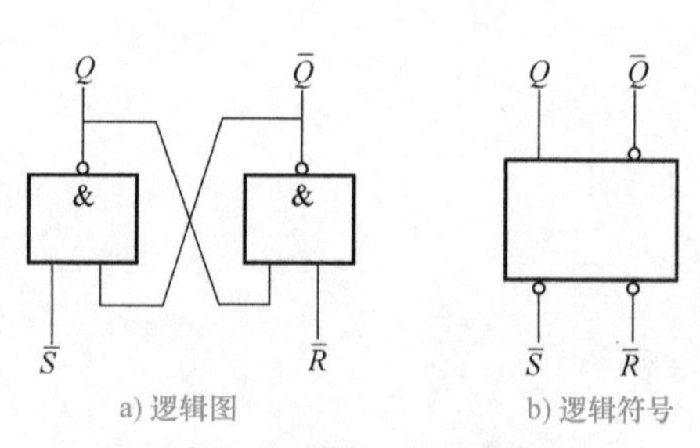

图 7-1 基本 RS 触发器

2. 工作原理

当 $\overline{R}=1$、$\overline{S}=1$，即 $\overline{R}$、$\overline{S}$ 均为高电平时，触发器保持原状态不变，也就是触发器将原有的状态存储起来，即通常所说的触发器具有记忆功能。

当 $\overline{R}=1$、$\overline{S}=0$，即在 $\overline{S}$ 端输入负脉冲时，不论原有 Q 为何状态，触发器都置 1(即 $Q=1,\overline{Q}=0$)。

当 $\overline{R}=0$、$\overline{S}=1$，即在 $\overline{R}$ 端输入负脉冲时，不论原有 Q 为何状态，触发器置 0。

当 $\overline{R}=0$、$\overline{S}=0$，即在 $\overline{R}$、$\overline{S}$ 端同时输入负脉冲时，两个与非门输出端 Q 和 $\overline{Q}$ 全为 1，而当两输入端的负脉冲同时消失时，由于与非门延迟时间的差异，触发器的输出状态是 1 还是 0 将不能确定，即状态不定，因此应当避免这种情况。

3. 特性表

我们将触发器输入信号变化前的状态称作现态，用 Q^n 表示；将触发器输入信号变化后的状态称作次态，用 Q^{n+1} 表示。触发器次态 Q^{n+1} 与输入信号和电路原有状态 Q^n(现态)之间关系的真值表称作特性表。上述基本 RS 触发器的逻辑功能可用表 7-1 来表示。

表 7-1　与非门组成的基本 RS 触发器的特性表

$\overline{R}$	$\overline{S}$	Q^n	Q^{n+1}	说　明
0	0	0	×	不允许
0	0	1	×	
0	1	0	0	置 0
0	1	1	0	
1	0	0	1	置 1
1	0	1	1	
1	1	0	0	保持
1	1	1	1	

特性表完整而又清晰地描述了在输入信号 $\overline{R}$ 和 $\overline{S}$ 作用下，触发器的现态 Q^n 和次态 Q^{n+1} 之间的转换关系。

4. 特性方程

触发器次态 Q^{n+1} 与 R、S 及现态 Q^n 之间关系的逻辑表达式称为触发器的特性方程。

根据表 7-1，可画出如图 7-2 所示的与非门组成的基本 RS 触发器的卡诺图，化简整理得出由与非门组成的基本 RS 触发器的特性方程为

$$\begin{cases} Q^{n+1}=S+\overline{R}Q^n \\ RS=0 \end{cases} \quad \text{(约束条件)} \qquad (7\text{-}1)$$

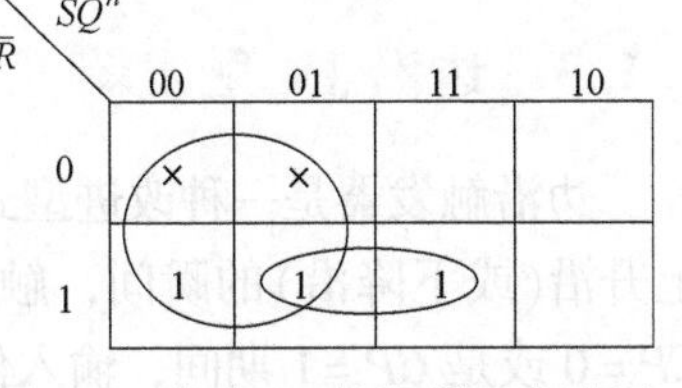

图 7-2　基本 RS 触发器的卡诺图

5. 特点

基本 RS 触发器电路简单，是构成各种功能触发器的基本单元。它可以组成数码寄存器存放二进制数码，可以用作防止波形抖动的开关。它的主要缺点是输入信号存在期间将直接控制输出端的状态，而且 R、S 之间存在约束。

7.1.2 同步 RS 触发器

对于基本 RS 触发器，只要 $\overline{R}$ 或 $\overline{S}$ 产生变化，就可能引起状态翻转，因此，基本 RS 触发器的抗干扰能力较差。另外，在数字系统中，为了协调各部分电路的工作，任何操作均应按预定的时间完成。因此产生了由时钟控制接收 R、S 信号的时钟型 RS 触发器，也称同步 RS 触发器。

1. 电路组成

同步 RS 触发器是由一个基本的 RS 触发器加两个控制门组成。

如图 7-3a 所示，其中门 D_1、D_2 组成基本 RS 触发器，门 D_3、D_4 为控制门，CP 是时钟脉冲的输入控制信号，通常称为时钟脉冲，Q 和 $\overline{Q}$ 是输出端，图 7-3b 为其逻辑符号。

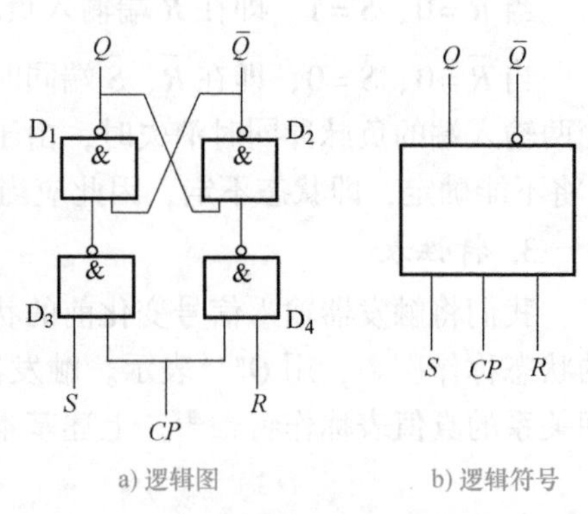

a) 逻辑图 b) 逻辑符号

图 7-3 同步 RS 触发器

2. 工作原理

当 $CP=0$ 时，D_3、D_4 均被封锁，输出均为 1。触发器状态保持不变。

当 $CP=1$ 时，D_3、D_4 打开，输入信号 R、S 通过 D_3、D_4 使基本 RS 触发器动作，输出端状态仍由 R、S 状态和 Q^n 决定。

3. 特性表、特性方程

按照前述方法，同样可以写出 $CP=1$ 前提下同步 RS 触发器的特性表和特性方程，大家可以发现，特性方程与基本 RS 触发器一样。

4. 同步 RS 触发器的主要特点

（1）优点 由时钟脉冲控制，$CP=0$ 触发器状态保持原态不变；$CP=1$ 期间，触发器根据输入信号 R、S 状态决定输出状态。由于是由时钟脉冲控制，因此便于多个触发器同步工作。

（2）缺点 $CP=1$ 期间，触发器的输出仍然受 R、S 信号的直接控制。也就是说，在 $CP=1$ 期间，若 R、S 信号变化，则同步 RS 触发器的输出状态也会跟着变化，抗干扰能力较差。同时 R、S 信号之间仍然有约束。由于上述原因，同步 RS 触发器的使用受到一定限制。

7.1.3 边沿 JK 触发器

边沿触发器是一种改进型式的触发器，它的特点是只在 CP 脉冲的上升沿(或下降沿)的瞬间，触发器才根据输入信号的状态翻转，而在 $CP=0$ 或是 $CP=1$ 期间，输入信号的变化对触发器的状态均无影响。

1. 边沿 JK 触发器的工作原理

边沿 JK 触发器的逻辑符号如图 7-4 图中 J、K 为信号输入端，框内“∧”表示边沿触发，“○”表示在时钟脉冲 CP 的下降沿时触发。

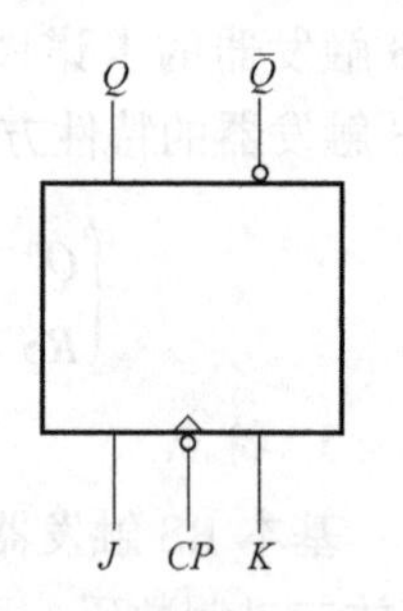

图 7-4 边沿 JK 触发器逻辑符号

边沿 JK 触发器的特性表见表 7-2。

表 7-2　边沿 JK 触发器的特性表

CP	J	K	Q^n	Q^{n+1}	状　态
↓	0	0	0	0	保持
↓	0	0	1	1	
↓	0	1	0	0	置 0
↓	0	1	1	0	
↓	1	0	0	1	置 1
↓	1	0	1	1	
↓	1	1	0	1	翻转（或计数）
↓	1	1	1	0	

根据表 7-2 可得边沿 JK 触发器的特性方程为

$$Q^{n+1}=J\overline{Q^n}+\overline{K}Q^n \quad （CP\text{下降沿有效}） \tag{7-2}$$

由于是 CP 脉冲的边沿控制，只有在 CP 脉冲从高电平跳变到低电平时，边沿 JK 触发器的输出才按照特性方程决定的状态进行变化，而在 $CP=0$、$CP=1$ 以及 CP 由 0 跳变为 1 期间，边沿 JK 触发器都将保持原状态不变。因此，大大提高了电路工作的可靠性。但由于电路是利用与非门的传输延迟时间来实现边沿控制的，要保证可靠工作，对制造工艺的要求就比较严格。

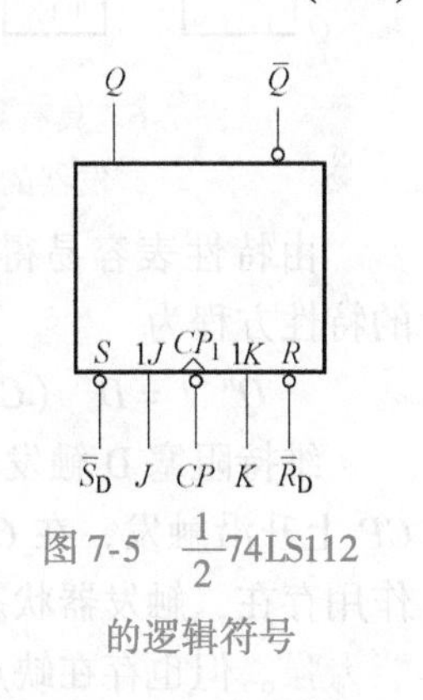

图 7-5　$\frac{1}{2}$74LS112 的逻辑符号

2. 集成边沿 JK 触发器 74LS112

74LS112 由两个独立的下降沿触发的边沿 JK 触发器组成，$\frac{1}{2}$74LS112 的逻辑符号如图 7-5 所示，表 7-3 为 74LS112 的特性表。

表 7-3　74LS112 的特性表

输　入					输　出	说　明
CP	J	K	$\overline{R}_D$	$\overline{S}_D$	Q^{n+1}	
×	×	×	0	1	0	异步置 0
×	×	×	1	0	1	异步置 1
↓	0	0	1	1	Q^n	保持
↓	0	1	1	1	0	置 0
↓	1	0	1	1	1	置 1
↓	1	1	1	1	$\overline{Q^n}$	翻转
1	×	×	1	1	Q^n	保持
×	×	×	0	0	1	不允许

根据以上分析，在已知输入信号时，采用先画异步端作用下的波形，再考虑关联输入端情况的方法，可方便地画出输出端 Q 的波形，如图 7-6 所示。

7.1.4 维持阻塞 D 触发器

1. 维持阻塞 D 触发器的工作原理

维持阻塞 D 触发器是一种上升沿触发的 D 触发器，逻辑符号如图 7-7 所示。

图 7-7 中 D 为数据输入端，Q 和 $\overline{Q}$ 是输出端，CP 是时钟脉冲，“∧”表示边沿触发，CP 端不带小圆圈表示上升沿触发。表 7-4 是维持阻塞 D 触发器的特性表。

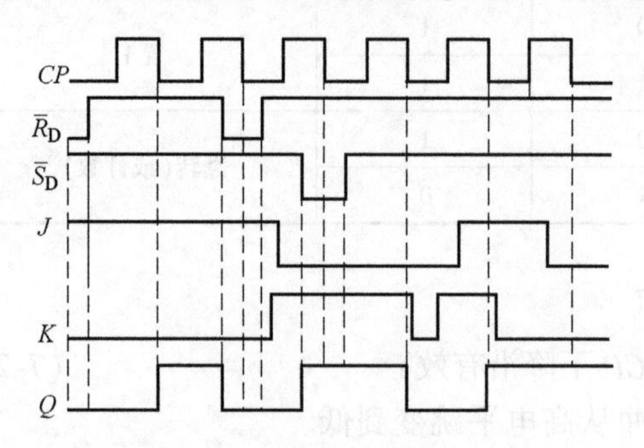

图 7-6 具有异步输入的 JK 触发器的工作波形

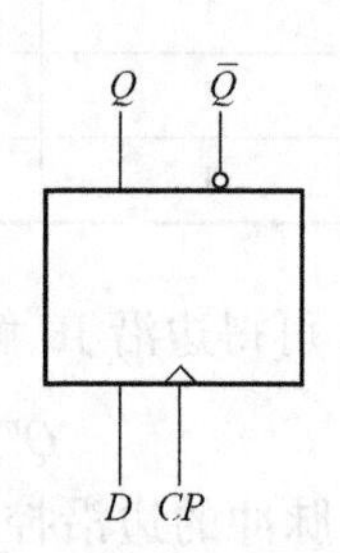

图 7-7 维持阻塞 D 触发器的逻辑符号

由特性表容易得到维持阻塞 D 触发器的特性方程为

$$Q^{n+1}=D \quad (CP\text{ 上升沿有效}) \quad (7\text{-}3)$$

维持阻塞 D 触发器的优点是边沿控制，CP 上升沿触发，在 $CP=1$ 期间有维持阻塞作用存在，触发器状态不发生变化，抗干扰能力强。但也存在缺点，即在某些情况下使用起来不如 JK 触发器方便。

表 7-4 维持阻塞 D 触发器的特性表

CP	D	Q^n	Q^{n+1}	说 明
↑	0	0	0	置 0
↑	0	1	0	
↑	1	0	1	置 1
↑	1	1	1	

2. 集成维持阻塞 D 触发器 74LS74

图 7-8 所示为$\frac{1}{2}$74LS74 的逻辑符号，表 7-5 所示为 74LS74 的功能表。

表 7-5 74LS74 的功能表

输 入				输 出	说 明
CP	$\overline{R}_D$	$\overline{S}_D$	D	Q^{n+1}	
×	0	1	×	0	异步置 0
×	1	0	×	1	异步置 1
↑	1	1	0	0	置 0
↑	1	1	1	1	置 1
0	1	1	×	Q^n	保持
×	0	0	×	1	不允许

根据以上分析，在已知输入信号时，采用先画异步端作用下的波形，再考虑关联输入端情况的方法，可方便地画出输出端 Q 的波形，如图 7-9 所示。

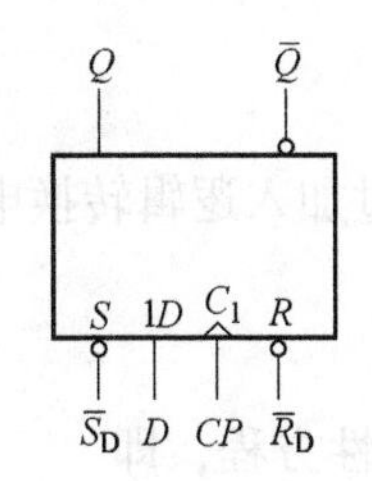

图 7-8 $\frac{1}{2}$74LS74 的逻辑符号

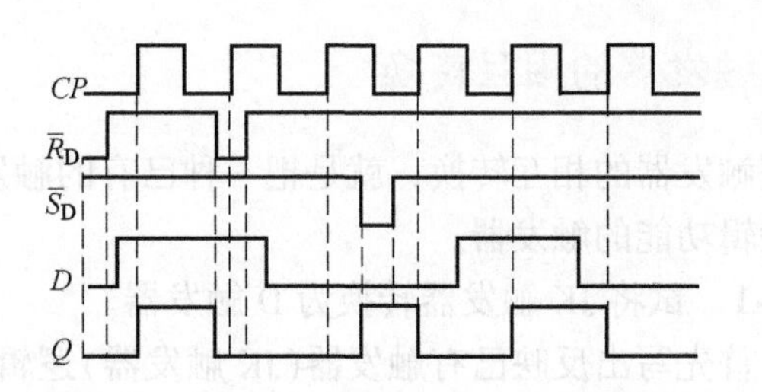

图 7-9 具有异步输入的 D 触发器的工作波形

7.1.5 T 触发器和 T′触发器

T 触发器是指根据 T 端输入信号的不同，在时钟脉冲 CP 作用下具有翻转和保持功能的电路，它的逻辑符号如图 7-10 所示。

而 T′触发器则是指每输入一个时钟脉冲 CP，状态变化一次的电路。在 T 触发器中，若 T 恒为 1，则 T 触发器就变换为 T′触发器。

T 触发器和 T′触发器可以由 JK 触发器或 D 触发器转换而来，它们的特性表和特性方程不再赘述。

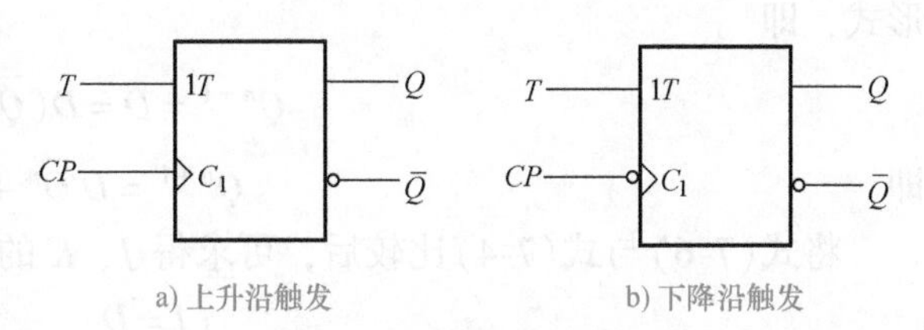

图 7-10 T 触发器的逻辑符号

7.1.6 CMOS 触发器

CMOS 触发器与 TTL 触发器一样，种类繁多。由于 CMOS 触发器具有功耗低、抗干扰能力强、电源适应范围大等优点，应用很广泛。常用的集成触发器有 CC4013（D 触发器）和 CC4027（JK 触发器）等。

CC4027 引脚排列如图 7-11 所示，功能表如表 7-6 所示。使用时其电源电压可为 3～18V。

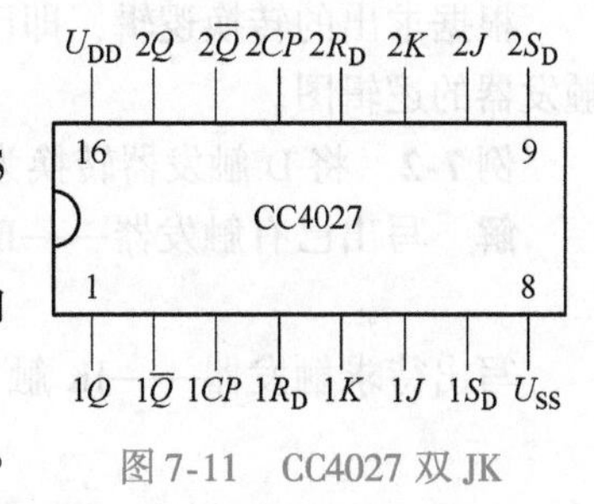

图 7-11 CC4027 双 JK 触发器引脚排列图

表 7-6 CC4027 的功能表

输入					输出	说明
CP	J	K	R_D	S_D	Q^{n+1}	
×	×	×	1	0	0	异步置 0
×	×	×	0	1	1	异步置 1
↑	0	0	0	0	Q^n	保持
↑	0	1	0	0	0	置 0
↑	1	0	0	0	1	置 1
↑	1	1	0	0	$\overline{Q^n}$	翻转
1	×	×	0	0	Q^n	保持
×	×	×	1	1	1	不允许

7.1.7 触发器的相互转换

所谓触发器的相互转换，就是把一种已有的触发器，通过加入逻辑转换电路之后，成为另一种逻辑功能的触发器。

例 7-1 试将 JK 触发器转换为 D 触发器。

解 首先写出反映已有触发器(JK 触发器)逻辑功能的特性方程，即

$$Q^{n+1}=J\overline{Q}^n+\overline{K}Q^n \tag{7-4}$$

然后，写出待求触发器的特性方程，即反映了对待求触发器功能的要求。待求触发器为 D 触发器，故可写出其特性方程为

$$Q^{n+1}=D \tag{7-5}$$

最后，求出 JK 触发器的驱动方程。为了便于比较，将式(7-5)转换为与式(7-4)相似的形式，即

$$Q^{n+1}=D=D(\overline{Q}^n+Q^n)$$

即

$$Q^{n+1}=D\overline{Q}^n+DQ^n \tag{7-6}$$

将式(7-6)与式(7-4)比较后，可求得 J、K 的驱动方程为

$$\begin{cases}J=D\\ \overline{K}=D \text{ 即 } K=\overline{D}\end{cases} \tag{7-7}$$

根据求出的转换逻辑，即已有的 JK 触发器的驱动方程，便可画出如图 7-12 所示的待求触发器的逻辑图。

例 7-2 将 D 触发器转换为 JK 触发器。

解 写出已有触发器——D 触发器的特性方程，即

$$Q^{n+1}=D$$

写出待求触发器——JK 触发器的特性方程，即

$$Q^{n+1}=J\overline{Q}^n+\overline{K}Q^n$$

比较上述两个特性方程，可得

$$D=J\overline{Q}^n+\overline{K}Q^n$$

画出逻辑图，如图 7-13 所示。

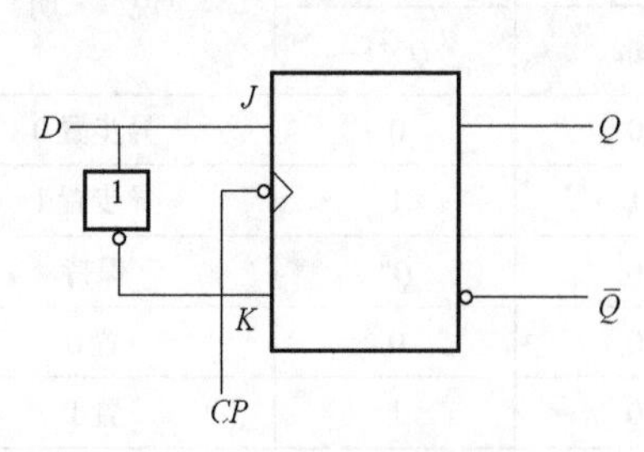

图 7-12 JK→D 逻辑图

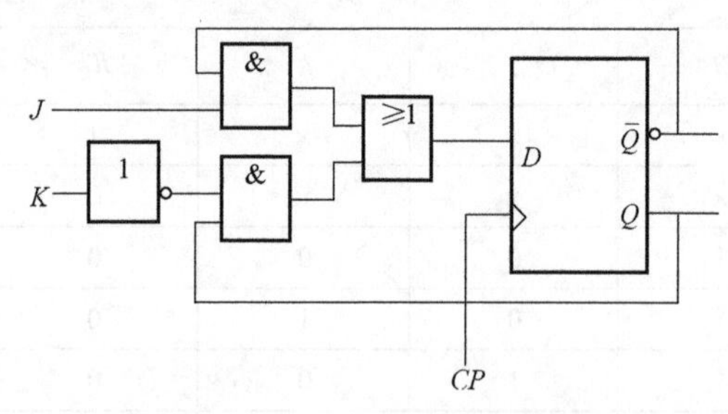

图 7-13 D→JK 触发器的逻辑图

7.2 同步计数器

7.2.1 计数器概述

用以统计输入的计数脉冲 *CP* 个数的电路，称作计数器。在计数功能的基础上，计数器还可以实现计时、定时和分频等功能。计数器按计数进制可分为二进制计数器、十进制计数器、任意进制计数器。计数器按计数规律可分为加法计数器、减法计数器和可逆计数器。计数器按 *CP* 脉冲的输入方式可分为同步计数器和异步计数器。

7.2.2 同步计数器的分析步骤与同步二进制计数器

同步计数器中，各触发器都受同一时钟脉冲的控制，它们状态的更新是同步的。

1. 同步计数器的分析步骤

（1）写输入输出方程　根据给定的电路写出时钟方程、驱动方程和输出方程。也就是各触发器的时钟信号、同步输入信号及电路输出信号的逻辑表达式。

（2）求状态方程　把驱动方程代入相应触发器的特性方程，即可求出电路的状态方程，也就是各触发器的次态方程。

（3）列状态转换真值表　将电路现态的各种取值代入状态方程和输出方程进行计算，求出相应的次态和输出，从而列出状态转换真值表。

（4）画状态转换图和时序图　状态转换图是指电路由现态转换到次态的示意图。电路的时序图是在时钟脉冲 *CP* 作用下，各触发器状态变化的波形图。它们通常根据时钟脉冲 *CP* 和状态转换真值表绘制。

（5）逻辑功能说明　根据真值表、状态转换图及时序图来说明电路的逻辑功能。

2. 同步二进制计数器

图 7-14 所示是由 4 个 JK 触发器组成的 4 位同步二进制加法计数器的逻辑图。图中各触发器的时钟脉冲输入端接同一计数脉冲 *CP*，显然，这是一个同步时序电路。

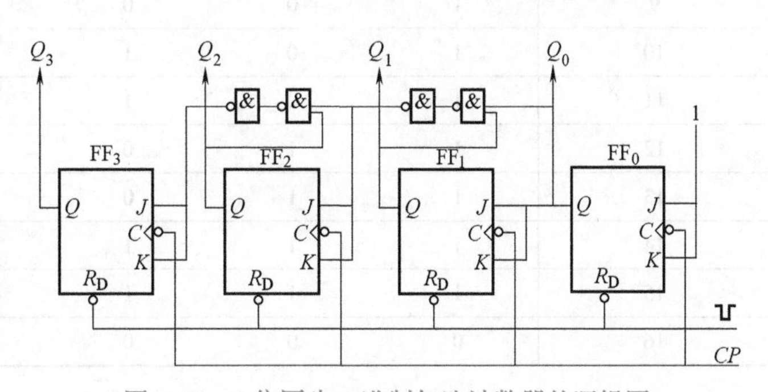

图 7-14　4 位同步二进制加法计数器的逻辑图

各触发器的驱动方程分别为

$$
\begin{cases}
J_0 = K_0 = 1 \\
J_1 = K_1 = Q_0^n \\
J_2 = K_2 = Q_0^n Q_1^n \\
J_3 = K_3 = Q_0^n Q_1^n Q_2^n
\end{cases}
$$

将上述驱动方程代入 JK 触发器的特性方程 $Q^{n+1} = J\overline{Q^n} + \overline{K}Q^n$ 中，得到电路的状态方程为

$$\begin{cases} Q_0^{n+1} = \overline{Q_0^n} \\ Q_1^{n+1} = Q_0^n \overline{Q_1^n} + \overline{Q_0^n} Q_1^n \\ Q_2^{n+1} = Q_0^n Q_1^n \overline{Q_2^n} + \overline{Q_0^n Q_1^n} Q_2^n \\ Q_3^{n+1} = Q_0^n Q_1^n Q_2^n \overline{Q_3^n} + \overline{Q_0^n Q_1^n Q_2^n} Q_3^n \end{cases}$$

首先假定电路的现态 $Q_3^n Q_2^n Q_1^n Q_0^n$ 为 0000，将 0000 代入状态方程式，得出电路的次态 $Q_3^{n+1} Q_2^{n+1} Q_1^{n+1} Q_0^{n+1}$ 为 0001，再以 0001 作为现态代入状态方程式求出下一个次态 0010。如此反复进行，列出电路的状态转换真值表，见表 7-7。

表 7-7 4 位同步二进制加法计数器的状态转换真值表

计数脉冲序号	电路状态				等效十进制数
	Q_3^n	Q_2^n	Q_1^n	Q_0^n	
0	0	0	0	0	0
1	0	0	0	1	1
2	0	0	1	0	2
3	0	0	1	1	3
4	0	1	0	0	4
5	0	1	0	1	5
6	0	1	1	0	6
7	0	1	1	1	7
8	1	0	0	0	8
9	1	0	0	1	9
10	1	0	1	0	10
11	1	0	1	1	11
12	1	1	0	0	12
13	1	1	0	1	13
14	1	1	1	0	14
15	1	1	1	1	15
16	0	0	0	0	0

由状态转换真值表可列出状态转换图，如图 7-15 所示。

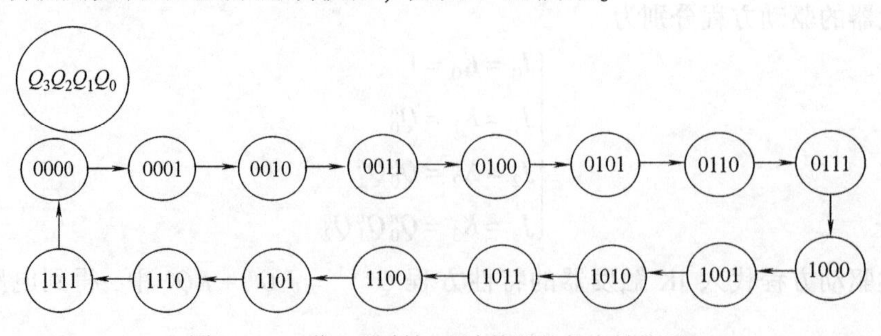

图 7-15 4 位二进制加法计数器的状态转换图

该电路的功能是4位同步二进制加法计数器，又因为该计数器有0000～1111共16个有效状态，所以也称1位十六进制加法计数器。

由于同步计数器的计数脉冲 CP 同时送到各位触发器的时钟脉冲输入端，当计数脉冲到来时，应该翻转的触发器同时翻转，所以速度高，但电路结构也较复杂。

7.2.3 集成同步计数器

1. 74LS161介绍

图7-16是74LS161同步四位二进制加法计数器的逻辑功能示意图，CP 为计数脉冲输入端；$\overline{CR}$ 为清零输入端，低电平有效；$\overline{LD}$ 为预置数控制输入端，低电平有效；D_3、D_2、D_1、D_0 为数据输入端；CT_P、CT_T 为选择输入端；Q_3、Q_2、Q_1、Q_0 为状态输出端，CO 为进位输出端，有 $CO=CT_T\cdot Q_3\cdot Q_2\cdot Q_1\cdot Q_0$。74LS161的功能表见表7-8，表中凡打“×”处，表示该信号为任意状态。

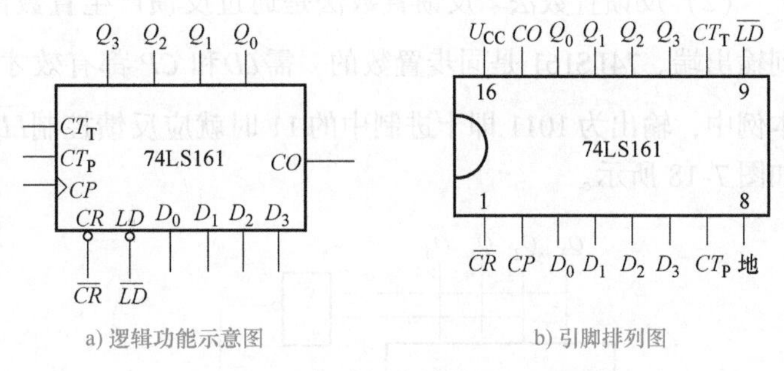

a) 逻辑功能示意图　b) 引脚排列图

图7-16 集成同步计数器74LS161

表7-8 74LS161的功能表

清零	预置	使能		时钟	预置数据输入				输出				工作模式
$\overline{CR}$	$\overline{LD}$	CT_T	CT_P	CP	D_3	D_2	D_1	D_0	Q_3	Q_2	Q_1	Q_0	
0	×	×	×	×	×	×	×	×	0	0	0	0	异步清零
1	0	×	×	↑	d_3	d_2	d_1	d_0	d_3	d_2	d_1	d_0	同步置数
1	1	0	×	×	×	×	×	×	保持				数据保持
1	1	×	0	×	×	×	×	×	保持				数据保持
1	1	1	1	↑	×	×	×	×	计数				加法计数

2. 集成计数器的应用

在数字集成电路中有许多型号的计数器产品，可以用这些数字集成电路来实现所需要的计数功能和时序逻辑功能。在设计时序逻辑电路时有两种方法：一种为反馈清零法；另一种为反馈置数法。

反馈清零法是利用反馈电路产生一个给集成计数器的复位信号，使计数器各输出端为零(清零)。反馈电路一般是组合逻辑电路，将计数器的部分或全部输出作为其输入，在计数器一定的输出状态下时产生复位信号，使计数电路同步或异步复位。

反馈置数法是将反馈逻辑电路产生的信号送到计数电路的置位端，在满足条件时，计数电路输出状态为给定的二进制码。

下面通过举例说明它们的具体使用方法。

例7-3 试用一片74LS161组成一位十二进制同步加法计数器。

解 分别用反馈清零法和反馈置数法来实现。

(1) 反馈清零法　十二进制计数器应有 12 种计数状态，即 74LS161 从 $Q_3Q_2Q_1Q_0=0000$ 开始，到 $Q_3Q_2Q_1Q_0=1011$ 共 12 种状态。在下一个 CP 脉冲作用后，计数器输出变为 0000。因为 74LS161 是异步清零，只要$\overline{CR}=0$，输出即变为 0000，这个过程不受时钟 CP 控制，所以计数要计到 $Q_3Q_2Q_1Q_0=1100$ 状态再通过门电路控制$\overline{CR}$端，即$\overline{CR}=\overline{Q_3Q_2}$，电路连接如图 7-17 所示。

(2) 反馈置数法　反馈置数法是通过反馈产生置数信号$\overline{LD}$，将预置数 $D_3D_2D_1D_0$ 预置到输出端。74LS161 是同步置数的，需$\overline{LD}$和 CP 都有效才能置数，因此$\overline{LD}$应先于 CP 出现。本例中，输出为 1011 即十进制中的 11 时就应反馈控制$\overline{LD}$，故$\overline{LD}=\overline{Q_3Q_1Q_0}$。此时连接电路如图 7-18 所示。

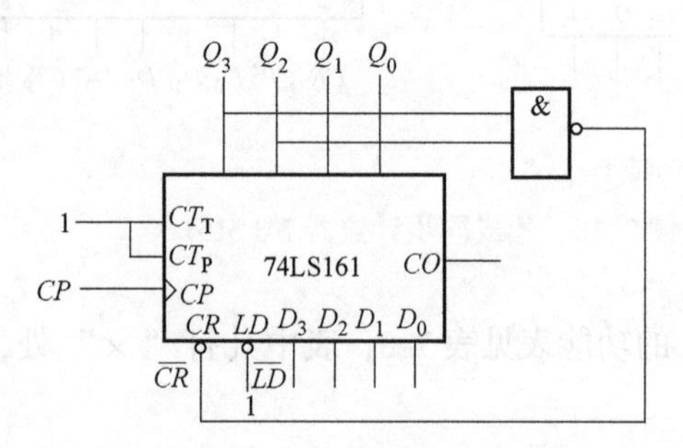

图 7-17　用反馈清零法实现十二进制计数器

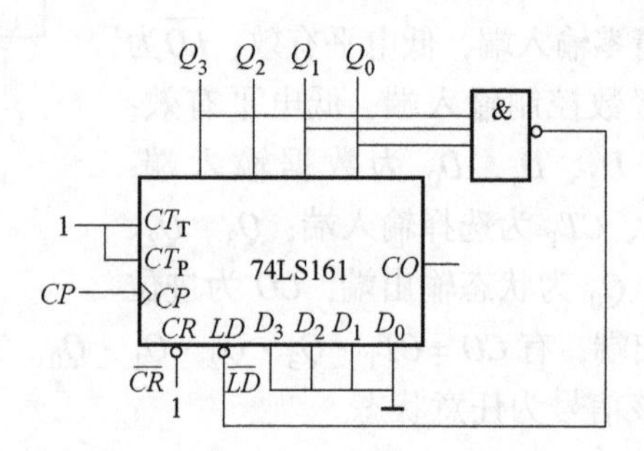

图 7-18　用反馈置数法实现十二进制计数器

7.3 异步计数器

异步二进制计数器比同步二进制计数器结构简单，计数脉冲不是同时加到所有触发器的 CP 端，而只加到最低位触发器的 CP 端，其他各级触发器则由电路内部信号来触发。因此，在分析异步计数器电路时，必须写出时钟方程。注意：它的各位触发器不是同时翻转的。

7.3.1 异步计数器的工作原理

图 7-19 所示是由 4 个下降沿触发的 JK 触发器组成的 4 位异步二进制加法计数器的逻辑图。图中 JK 触发器的输入端 $J=K=1$，即满足时钟脉冲下降沿条件时触发器将翻转。当 CP 是下降沿时，FF_0 触发器翻转；Q_0 是下降沿时，FF_1 触发器翻转；Q_1 是下降沿时，FF_2 触发器翻转；Q_2 是下降沿时，FF_3 触发器翻转。

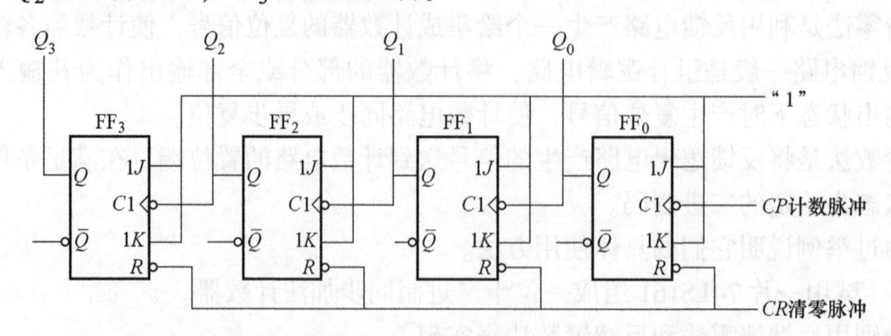

图 7-19　JK 触发器组成的 4 位异步二进制加法计数器的逻辑图

由于该电路连线简单且规律性强，无需用前面介绍的分析步骤进行分析，只需做简单的观察与分析就可画出时序图或状态图，这种分析方法称为“观察法”。

用“观察法”画出该电路的时序图如图7-20所示。亦可画出状态转换图，应与图7-15一致。由时序图和状态图可知，该电路的功能是4位二进制加法计数器。

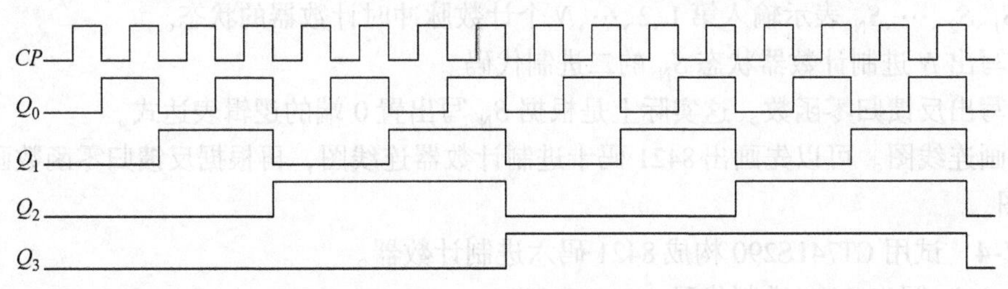

图7-20 图7-19所示电路的时序图

另外，从时序图还可以看出，Q_0、Q_1、Q_2、Q_3 的周期分别是计数脉冲(CP)周期的2倍、4倍、8倍、16倍，也就是说，Q_0、Q_1、Q_2、Q_3 分别对 CP 波形进行了二分频、四分频、八分频和十六分频，因此计数器也可作为分频器使用。

异步二进制计数器结构简单，改变级联触发器的个数，可以很方便地改变二进制计数器的位数，n 个触发器可以构成 n 位二进制计数器。

7.3.2 集成异步计数器

图7-21a所示为集成异步二-五-十进制计数器CT74LS290的结构框图(未画出置0和置9输入端)。由该图可看出，CT74LS290由一个二进制计数器和一个五进制计数器两部分组成。图7-21b所示为CT74LS290的逻辑功能示意图。图中 R_{0A} 和 R_{0B} 为置0输入端，S_{9A} 和 S_{9B} 为置9输入端，表7-9为其功能表。

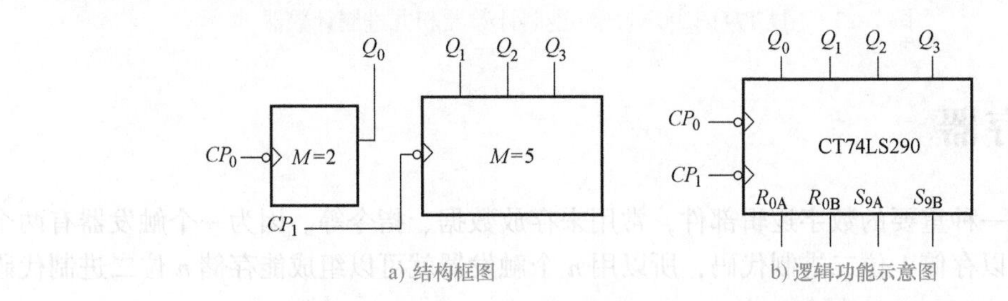

图7-21 CT74LS290的结构框图和逻辑功能示意图

表7-9 CT74LS290的功能表

S_{9A}	S_{9B}	R_{0A}	R_{0B}	CP_0	CP_1	Q_3	Q_2	Q_1	Q_0
1	1	×	×	×	×	1	0	0	1
0	×	1	1	×	×	0	0	0	0
×	0	1	1	×	×	0	0	0	0
				CP	0	二进制			
				0	CP	五进制			
$S_{9A}\cdot S_{9B}=0$				CP	Q_0	8421 十进制			
$R_{0A}\cdot R_{0B}=0$				Q_3	CP	5421 十进制			

利用计数器的异步置0功能可方便地获得N进制计数器。只要异步置0输入端出现置0信号，计数器便立刻被置0。因此，利用异步置0输入端获得N进制计数器时，应在输入第N个计数脉冲CP后，通过控制电路(或反馈线)产生一个置0信号加到置0输入端上，使计数器置0，便实现了N进制计数。具体方法如下：

用S_1、S_2、…、S_N 表示输入第1、2、…、N个计数脉冲时计数器的状态。

1）写出N进制计数器状态S_N的二进制代码。

2）写出反馈归零函数。这实际上是根据S_N写出置0端的逻辑表达式。

3）画连线图。可以先画出8421码十进制计数器连线图，再根据反馈归零函数画反馈复位连线图。

例7-4 试用CT74LS290构成8421码六进制计数器。

解 (1) 写出S_6二进制代码：$S_6=0110$。

(2) 写出反馈归零函数，即

$$R_0 = R_{0A} \cdot R_{0B} = Q_2 \cdot Q_1$$

(3) 画连线图，如图7-22a所示。

用同样的方法，也可用CT74LS290构成九进制计数器，电路如图7-22所示。

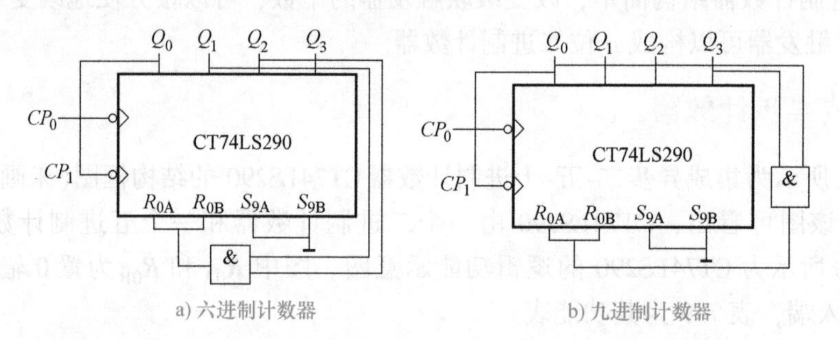

a) 六进制计数器 b) 九进制计数器

图7-22 用CT74LS290构成六进制计数器和九进制计数器

7.4 寄存器

寄存器是一种重要的数字逻辑部件，常用来存放数据、指令等。因为一个触发器有两个稳定状态，可以存储1位二进制代码，所以用n个触发器就可以组成能存储n位二进制代码的寄存器。

寄存器按它具备的功能可分为两大类，数码寄存器和移位寄存器。

7.4.1 数码寄存器

数码寄存器——存储二进制数码的时序电路组件，它具有接收和寄存二进制数码的逻辑功能。

图7-23a所示是由D触发器组成的4位集成寄存器74LS175的逻辑电路图，图7-23b是其引脚排列图。其中，$\overline{R}_D$是异步清零控制端。D_0、D_1、D_2、D_3是并行数据输入端，CP为时钟脉冲端，Q_0、Q_1、Q_2、Q_3是并行数据输出端，$\overline{Q}_0$、$\overline{Q}_1$、$\overline{Q}_2$、$\overline{Q}_3$是反码数据输出端。

该电路的数码接收过程为：将需要存储的四位二进制数码送到数据输入端 D_0、D_1、D_2、D_3，在 CP 脉冲上升沿作用下，四位数码并行地出现在四个触发器 Q 端。74LS175 的功能表见表 7-10。

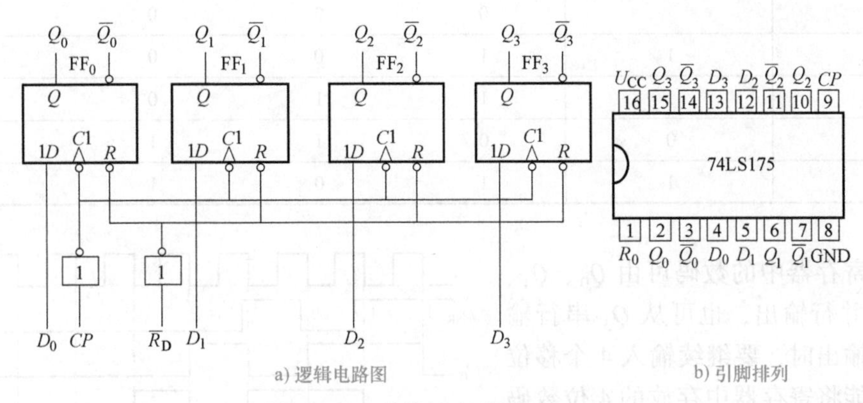

a) 逻辑电路图　　b) 引脚排列

图 7-23　4 位集成寄存器 74LS175

表 7-10　74LS175 的功能表

清　零	时　钟	输　入	输　出	工 作 模 式
$\overline{R}_D$	CP	D_0 D_1 D_2 D_3	Q_0 Q_1 Q_2 Q_3	
0	×	× × × ×	0 0 0 0	异步清零
1	↑	d_0 d_1 d_2 d_3	d_0 d_1 d_2 d_3	数码寄存
1	1	× × × ×	保持	数据保持
1	0	× × × ×	保持	数据保持

7.4.2 移位寄存器

移位寄存器不但可以寄存数码，而且在一个移位脉冲作用下，寄存器中的数码可根据需要向左或向右移动 1 位。移位寄存器也是数字系统和计算机中应用很广泛的基本数字逻辑器件。

图 7-24 为由 D 触发器组成的 4 位右移移位寄存器。设移位寄存器的初始状态为 0000，串行输入数码 $D_{SR}=1101$，从高位到低位依次输入。在 4 个移位脉冲作用后，输入的 4 位串行数码 1101 全部存入了寄存器中。电路的状态表见表 7-11，时序图如图 7-25 所示。

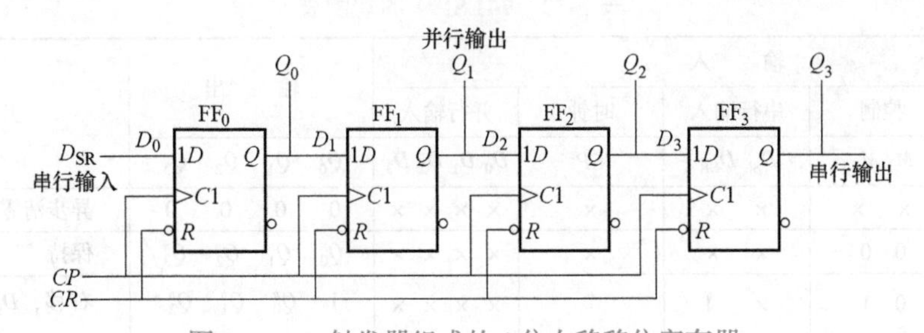

图 7-24　D 触发器组成的 4 位右移移位寄存器

表7-11 右移寄存器的状态表

移位脉冲	输入数码	输出			
CP	D_{SR}	Q_0	Q_1	Q_2	Q_3
0		0	0	0	0
1	1	1	0	0	0
2	1	1	1	0	0
3	0	0	1	1	0
4	1	1	0	1	1

移位寄存器中的数码可由Q_0、Q_1、Q_2和Q_3并行输出，也可从Q_3串行输出。串行输出时，要继续输入4个移位脉冲，才能将寄存器中存放的4位数码1101依次输出。图7-25中第5到第8个CP脉冲及所对应的Q_0、Q_1、Q_2、Q_3波形，就是将4位数码1101串行输出的过程。因此，图7-24所示的移位寄存器具有串行输入-并行输出和串行输入-串行输出两种工作方式。

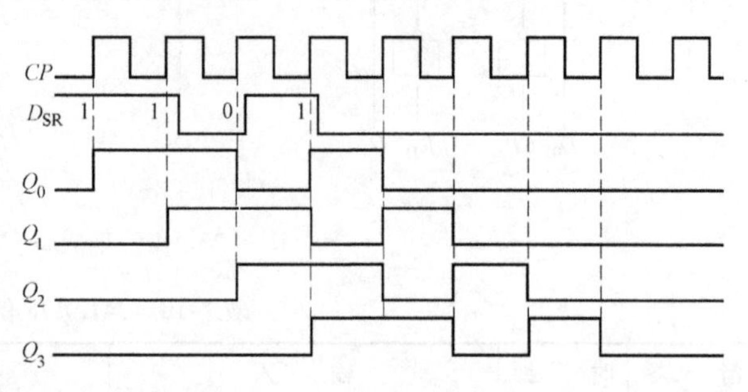

图7-25 4位右移移位寄存器时序图

7.4.3 集成移位寄存器

74LS194是由四个触发器组成的功能很强的四位移位寄存器，图7-26a为74LS194的逻辑功能示意图，图7-26b是74LS194的引脚图。

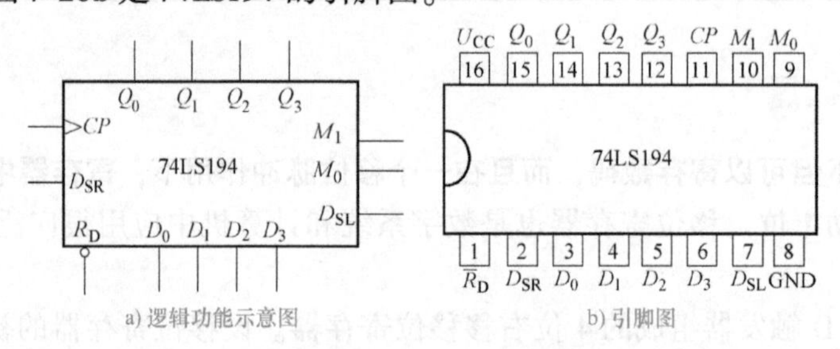

a) 逻辑功能示意图　b) 引脚图

图7-26 集成移位寄存器74LS194

74LS194的功能表见表7-12。

表7-12 74LS194的功能表

输入					输出	工作模式
清零	控制	串行输入	时钟	并行输入		
$\overline{R}_D$	M_1 M_0	D_{SL} D_{SR}	CP	D_0 D_1 D_2 D_3	Q_0 Q_1 Q_2 Q_3	
0	× ×	× ×	×	× × × ×	0 0 0 0	异步清零
1	0 0	× ×	×	× × × ×	Q_0^n Q_1^n Q_2^n Q_3^n	保持
1	0 1	× 1	↑	× × × ×	1 Q_0^n Q_1^n Q_2^n	右移，D_{SR}为串行输入，
1	0 1	× 0	↑	× × × ×	0 Q_0^n Q_1^n Q_2^n	Q_3为串行输出

(续)

输入					输出	工作模式
清零	控制	串行输入	时钟	并行输入		
$\overline{R}_D$	M_1 M_0	D_{SL} D_{SR}	CP	D_0 D_1 D_2 D_3	Q_0 Q_1 Q_2 Q_3	
1	1 0	1 ×	↑	× × × ×	Q_1^n Q_2^n Q_3^n 1	左移，D_{SL}为串行输入，Q_0为串行输出
1	1 0	0 ×	↑	× × × ×	Q_1^n Q_2^n Q_3^n 0	
1	1 1	× ×	↑	d_0 d_1 d_2 d_3	d_0 d_1 d_2 d_3	并行置数

7.4.4 移位寄存器的应用

1. 环形计数器

将单向移位寄存器的串行输入端和串行输出端相连，构成一个闭合的环就是环形计数器，如图7-27a所示。

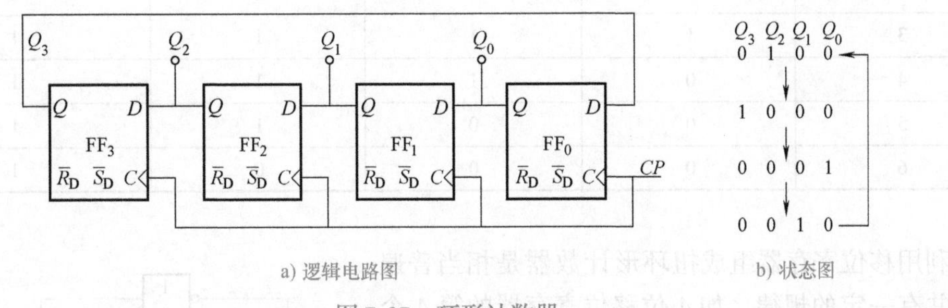

a) 逻辑电路图　　b) 状态图

图7-27　环形计数器

实现环形计数器时，必须设置适当的初态，且输出Q_3、Q_2、Q_1、Q_0端初始状态不能完全一致(即不能全为“1”或“0”)，这样电路才能实现计数。环形计数器的进制数N与移位寄存器内的触发器个数n相等，即$N=n$，状态变化如图7-27b所示(电路中初态为0100)。

2. 扭环形计数器

将单向移位寄存器的串行输入端和串行反相输出端相连，构成一个闭合的环就是扭环形计数器，如图7-28所示。

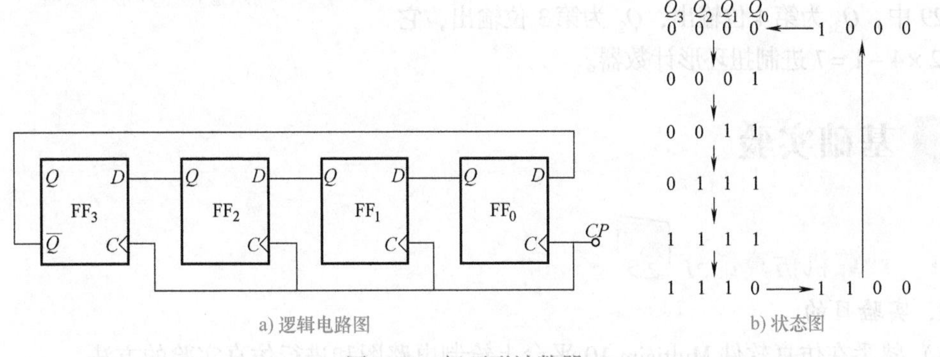

a) 逻辑电路图　　b) 状态图

图7-28　扭环形计数器

例 7-5 试分析图 7-29 所示电路的功能。

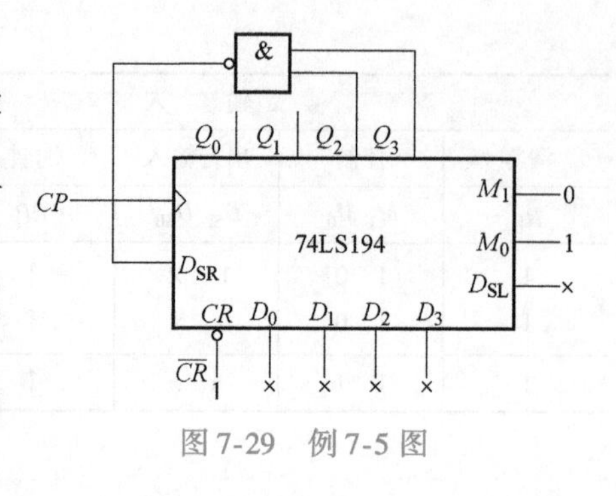

图 7-29 例 7-5 图

解 由于 $M_1M_0=01$，因此电路在计数脉冲 CP 作用下，执行右移操作，右移输入数据 $D_{SR}=\overline{Q_2Q_3}$，设双向移位寄存器 74LS194 的初始状态为 $Q_0Q_1Q_2Q_3=1000$，$\overline{CR}$为高电平 1。可列出状态变化情况见表 7-13。由该表可看出：图 7-29 所示电路输入七个计数脉冲时，电路返回初始状态 $Q_0Q_1Q_2Q_3=1000$，所以为七进制扭环形计数器，也是一个七分频电路。

表 7-13 状态表

计 数 脉 冲	Q_0	Q_1	Q_2	Q_3
0	1	0	0	0
1	1	1	0	0
2	1	1	1	0
3	1	1	1	1
4	0	1	1	1
5	0	0	1	1
6	0	0	0	1

利用移位寄存器组成扭环形计数器是相当普遍的，并有一定的规律。如 4 位移位寄存器的第 4 个输出端 Q_3 通过非门加到 D_{SR} 端上的信号为$\overline{Q_3}$，便构成了 $2\times4=8$ 进制扭环形计数器，即八分频电路，如图 7-30 所示。当由移位寄存器的第 N 位输出通过非门加到 D_{SR} 端时，则构成 $2N$ 进制扭环形计数器，即偶数分频电路。如将移位寄存器的第 N 和 $N-1$ 位的输出通过与非门加到 D_{SR} 端时，则构成 $2N-1$ 进制扭环形计数器，即奇数分频电路。在图 7-29 中，Q_3 为第 4 位输出，Q_2 为第 3 位输出，它构成 $2\times4-1=7$ 进制扭环形计数器。

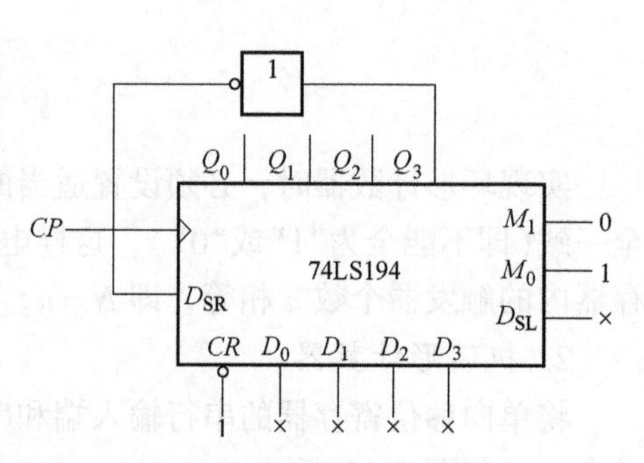

图 7-30 由 74LS194 构成的八进制扭环形计数器

7.5 基础实验

7.5.1 计算机仿真部分

1. 实验目的

1）熟悉在仿真软件 Multisim 10 平台上绘制电路图和进行仿真实验的方法。

2）掌握用触发器组成计数器的方法。

3）掌握集成计数器74LS161和集成移位寄存器74LS194的使用。

2. 实验内容及步骤

（1）用74LS74双D触发器接成三位异步二进制加法计数器

1）在Multisim 10平台上按图7-31调出所需元器件，并按图连接好仿真电路。

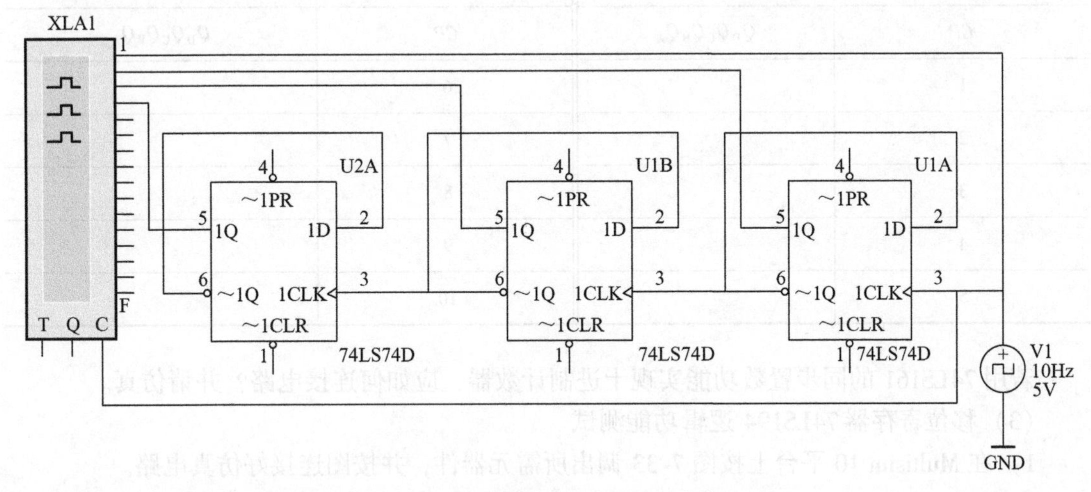

图7-31　三位异步二进制加法计数器

2）将时钟信号和各触发器的输出接逻辑分析仪，观察输入/输出时序。

（2）用74LS161实现十进制计数器

1）在Multisim 10平台上按图7-32调出所需元器件，并按图连接好仿真电路。

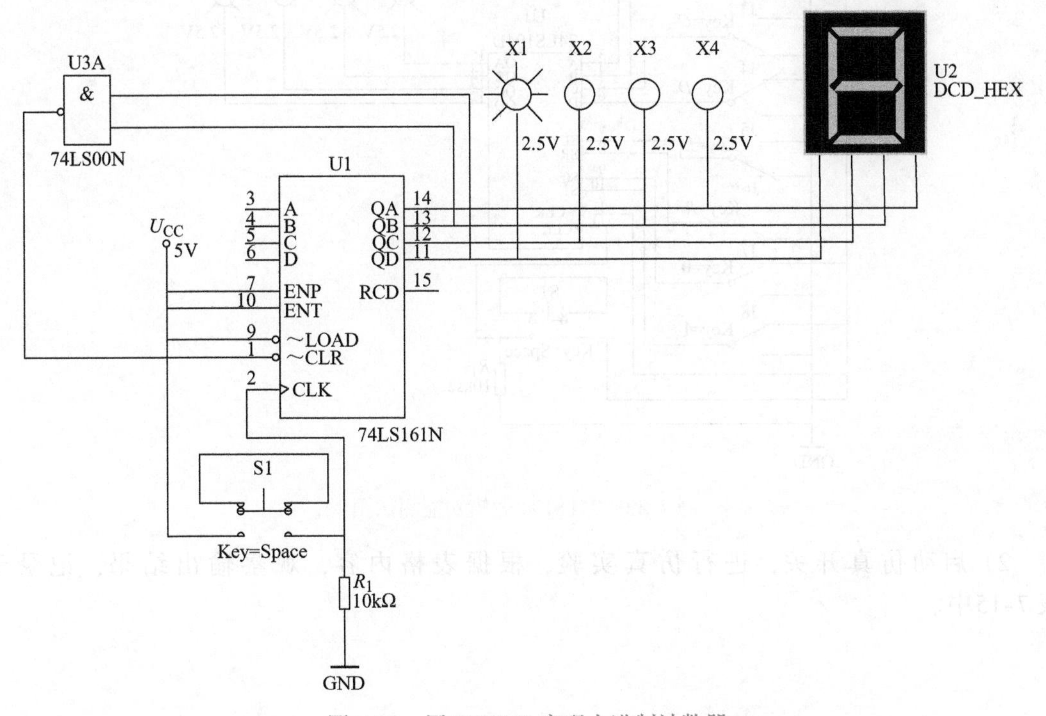

图7-32　用74LS161实现十进制计数器

2）启动仿真开关，进行仿真实验，根据表格内容，观察输出结果，记录于表7-14中。

表7-14 74LS161实现十进制计数器

时钟	输出	时钟	输出
CP	$Q_DQ_CQ_BQ_A$	CP	$Q_DQ_CQ_BQ_A$
1		6	
2		7	
3		8	
4		9	
5		10	

若用74LS161的同步置数功能实现十进制计数器，应如何连接电路？并请仿真。

（3）移位寄存器74LS194逻辑功能测试

1）在Multisim 10平台上按图7-33调出所需元器件，并按图连接好仿真电路。

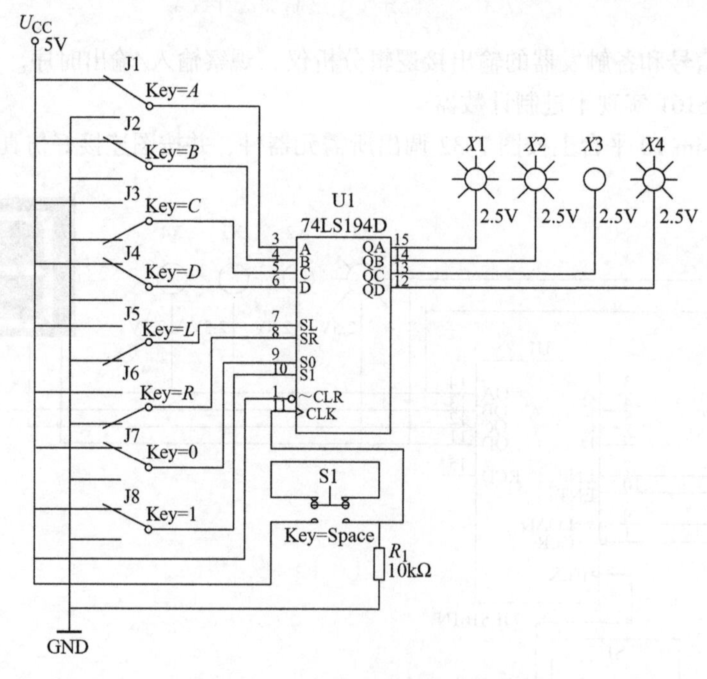

图7-33 74LS194逻辑功能测试图

2）启动仿真开关，进行仿真实验，根据表格内容，观察输出结果，记录于表7-15中。

表 7-15　74LS194 逻辑功能测试表

输入			输出
工作模式		时钟	
S_1　S_0		CP	Q_A　Q_B　Q_C　Q_D
1　1	$ABCD=$ 1101	1	
0　1	$S_R=$　1	2	
	1	3	
	0	4	
	1	5	
	0	6	
	0	7	
	0	8	
	0	9	
0　0		10	
1　0	$S_L=$　1	11	
	0	12	
	1	13	
	1	14	
	0	15	
	0	16	
	0	17	
	0	18	
0　0		19	

7.5.2　实验室操作部分 

1. 实验目的

1）掌握基本 RS 触发器的连接与测试。

2）掌握集成 JK 触发器、集成 D 触发器的逻辑功能测试。

2. 实验仪器

1）数字实验台、万用表、直流稳压电源等。

2）CC4011 四 2 输入与非门、CC4027 双 JK 触发器 、CC4013 双 D 触发器等。

3. 集成块

引脚图如图 7-34 所示。

4. 实验内容及步骤

（1）基本 RS 触发器的连接及逻辑功能测试　将 1/2 片 CC4011（两个与非门）按图 7-35 连接成基本 RS 触发器，按表 7-16 要求给输入端加上逻辑电平信号，将输出 Q 及 $\overline{Q}$ 状态填

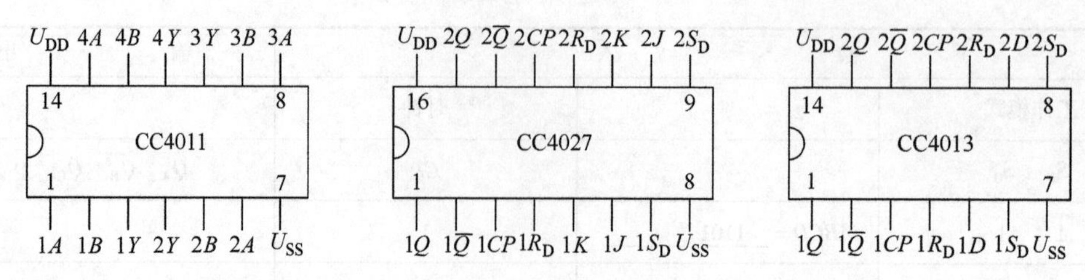

图 7-34 CC4011、CC4027、CC4013 集成块引脚图

入表 7-16 中。

注意：CC4011 另两个不用的与非门输入端不能悬空，必须接地或电源。

表 7-16 基本 RS 触发器逻辑功能测试表

输入		输出		
$\overline{R}$	$\overline{S}$	Q	$\overline{Q}$	输出状态
0	1			
1	0			
1	1			
0	0			

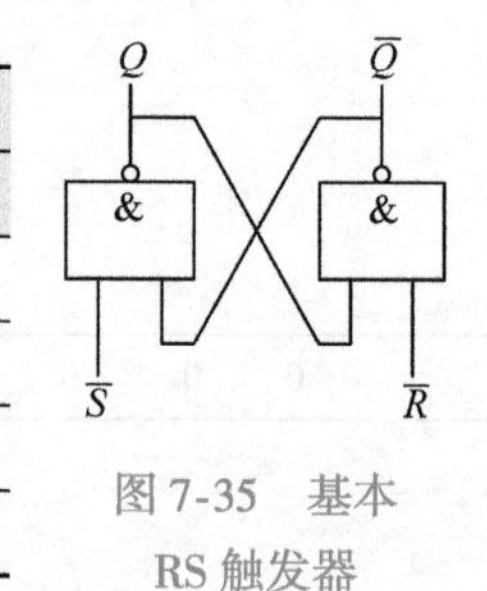

图 7-35 基本 RS 触发器

（2）JK 触发器逻辑功能测试 将 CC4027 其中一个触发器的输入端接逻辑电平开关，输出端接逻辑电平显示器，按表 7-17 要求输入信号，记录输出状态。注意：不用的另一个触发器输入端需正确处理。

表 7-17 JK 触发器逻辑功能测试表

	复位	置位	CP	0	↑	↓	0	↑	↓	0	↑	↓	0	↑	↓
R			J	0			0			1			1		
S			K	0			1			0			1		
Q	0	1	Q	0			0			0			0		
				1			1			1			1		

（3）D 触发器逻辑功能测试 将 CC4013 其中一个触发器的输入端接逻辑电平开关，输出端接逻辑电平显示器，按表 7-18 要求输入信号，记录输出状态。注意：不用的另一个触发器输入端也需正确处理。

表 7-18 D 触发器逻辑功能测试表

	复位	置位	CP	0	↑	↓	0	↑	↓
R			D	0			1		
S									
Q	0	1	Q	0			0		
				1			1		

（4）触发器逻辑功能转换　将D触发器转换成JK触发器以及D触发器转换成T触发器。请按实验内容自拟记录表格。

7.6　技能训练——六十进制计数译码显示电路的组装与调试

1. 实训目的

1）掌握集成计数器的级联方法。

2）熟悉计数器、译码器和数码显示器的应用。

3）能根据给定的设备和主要元器件，完成一个六十进制的计数译码显示电路的装调。

2. 实训设备与器材

1）函数信号发生器、直流电源、万用表、数字电子技术实验装置等。

2）74LS390集成计数器、74LS00二输入与非门各1片；74LS248显示译码器、数码显示管各2片；电阻、导线若干。

3. 实训内容与步骤

（1）熟悉给定器件74LS390的功能　74LS390是双二-五-十进制计数器，其引脚如图7-36所示，其逻辑功能见表7-19。

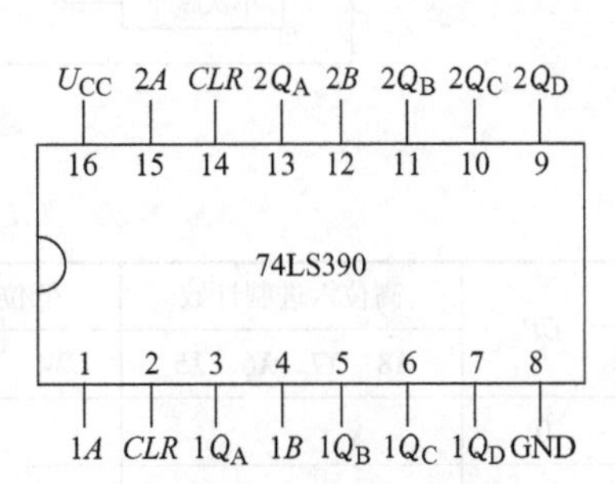

图7-36　74LS390引脚图

表7-19　74LS390逻辑功能表

清零	时钟		输出			
CR	A	B	Q_D	Q_C	Q_B	Q_A
1	×	×	0	0	0	0
0	CP↓	0	二进制，Q_A输出			
0	0	CP↓	五进制，$Q_DQ_CQ_B$输出			
0	CP↓	Q_A↓	8421十进制，$Q_DQ_CQ_BQ_A$输出			
0	Q_D↓	CP↓	5421十进制，$Q_AQ_DQ_CQ_B$输出			

（2）用74LS390构成计数电路　完成图7-37上的连线，将74LS390分别接成一位8421码十进制计数器、六进制计数器和六十进制计数器，并将各输出端按所接电路8421码的高低位接到逻辑电平指示灯上。

CP用单次脉冲逐个输入，将六十进制计数器时指示灯显示的各输出端状态记录于表7-20中（指示灯亮用1表示，灭用0表示）。

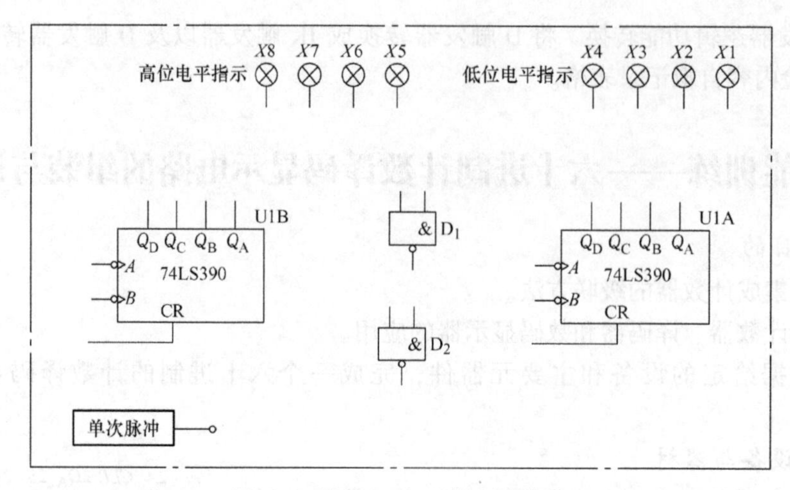

图 7-37 用 74LS390 构成计数器

表 7-20 74LS390 构成六十进制计数器电平指示记录表

CP	高位六进制计数				低位十进制计数				CP	高位六进制计数				低位十进制计数			
	X8	X7	X6	X5	X4	X3	X2	X1		X8	X7	X6	X5	X4	X3	X2	X1
0									5								
1									6								
2									7								
3									8								
4									9								

（3）计数译码显示综合电路　将 74LS390、74LS248（或 74LS48）、74LS00、数码管 2ES102 组成六十进制计数译码显示综合电路，完成图 7-38 所示电路的连线。若计数脉冲的频率是 1Hz，该电路可作为电子钟的秒和分使用。

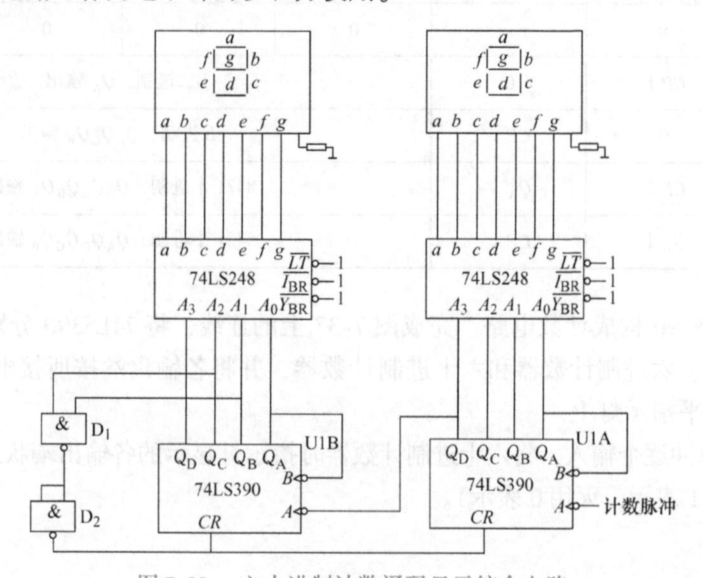

图 7-38 六十进制计数译码显示综合电路

4. 实训注意事项

1）由于电路中元器件较多，安装前必须合理安排各元器件在实验装置上的位置，保证电路逻辑清楚，接线整齐。

2）如果实际采用的是 COMS 集成电路，多余输入端不能悬空，必须按要求接电源或接地。

3）译码器和显示器要配套使用，若译码器采用 74LS247，则配共阳极的七段数码管，若用 74LS248，则配共阴极的七段数码管。

5. 实训思考

1）如果上述六十进制计数译码显示电路中的 74LS390 接成 5421 码工作方式，其余均不改变，当输入单次脉冲信号时，显示器能否正确显示 0、1、2、3、4、5、6、7、8、9？为什么？

2）若集成计数器采用 74LS161，则电路应如何变化？

3）集成计数器采用 74LS290，要构成 99 倒计时显示电路，请自行设计电路。

本章小结

(1) 时序逻辑电路在任一时刻的输出状态不仅取决于当时的输入信号，还与电路的原状态有关。因此时序逻辑电路中必须含有具有记忆功能的存储器件，触发器是最常用的存储器件。

(2) 介绍了基本 RS 触发器、同步 RS 触发器、边沿 JK 触发器、维持阻塞 D 触发器的逻辑功能、逻辑符号、特性方程和主要特点，同时介绍了几种常用的集成触发器产品。

(3) 时序逻辑电路的分析步骤一般为：逻辑图→时钟方程(异步)、驱动方程、输出方程→状态方程→状态转换真值表→状态转换图和时序图→逻辑功能。

(4) 计数器是一种简单而又最常用的时序逻辑器件。它们在计算机和其他数字系统中起着非常重要的作用。计数器不仅能用于统计输入时钟脉冲的个数，还能用于分频、定时、产生节拍脉冲等。

(5) 用已有的 M 进制集成计数器产品可以构成 N(任意)进制的计数器。采用的方法有反馈清零法、反馈置数法，可根据集成计数器的清零方式和置数方式来选择。当 $M>N$ 时，用 1 片 M 进制计数器即可；当 $M<N$ 时，要用多片 M 进制计数器组合起来，才能构成 N 进制计数器。当需要扩大计数器的容量时，可将多片集成计数器进行级联。

(6) 寄存器也是一种常用的时序逻辑部件。寄存器分为数码寄存器和移位寄存器两种，移位寄存器又分为单向移位寄存器和双向移位寄存器。集成移位寄存器使用方便、功能全、输入和输出方式灵活。用移位寄存器可实现数据的串行-并行转换，组成环形计数器、扭环形计数器、顺序脉冲发生器等。

练 习

7-1 逻辑图如图 7-39a 所示，输入信号 A、B 的波形如图 7-39b 所示。试对应画出 Q、

$\overline{Q}$ 的波形（设初态 $Q=0$，$\overline{Q}=1$）。

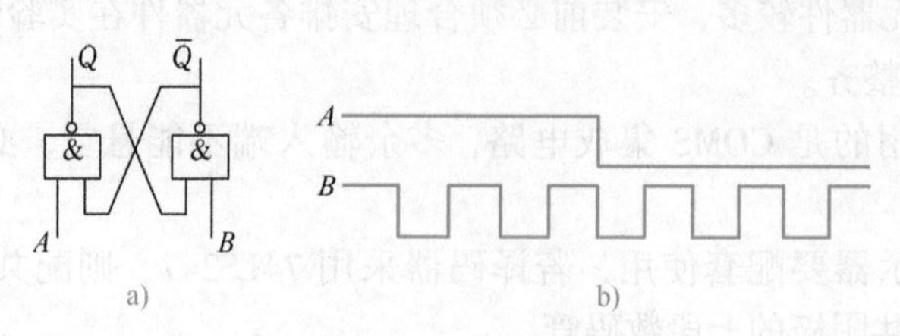

图 7-39 题 7-1 图

7-2 如图 7-40a 所示边沿 JK 触发器中，CP、J、K 的波形如图 7-40b 所示。试画出 Q、$\overline{Q}$ 的波形（设初态 $Q=0$，$\overline{Q}=1$）。

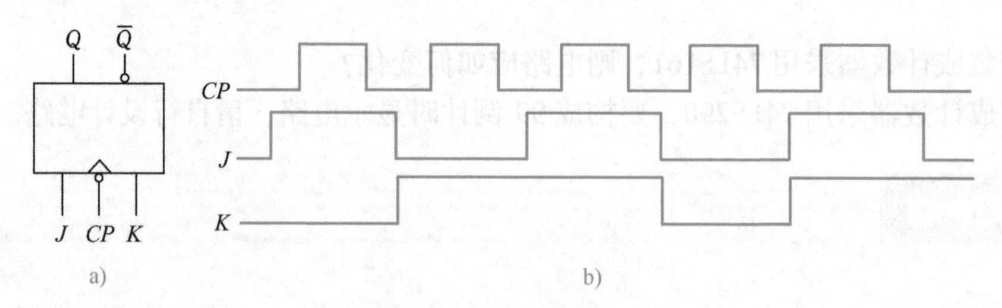

图 7-40 题 7-2 图

7-3 图 7-41a、b 所示的 TTL 触发器中，输入信号 A、B、C 的波形如图 7-41c 所示，试画出 Q、$\overline{Q}$ 的波形（设初态 $Q=0$，$\overline{Q}=1$）。

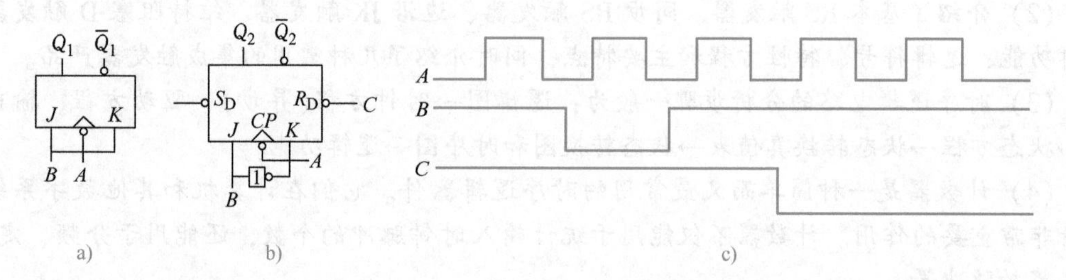

图 7-41 题 7-3 图

7-4 触发器电路如图 7-42a、b、c 所示，触发脉冲如图 7-42d 所示，试写出各电路图的状态方程，并画出各图 Q 的波形（设初态为 0）。

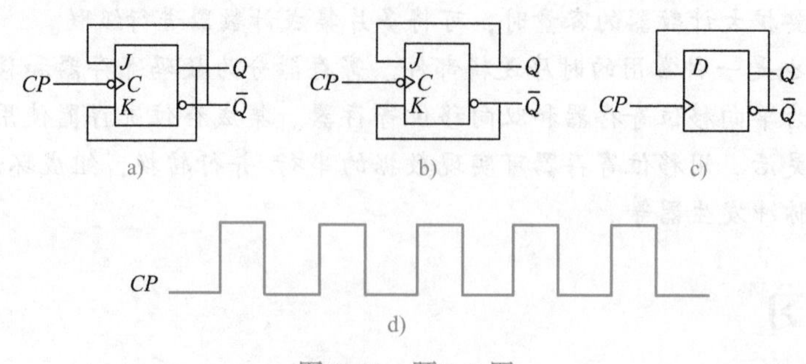

图 7-42 题 7-4 图

7-5　图 7-43 所示电路中各 TTL 触发器的初始状态均为 0。试分析该电路的逻辑功能，并画出状态转换图。

7-6　试分析图 7-44 所示时序逻辑电路的逻辑功能。写出它的驱动方程、状态方程、输出方程，列出状态表，并画出 Q_1、Q_0 和 Z 的状态图和波形图。

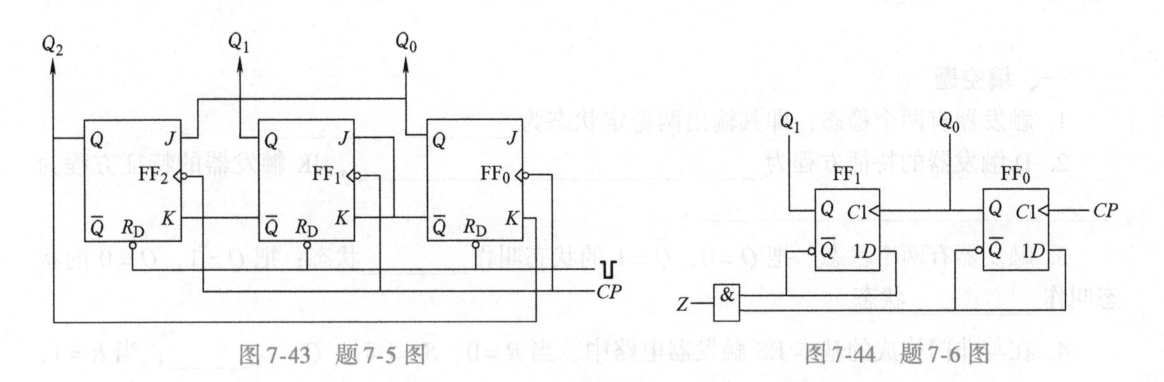

图 7-43　题 7-5 图　　图 7-44　题 7-6 图

7-7　试分别用 74LS161 的异步置 0 和同步置数功能构成下列计数器，画出连线图。

（1）十进制计数器　　（2）二十四进制计数器

7-8　试分析图 7-45 所示电路为几进制计数器。

7-9　电路如图 7-46 所示，试分析构成几进制计数器，并画出状态转换图。

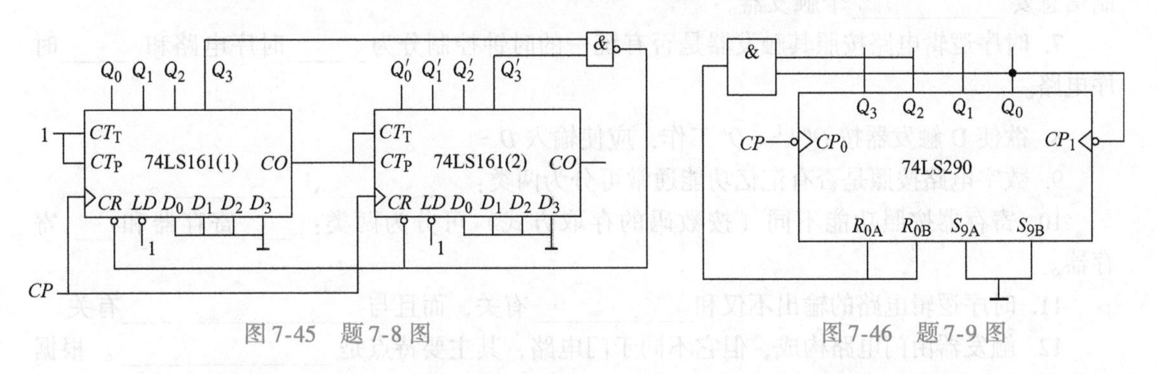

图 7-45　题 7-8 图　　图 7-46　题 7-9 图

7-10　试用集成计数器 74LS290 构成 8421 码的十进制和六十进制计数器，画出电路图。

7-11　试分析图 7-47a、b 所示电路为几分频电路。

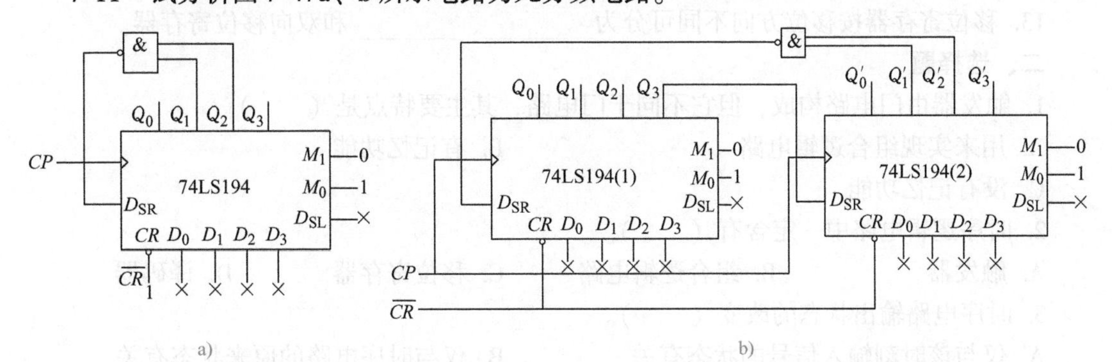

图 7-47　题 7-11 图

7-12 试用74LS194构成下列扭环形计数器（分频电路）：

(1) 三分频电路　　(2) 十分频电路

(3) 十三分频电路

自 测

一、填空题

1. 触发器有两个稳态，即其输出两稳定状态为______、______。

2. D触发器的特征方程为____________，JK触发器的特征方程为____________。

3. 触发器有两个稳态。把 $Q=0$，$\overline{Q}=1$ 的状态叫作______状态；把 $Q=1$，$Q=\overline{0}$ 的状态叫作______状态。

4. 在与非门构成的基本RS触发器电路中，当 $\overline{R}=0$，$\overline{S}=1$ 时，$Q=$______；当 $\overline{R}=1$，$\overline{S}=0$ 时，$Q=$______。

5. 计数器按计数规律可分为______、______和______；计数器按 CP 脉冲的输入方式可分为______计数器和______计数器。

6. 触发器有______个稳态，每个触发器可记录______位二进制码，存储8位二进制信息要______个触发器。

7. 时序逻辑电路按照其触发器是否有统一的时钟控制分为______时序电路和______时序电路。

8. 欲使D触发器按 $Q^{n+1}=\overline{Q}^n$ 工作，应使输入 $D=$______。

9. 数字电路按照是否有记忆功能通常可分为两类：______、______。

10. 寄存器按照功能不同（按数码的存取方式）可分为两类：______寄存器和______寄存器。

11. 时序逻辑电路的输出不仅和______有关，而且与______有关。

12. 触发器由门电路构成，但它不同于门电路，其主要特点是______。根据触发器功能的不同，可将触发器分成为______触发器、______触发器、______触发器、T触发器和T′触发器。

13. 移位寄存器按移位方向不同可分为______、______和双向移位寄存器。

二、选择题

1. 触发器由门电路构成，但它不同于门电路，其主要特点是（　　）。

A. 用来实现组合逻辑电路　　B. 有记忆功能

C. 没有记忆功能

2. 时序逻辑电路中一定含有（　　）。

A. 触发器　　B. 组合逻辑电路　　C. 移位寄存器　　D. 译码器

3. 时序电路输出状态的改变（　　）。

A. 仅与该时刻输入信号的状态有关　　B. 仅与时序电路的原来状态有关

C. 与1、2所述两个状态皆有关

4. 下列触发器中，具有约束条件的触发器是（　　）。

A. D触发器　　B. JK触发器　　C. RS触发器　　D. T触发器

5. 若JK触发器的输入$J=1$，$K=0$，则其状态方程Q^{n+1}为（　　）。

A. 0　　B. 1　　C. $\overline{Q^n}$　　D. Q^n

6. 下列逻辑电路中为时序逻辑电路的是（　　）。

A. 变量译码器　　B. 加法器　　C. 数码寄存器　　D. 编码器

7. 欲使JK触发器按$Q^{n+1}=Q^n$工作，可使JK触发器的输入端（　　）。

A. $J=K=0$　　B. $J=K=1$　　C. $J=\overline{Q}$，$K=Q$　　D. $J=Q$，$K=1$

8. 对于T触发器，当$T=$（　　）时，触发器处于保持状态。

A. 0　　B. 1　　C. 0，1均可　　D. 以上都不对

9. 同步时序逻辑电路和异步时序逻辑电路比较，其差别在于后者（　　）。

A. 没有触发器　　B. 没有统一的时钟脉冲控制

C. 没有稳定状态　　D. 输出只与内部状态有关

10. 为实现将JK触发器转换为D触发器，应使（　　）。

A. $J=D$，$K=\overline{D}$　　B. $K=D$，$J=\overline{D}$　　C. $J=K=D$　　D. $J=K=\overline{D}$

三、判断下列说法是否正确，正确的在括号中画√，错误的画×。

（　　）1. 触发器的直接复位端R_D不受CP脉冲的控制。

（　　）2. 双稳态触发器具有两种稳定的工作状态，故它能表示两位二进制代码。

（　　）3. 所谓上升沿触发，是指触发器的输出状态变化是发生在$CP=1$期间。

（　　）4. JK触发器只要J、K端同时为1，则有效触发信号到就会引起状态翻转。

（　　）5. RS触发器、JK触发器均具有状态翻转功能。

（　　）6. 时序逻辑电路中一定含有门电路。

（　　）7. 移位寄存器不能存放数码，只能对数据进行移位操作。

（　　）8. N进制计数器可以实现N分频。

四、触发器电路如图7-48a、b所示，触发脉冲如图7-48c所示，试写出各电路图的状态方程，并画出各图Q的输出波形（设初态为0）。

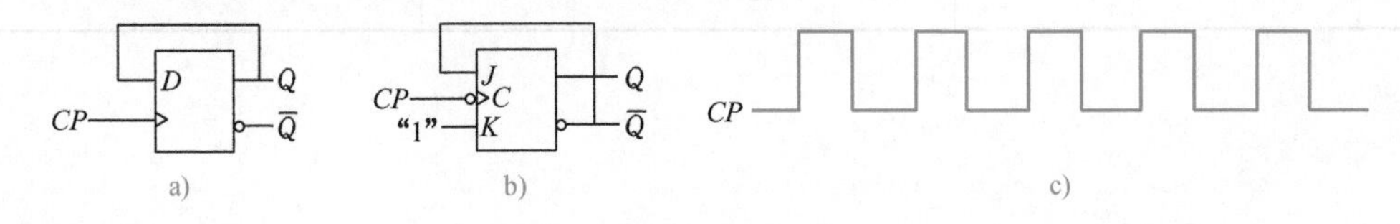

图7-48　自测四图

五、下降沿触发的JK触发器的输入波形如图7-49所示，写出其特征方程，画出Q的输出波形（设初态为0）。

六、集成计数器74LS161的功能见表7-21，电路如图7-50所示，试分析构成几进制计数器，并画出状态转换图。

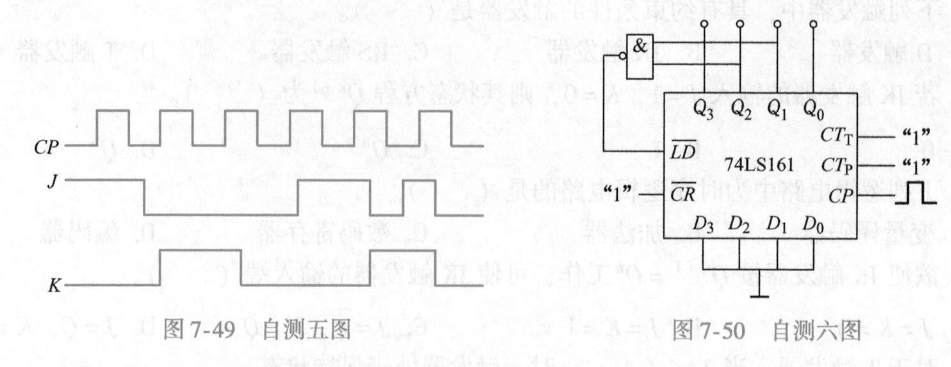

图 7-49 自测五图　　图 7-50 自测六图

表 7-21 74LS161 功能表

$\overline{CR}$	$\overline{LD}$	CT_P	CT_T	CP	Q_3 Q_2 Q_1 Q_0
0	×	×	×	×	0 0 0 0
1	0	×	×	↑	D_3 D_2 D_1 D_0
1	1	0	×	×	保持
1	1	×	0	×	保持
1	1	1	1	↑	加法计数

七、集成计数器 74LS290 的功能见表 7-22，试将该集成电路连接成 8421 码六进制计数器，要求画出电路图和状态转换图。

表 7-22 74LS290 功能表

$S_{9(1)}$	$S_{9(2)}$	$R_{0(1)}$	$R_{0(2)}$	CP_0	CP_1	Q_D	Q_C	Q_B	Q_A
1	1	1	1	×	×	1	0	0	1
0	×	1	1	×	×	0	0	0	0
×	0	1	1	×	×	0	0	0	0
$S_{9(1)} \cdot S_{9(2)} = 0$ $R_{0(1)} \cdot R_{0(2)} = 0$				CP	0	二进制			
				0	CP	五进制			
				CP	Q_0	8421 十进制			
				Q_3	CP	5421 十进制			

第8章 波形产生与变换电路

学习目标

◇ 掌握正弦波振荡电路的振荡条件，了解 *RC*、*LC* 振荡器的组成和原理。

◇ 熟悉555定时器的组成，掌握其构成的多谐振荡器、单稳态触发器、施密特触发器的工作原理。

◇ 会对 *RC* 桥式振荡电路进行调试。

◇ 会用555定时器构成单稳态触发器、施密特触发器和多谐振荡器，并进行调试。

波形产生电路也叫自激振荡电路，是一种能量转换装置，作为一种实用的功能电路被广泛应用于通信、广播、自动控制、仪表测量和超声探伤等方面。根据振荡电路产生波形的不同，分为正弦波振荡电路和非正弦波振荡电路。

8.1 正弦波振荡电路

正弦波振荡电路实际上是一种自激放大电路，或者说不需要外加信号的激励，就有稳定的正弦交流信号输出。

8.1.1 正弦波振荡电路的基本知识

1. 自激振荡

如果在放大电路的输入端不加输入信号时，输出端仍有一定幅值和频率的输出信号，这种现象称为自激振荡。在日常生活中，也有自激振荡现象。如扩音系统，当扬声器距传声器很近时，扬声器就会发出刺耳的尖叫，这就是自激振荡现象，它使扩音机无法工作，应避免。而信号发生器却正是利用自激振荡的原理来产生正弦波的。

2. 自激振荡形成的条件

图8-1是自激振荡电路框图。当开关S处在“1”时，给放大电路输入一个正弦波信号$\dot{U}_i$，经放大输出信号$\dot{U}_o$，而$\dot{U}_o$作为反馈网络的输入信号，在反馈网络输出端产生反馈信号$\dot{U}_f$，适当选择反馈系数$\dot{F}$，可以使$\dot{U}_f=\dot{U}_i$。此时，若将开关S打到“2”处，由于有了一个与$\dot{U}_i$相等的$\dot{U}_f$代替了原$\dot{U}_i$，作为放大电路的输入信号，

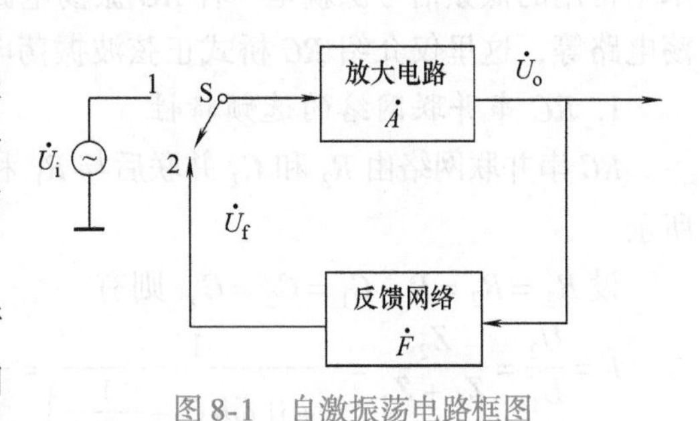

图8-1 自激振荡电路框图

电路没有外加输入信号时，却有一定幅值、一定频率的信号输出，形成自激振荡。

由此可见，自激振荡形成的条件是反馈信号与输入信号大小相等、相位相同，即$\dot{U}_f=\dot{U}_i$，而$\dot{U}_f=\dot{A}\dot{F}\dot{U}_i$，可得振荡平衡条件为

$$\dot{A}\dot{F}=1 \tag{8-1}$$

这包含了振幅和相位两个平衡条件。

（1）振幅平衡条件

$$|\dot{A}\dot{F}|=1 \tag{8-2}$$

式(8-2)说明，放大电路与反馈网络组成的闭合环路中，反馈信号与输入信号大小相等。

（2）相位平衡条件

$$\varphi_A+\varphi_F=2n\pi \quad (n=0,1,2,\cdots) \tag{8-3}$$

式中，φ_A 为放大电路产生的相移；φ_F 为反馈网络产生的相移。

式(8-3)说明放大电路与反馈网络的总相移等于 2π 的整数倍，使反馈信号与输入信号相位相同，以保证为正反馈。

3. 振荡的建立与稳定

振荡电路在接通电源的瞬间，产生一电冲击，电路受到扰动，在放大电路的输入端产生一个微弱的扰动信号，经放大器放大、正反馈、再放大、再反馈、……，如此循环，很快达到所要求的幅值，完成起振过程。所以起振时要求$|\dot{A}\dot{F}|>1$。扰动信号包含了从低频到甚高频的各种频率的谐波成分。为得到所需频率的正弦波信号，必须增加一选频网络。

电路起振以后，幅值不断增加，当输出信号达到一定幅值后，放大电路中的放大器件也逐渐进入非线性区，放大电路的放大倍数自动减小，使振荡幅度平衡在某一水平上，达到稳幅振荡。此时满足振幅平衡条件$|\dot{A}\dot{F}|=1$。为保证输出波形良好，自激振荡电路也可另外增加一些稳幅环节。

4. 正弦波振荡电路的组成

根据前面分析可知，**正弦波振荡电路一般由四部分组成，分别是：放大电路、反馈网络、选频网络和稳幅环节**。根据选频网络组成元件的不同，正弦波振荡电路通常分为 *RC* 正弦波振荡电路、*LC* 正弦波振荡电路和石英晶体振荡电路。

8.1.2 *RC* 正弦波振荡电路

***RC* 正弦波振荡电路结构简单，性能可靠，常用来产生几兆赫以下的低频信号**，测试技术中常用的低频信号源就是一种 *RC* 振荡电路，其主要电路有 *RC* 桥式振荡电路、移相式振荡电路等，这里仅介绍 *RC* 桥式正弦波振荡电路。

1. *RC* 串并联网络的选频特性

RC 串并联网络由 R_2 和 C_2 并联后与 R_1 和 C_1 串联组成，如图 8-2 所示。

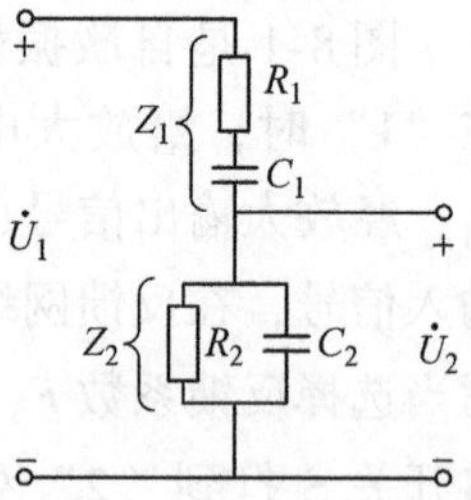

设 $R_1=R_2=R$，$C_1=C_2=C$，则有

$$\dot{F}=\frac{\dot{U}_2}{\dot{U}_1}=\frac{Z_2}{Z_1+Z_2}=\frac{1}{3+\mathrm{j}\left(\omega RC-\dfrac{1}{\omega RC}\right)}=\frac{1}{3+\mathrm{j}\left(\dfrac{\omega}{\omega_0}-\dfrac{\omega_0}{\omega}\right)} \tag{8-4}$$

图 8-2 *RC* 串并联网络

式中，$\omega_0=\frac{1}{RC}$。由式(8-4) 可得 RC 串并联网络的幅频特性和相频特性分别为

$$F=|\dot{F}|=\frac{1}{\sqrt{3^2+\left(\frac{\omega}{\omega_0}-\frac{\omega_0}{\omega}\right)^2}}\qquad \varphi_F=-\arctan\frac{\frac{\omega}{\omega_0}-\frac{\omega_0}{\omega}}{3}$$

根据上式可作出 RC 串并联网络频率特性曲线，如图 8-3 所示。

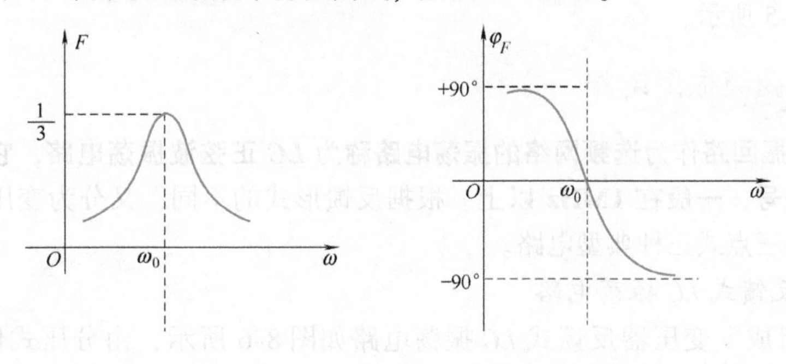

图 8-3 RC 串并联网络的频率特性

当 $\omega=\omega_0=\frac{1}{RC}$时，$\dot{F}$ 的幅值最大，其值为 $F=1/3$，且相位为零，即 $\varphi_F=0°$。此时，输出电压与输入电压同相位。当 $\omega\neq\omega_0$ 时，$F<1/3$，且 $\varphi_F\neq0°$，此时输出电压的相位超前或滞后于输入电压。

由上分析可知，RC 串并联网络只在 $\omega=\omega_0=\frac{1}{RC}$，即$f=f_0=\frac{1}{2\pi RC}$时，传输系数最大$\left(\frac{1}{3}\right)$，相移为 0°，它具有选频特性。

2. *RC* 桥式正弦波振荡电路

将 RC 串并联网络和放大器结合起来即可构成 RC 桥式正弦波振荡电路，如图 8-4 所示。在图中，RC 串并联网络接在集成运放的输出端和输入端之间，组成一个同相比例放大器，即 $\varphi_A=0°$，而 RC 串并联网络在 $f=f_0$ 时，相位移为 0°，即 $\varphi_F=0°$，电路的总相移是零，满足相位平衡条件，而对其他频率的信号，RC 串并联网络的相位移不为零，不满足相位平衡条件。所以该电路的振荡频率为

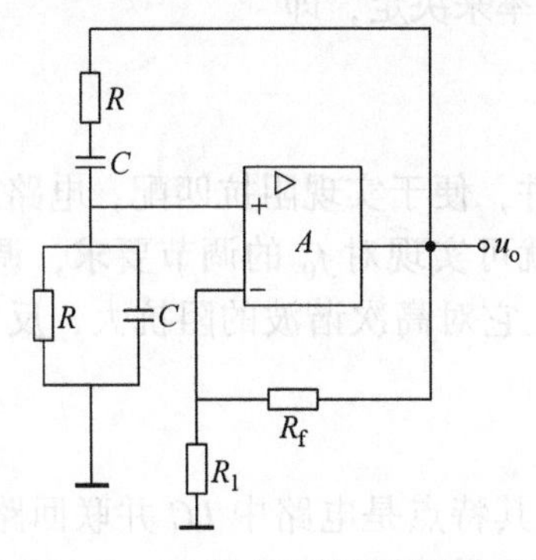

图 8-4 RC 桥式正弦波振荡电路

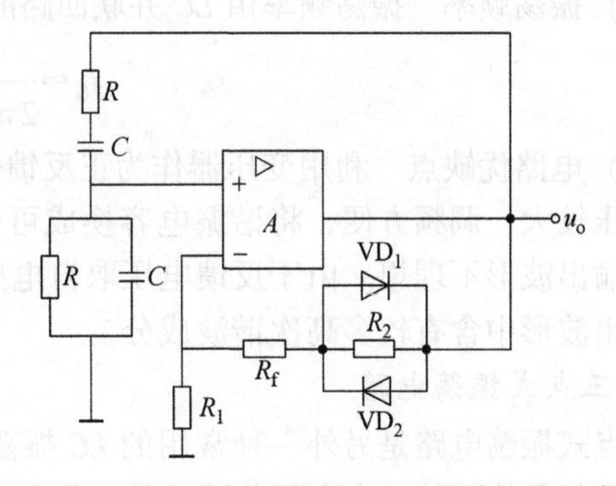

图 8-5 具有稳幅环节的 RC 正弦波振荡电路

$$f_0 = \frac{1}{2\pi RC} \tag{8-5}$$

由于 RC 串并联网络在 $f = f_0$ 时的传输系数 $F = 1/3$，因此，要求放大器的总电压放大倍数 $A_u \geqslant 3$。由 R_1、R_f 构成的负反馈支路，与集成运放形成了同相输入比例运算电路，其放大倍数 $A_u = 1 + \frac{R_f}{R_1}$，即要求 $R_f \geqslant 2R_1$。为使振荡电路能正常工作，可在该电路中增加稳幅环节，电路如图 8-5 所示。

8.1.3 *LC* 正弦波振荡电路

采用 *LC* 谐振回路作为选频网络的振荡电路称为 *LC* 正弦波振荡电路，它主要用来产生高频正弦振荡信号，一般在 1MHz 以上。根据反馈形式的不同，又分为变压器反馈式、电感三点式和电容三点式三种典型电路。

1. 变压器反馈式 *LC* 振荡电路

（1）电路组成　变压器反馈式 *LC* 振荡电路如图 8-6 所示，由分压式偏置放大电路、变压器反馈电路和 *LC* 选频电路三部分组成。电感 L 和电容 C 组成 *LC* 选频网络，代替放大电路的集电极电阻，组成具有选频特性的放大电路，反馈信号取自变压器二次绕组。

（2）振荡条件　相位平衡条件：为满足相位平衡条件，变压器一、二次之间的同名端必须正确连接。如图 8-6 所示，设某瞬间基极对地信号为⊕，由于共发射极电路的倒相作用，集电极应为⊖，即 $\varphi_A = 180°$。由图中的同名端可知，反馈信号与输出信号极性相反，即 $\varphi_F = 180°$。于是 $\varphi_A + \varphi_F = 360°$，保证了电路的正反馈，满足振荡的相位平衡条件。振幅平衡条件：由于 *LC* 并联回路的选频作用，并联谐振时，阻抗最大且呈电阻性，所以电路只对该频率的信号有足够的放大作用，容易满足振荡的振幅平衡条件。

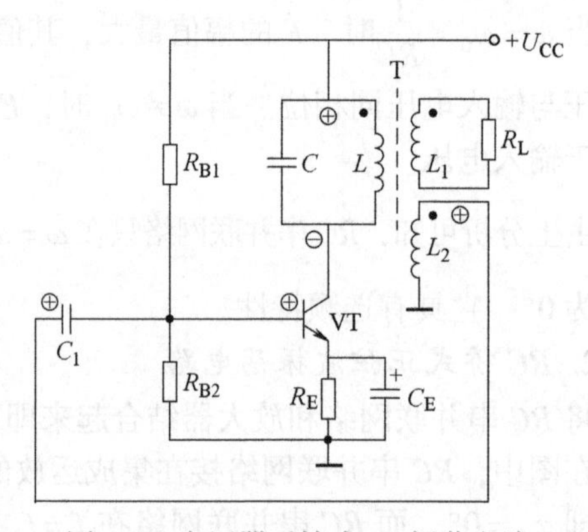

图 8-6　变压器反馈式 *LC* 振荡电路

（3）振荡频率　振荡频率由 *LC* 并联回路的谐振频率来决定，即

$$f_0 \approx \frac{1}{2\pi\sqrt{LC}} \tag{8-6}$$

（4）电路优缺点　利用变压器作为正反馈耦合元件，便于实现阻抗匹配，电路易起振，输出电压较大；调频方便，将谐振电容换成可变电容就可实现对 f_0 的调节要求，调频范围较宽；输出波形不理想。由于反馈电压取自电感两端，它对高次谐波的阻抗大，反馈也强，因此输出波形中含有较多高次谐波成分。

2. 三点式振荡电路

三点式振荡电路是另外一种常用的 *LC* 振荡电路。其特点是电路中 *LC* 并联回路的三个端子分别与晶体管的三个电极相连，故称为三点式振荡电路。

（1）电感三点式振荡电路　电感三点式振荡电路是采用电感绕组自耦式、直接反馈实现振荡的电路，如图8-7所示。晶体管构成共发射极放大电路，电感 L_1、L_2 和电容 C 构成正反馈选频网络，电感的三个端子分别与晶体管的三个电极相连，故名电感三点式振荡电路，也称电感反馈式振荡电路。

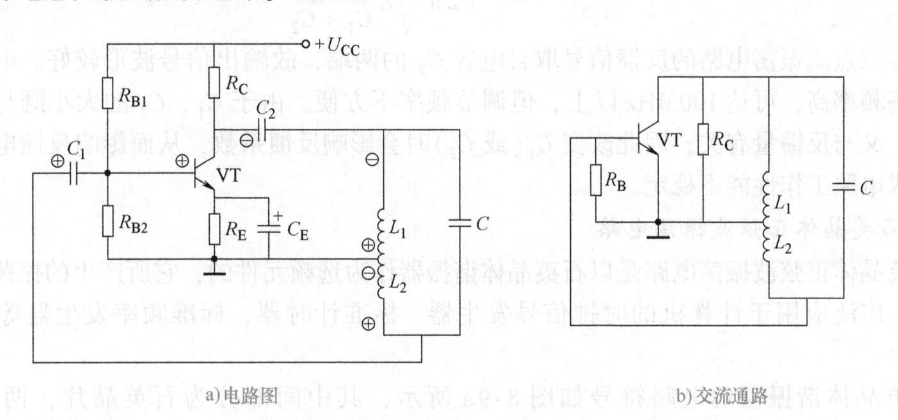

图8-7　电感三点式振荡电路

用瞬时极性法判断可知，电路满足相位平衡条件。同时改变线圈抽头的位置，即改变 L_2 的大小，就可调节反馈电压的大小。当满足 $|\dot{A}\dot{F}|>1$ 时，电路便可起振。通常反馈线圈 L_2 的匝数为线圈 L_1 和 L_2 总匝数的1/8～1/4。

根据谐振条件，电路的振荡频率为

$$f_0=\frac{1}{2\pi\sqrt{LC}}=\frac{1}{2\pi\sqrt{(L_1+L_2+2M)C}} \tag{8-7}$$

式中，L_1+L_2+2M 为 LC 回路的总电感；M 为 L_1 与 L_2 间的互感耦合系数。

由于 L_1 和 L_2 是自耦变压器，耦合很紧，容易起振，输出幅值较大。频率的调节可采用可变电容，调节方便。但由于反馈电压取自 L_2 两端，对高次谐波分量的阻抗大，输出波形中含较多的高次谐波，所以波形较差，振荡频率的稳定性较差。

（2）电容三点式振荡电路　电容三点式振荡电路与电感三点式振荡电路比较，只是把 LC 回路中的电感和电容的位置互换，电路如图8-8所示。

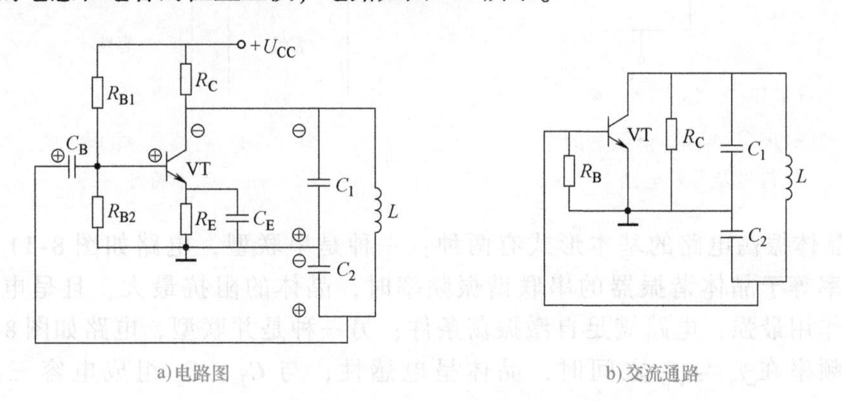

图8-8　电容三点式振荡电路

同样，用瞬时极性法判断可知，该电路也满足相位平衡条件。由于反馈电压取自电容

C_2 两端，因此适当地选择 C_1、C_2 的数值，并使放大电路有足够的放大量，电路便可起振。

电路的振荡频率近似等于谐振回路的谐振频率，即

$$f_0 = \frac{1}{2\pi\sqrt{LC}} = \frac{1}{2\pi\sqrt{L\dfrac{C_1 C_2}{C_1 + C_2}}} \tag{8-8}$$

电容三点式振荡电路的反馈信号取自电容 C_2 的两端，故输出信号波形较好。电路易起振，振荡频率高，可达100MHz以上，但调节频率不方便。由于 C_1、C_2 的大小既与振荡频率有关，又与反馈量有关，因此改变 C_1(或 C_2)时会影响反馈系数，从而影响反馈电压的大小，造成电路工作性能不稳定。

3. *石英晶体正弦波振荡电路*

石英晶体正弦波振荡电路是以石英晶体谐振器作为选频元件的，它所产生的振荡频率极其稳定，广泛应用于计算机的时钟信号发生器、标准计时器、标准频率发生器等精密设备中。

石英晶体谐振器的电路符号如图8-9a所示，其中间部分为石英晶片，两边为金属极板和引出电极。石英晶体谐振器就是利用石英晶体的压电效应制成的，压电谐振与 LC 电路的谐振现象非常相似，因此可等效为 LC 谐振电路，如图8-9b所示。其中 C_0 为两极间的静态电容，C 为动态等效电容，L 为晶体的动态等效电感，R 表征损耗。

图8-10为石英晶体的电抗—频率特性。由图中可知，它有两个谐振频率：一个是 L、C、R 支路发生串联谐振时的串联谐振频率 f_s；另一个是 L、C、R 支路与 C_0 支路发生并联谐振时的并联谐振频率 f_p。

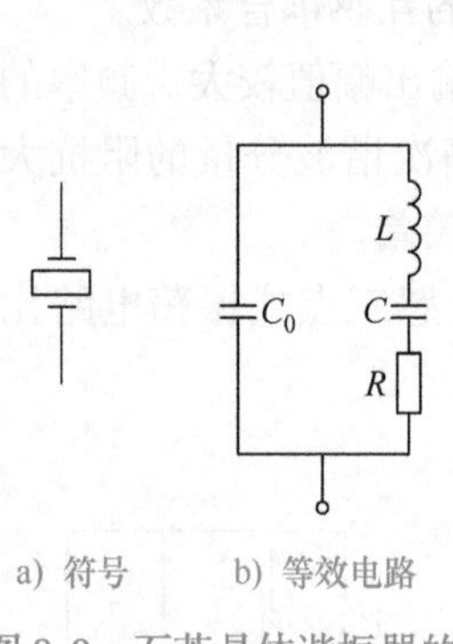

图8-9 石英晶体谐振器的符号及等效电路

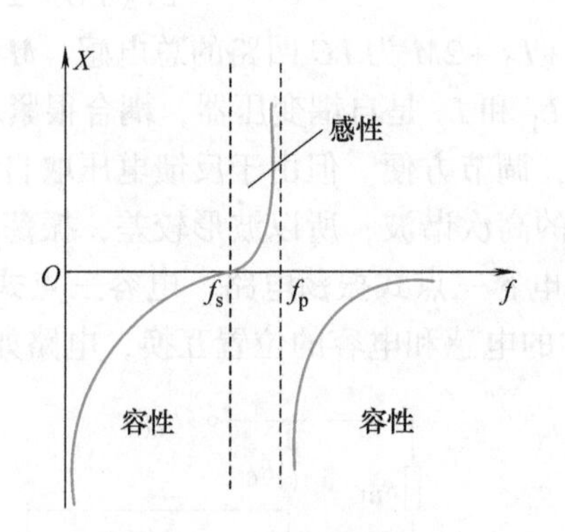

图8-10 石英晶体的电抗—频率特性

石英晶体振荡电路的基本形式有两种：一种是串联型，电路如图8-11所示，当信号的频率等于晶体谐振器的串联谐振频率时，晶体的阻抗最大，且呈电阻性，这时正反馈作用最强，电路满足自激振荡条件；另一种是并联型，电路如图8-12所示，当信号的频率在 f_s 与 f_p 之间时，晶体呈电感性，与 C_1、C_2 组成电容三点式振荡电路。

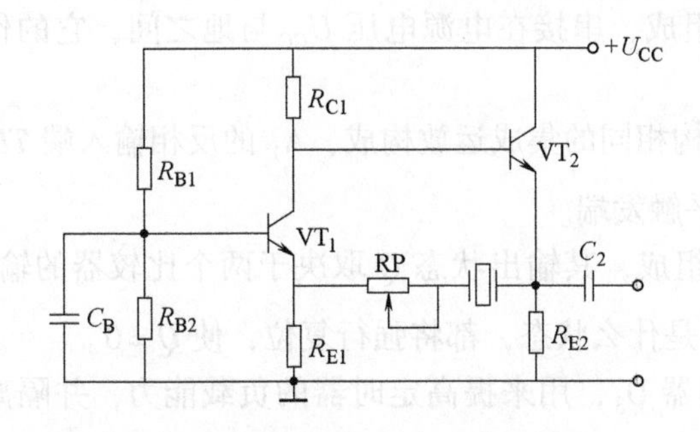

图 8-11 串联型石英晶体振荡电路

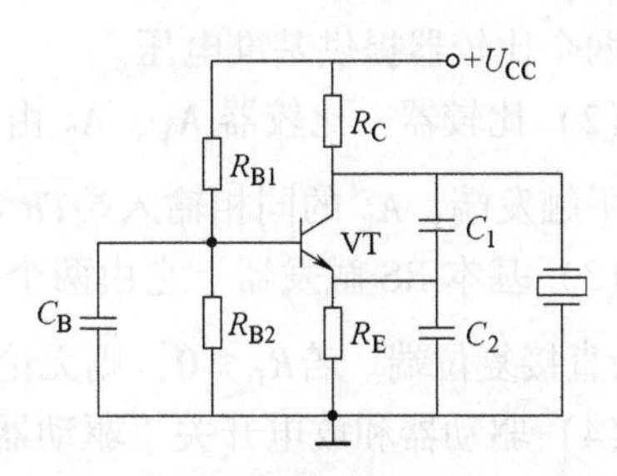

图 8-12 并联型石英晶体振荡电路

8.2 555 定时器及其应用

555 定时器又称 555 时基电路，是一种多用途的数字/模拟混合集成电路。该电路只需外接少量阻容元件，就可以构成各种功能电路。因而在波形产生与变换、控制与检测以及家用电器等领域都有着广泛的应用。

555 定时器有 TTL 型和 CMOS 型两种，它们的结构与工作原理基本相似。双极型的最大优点是有较强的驱动能力；而 CMOS 型则具有功耗低、最低工作电压小和输入电流小等一系列优点。

下面以 TTL 定时器的典型产品 5G555 为例进行介绍。

8.2.1 555 定时器介绍

1. 电路结构

5G555 定时器内部原理电路如图 8-13a 所示，图 8-13b 为引脚排列图。

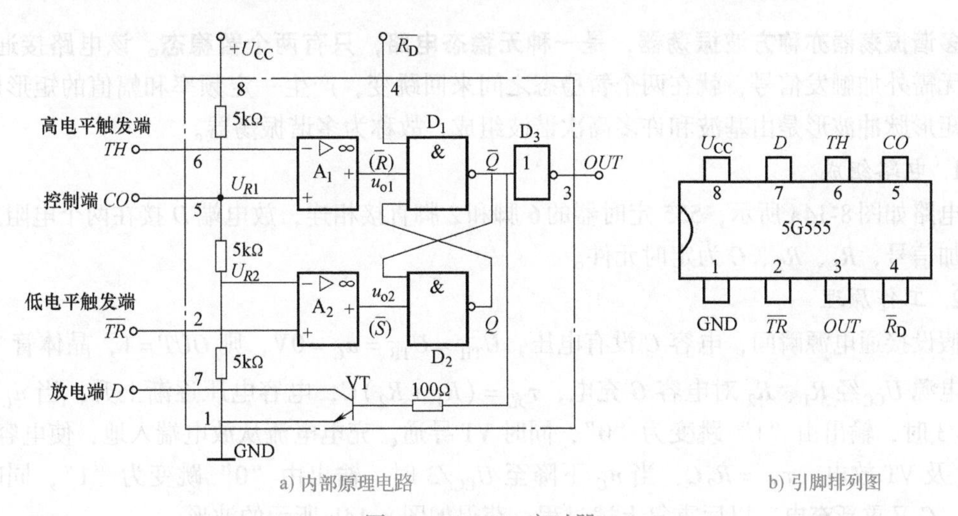

图 8-13 5G555 定时器

555 定时器一般由分压器、比较器、触发器及驱动器和放电开关等组成。

（1）分压器　分压器由3个5kΩ电阻组成，串接在电源电压U_{CC}与地之间，它的作用是为两个比较器提供基准电压。

（2）比较器　比较器A_1、A_2由两个结构相同的集成运放构成，A_1的反相输入端TH为高电平触发端，A_2的同相输入端$\overline{TR}$为低电平触发端。

（3）基本RS触发器　它由两个与非门组成，其输出状态Q取决于两个比较器的输出。$\overline{R}_D$为直接复位端。若$\overline{R}_D=0$，则无论触发器是什么状态，都将强行复位，使$Q=0$。

（4）驱动器和放电开关　驱动器即反相器D_3，用来提高定时器的负载能力，并隔离负载对定时器的影响。放电开关即晶体管VT，其基极受D_1控制。当$Q=0$、$\overline{Q}=1$时，VT导通，放电端D通过导通的晶体管为外电路提供放电的通路；当$Q=1$、$\overline{Q}=0$时，VT截止，放电通路阻断。

2. 功能

555定时器的功能表见表8-1，其中“×”表示任意状态。

表8-1　555定时器的功能表

$TH(6)$	$\overline{TR}(2)$	$\overline{R}_D(4)$	$OUT(3)$	VT
×	×	0	0	导通
$>\frac{2}{3}U_{CC}$	$>\frac{1}{3}U_{CC}$	1	0	导通
$<\frac{2}{3}U_{CC}$	$>\frac{1}{3}U_{CC}$	1	不变	不变
$<\frac{2}{3}U_{CC}$	$<\frac{1}{3}U_{CC}$	1	1	截止

8.2.2　多谐振荡器

多谐振荡器亦称方波振荡器，是一种无稳态电路，只有两个暂稳态。该电路接通电源后，无需外加触发信号，就在两个暂稳态之间来回跳变，产生一定频率和幅值的矩形脉冲。由于矩形脉冲波形是由基波和许多高次谐波组成，故称为多谐振荡器。

1. 电路组成

电路如图8-14a所示，555定时器的6脚和2脚直接相连，放电端D接在两个电阻之间，无外加信号，R_1、R_2、C为定时元件。

2. 工作原理

假设接通电源瞬间，电容C没有电压，$U_{TH}=U_{\overline{TR}}=u_C=0V$，则$OUT=1$，晶体管VT截止。电源$U_{CC}$经$R_1$、$R_2$对电容$C$充电，$\tau_{充}=(R_1+R_2)C$，电容电压逐渐上升，当$u_C$达到$2U_{CC}/3$时，输出由“1”跳变为“0”，同时VT导通。充电电流从放电端入地，使电容C通过R_2及VT放电，$\tau_{放}=R_2C$，当u_C下降至$U_{CC}/3$时，输出由“0”跳变为“1”，同时VT截止，C又重新充电。以后重复上述过程，获得如图8-14b所示的波形。

电容充电时间　$t_{WH}=(R_1+R_2)C\ln2\approx0.7(R_1+R_2)C$　(8-9)

电容放电时间　$t_{WL}=R_2C\ln2\approx0.7R_2C$　(8-10)

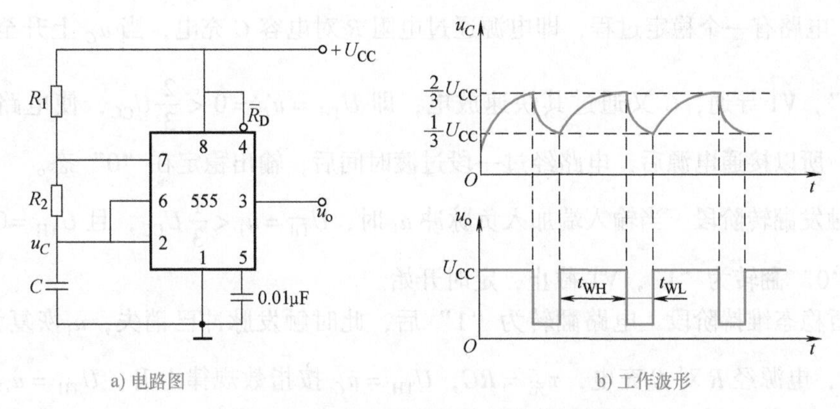

图 8-14 555 定时器构成的多谐振荡器

振荡周期 $$T=t_{WH}+t_{WL}=0.7(R_1+2R_2)C \tag{8-11}$$

振荡频率 $$f=\frac{1}{T}=\frac{1.43}{(R_1+2R_2)C} \tag{8-12}$$

占空比 $$q=\frac{t_{WH}}{T}=\frac{R_1+R_2}{R_1+2R_2} \tag{8-13}$$

8.2.3 单稳态触发器

单稳态触发器具有一个稳态和一个暂稳态，无外加触发脉冲时，电路处于稳态；在外加触发脉冲作用下，电路由稳态进入暂稳态。暂稳态维持一段时间后，电路又自动返回稳态，其中暂稳态维持时间的长短取决于电路中所用的定时元器件的参数，而与外加触发脉冲无关。

1. 电路组成

电路如图 8-15a 所示，555 定时器的 6 脚和 7 脚相连并与定时元件 R、C 相连，2 脚接输入触发信号。

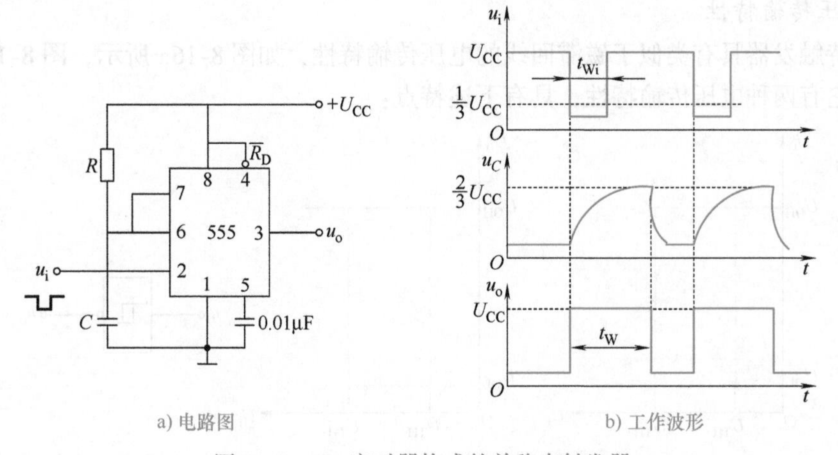

图 8-15 555 定时器构成的单稳态触发器

2. 工作原理

(1) 稳态阶段 输入端未加负向触发脉冲时，u_i 为高电平 U_{CC}，即 $U_{\overline{TR}}>\frac{1}{3}U_{CC}$。接通

电源瞬间，电路有一个稳定过程，即电源通过电阻 R 对电容 C 充电，当 u_C 上升至$\frac{2}{3}U_{CC}$时，输出为“0”，VT 导通，C 又通过其快速放电，即 $U_{TH}=u_C=0<\frac{2}{3}U_{CC}$，使电路保持原态“0”不变。所以接通电源后，电路经过一段过渡时间后，输出稳定在“0”态。

（2）触发翻转阶段　当输入端加入负脉冲 u_i 时，$U_{\overline{TR}}=u_i<\frac{1}{3}U_{CC}$，且 $U_{TH}=0<\frac{2}{3}U_{CC}$，则输出由“0”翻转为“1”，VT 截止，定时开始。

（3）暂稳态维持阶段　电路翻转为“1”后，此时触发脉冲已消失，u_i 恢复为高电平。因 VT 截止，电源经 R 对 C 充电，$\tau_{充}=RC$，$U_{TH}=u_C$ 按指数规律上升，$U_{TH}=u_C<\frac{2}{3}U_{CC}$，维持“1”态不变。

（4）自动返回阶段　当 $U_{TH}=u_C$ 上升到$\frac{2}{3}U_{CC}$时，电路由暂稳态“1”自动返回到稳态“0”，VT 由截止变为导通，电容 C 经放电晶体管 VT 对地快速放电，定时结束，电路由暂稳态重新转入稳态。

下一个触发脉冲到来时，电路重复上述过程。工作波形如图 8-15b 所示。

电路暂稳态持续时间又称输出脉冲宽度，也就是电容 C 充电的时间，由电路可得

$$t_W \approx 1.1RC \tag{8-14}$$

可见输出脉冲宽度与 R、C 有关，而与输入信号无关，调节 R 和 C 可改变输出脉冲宽度。单稳态触发器广泛应用于整形、定时、延时电路中。

8.2.4 施密特触发器

施密特触发器是数字系统中的常用电路，具有较强的抗干扰能力，主要用于波形转换、整形以及幅值鉴别等。

1. 电压传输特性

施密特触发器具有类似于磁滞回线的电压传输特性，如图 8-16a 所示，图 8-16b 为其逻辑符号。它有两种电压传输特性，具有下述特点：

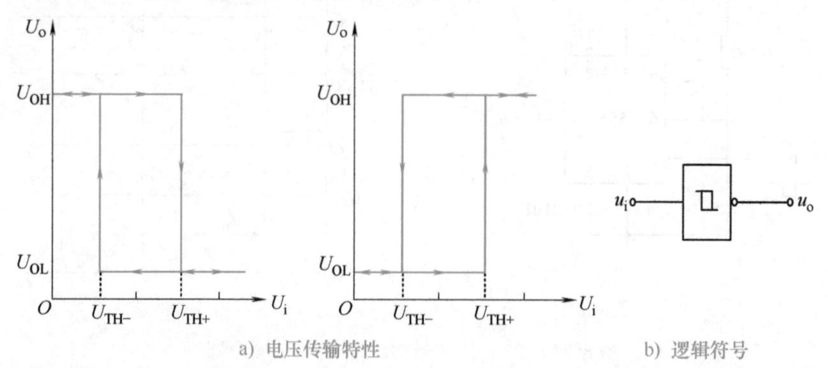

a) 电压传输特性　　b) 逻辑符号

图 8-16　施密特触发器的电压传输特性和逻辑符号

1）施密特触发器属于电平触发，具有两个稳定的输出状态，但又不同于一般的双稳态触发器，对于缓慢变化的信号仍适用，当输入信号达到某一电压时，输出电压会发生突变。

2）当输入信号由小到大或由大到小时，电路有不同的阈值电压，U_{TH+}称为正向阈值电压，U_{TH-}称为负向阈值电压，它们的差值为回差电压ΔU_{TH}，即

$$\Delta U_{TH}=U_{TH+}-U_{TH-} \tag{8-15}$$

2. 电路组成

电路如图8-17a所示，555定时器的6脚和2脚相连作为信号的输入端。

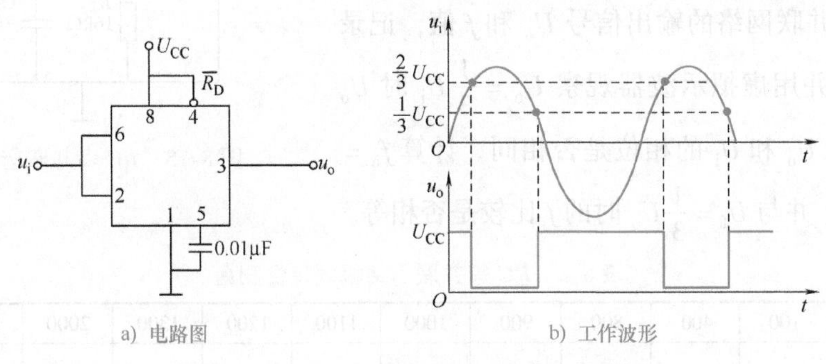

图8-17 555定时器构成的施密特触发器

3. 工作原理

设输入为一初相为0的正弦波，其幅值大于$\frac{2}{3}U_{CC}$，工作波形如图8-17b所示。

输入信号u_i从0V开始增大，但小于$\frac{1}{3}U_{CC}$时，由表8-1可知，输出为“1”，继续增大，但仍小于$\frac{2}{3}U_{CC}$时，输出保持“1”不变，当u_i增大到$\frac{2}{3}U_{CC}$时，电路状态发生翻转，输出由“1”变为“0”，此时对应的u_i为正向阈值电压U_{TH+}。此后u_i继续增大，输出维持“0”不变。当输入u_i由最大下降到$\frac{1}{3}U_{CC}$之前，电路仍维持原状态“0”不变。

当u_i从大开始下降到$\frac{1}{3}U_{CC}$时，电路再次发生翻转，输出由“0”变为“1”，此时对应的u_i为负向阈值电压U_{TH-}。此后u_i继续下降，输出维持原来状态“1”不变。

由上述分析可知，施密特触发器的回差电压为

$$\Delta U_{TH}=U_{TH+}-U_{TH-}=\frac{2}{3}U_{CC}-\frac{1}{3}U_{CC}=\frac{1}{3}U_{CC} \tag{8-16}$$

如果在CO端(5脚)加入控制电压U_{CO}，则可通过调节其大小来调节U_{TH+}、U_{TH-}和ΔU_{TH}。

8.3 基础实验

8.3.1 计算机仿真部分 

1. 实验目的

1）了解集成运算放大器在振荡电路方面的应用。

2）通过仿真加深理解RC桥式正弦波振荡电路的组成、振荡条件及工作原理。

2. 实验内容及步骤

1）*RC* 串并联网络幅频特性的观察。用函数信号发生器的正弦波信号输入 *RC* 串并联选频网络（图 8-18），使 *RC* 串并联网络的输入信号的幅值 U_o 约为 3V，调节输入信号 U_i 频率（由低到高），测出相应的 *RC* 串并联网络的输出信号 U_o 和 f 值，记录到表 8-2 中，并用虚拟示波器观察 $U_o=\frac{1}{3}U_i$ 时 U_o 和 U_i 的波形，U_o 和 U_i 的相位是否相同。计算 $f_o=1/(2\pi RC)$ 值，并与 $U_f=\frac{1}{3}U_o$ 时的 f 比较是否相等。

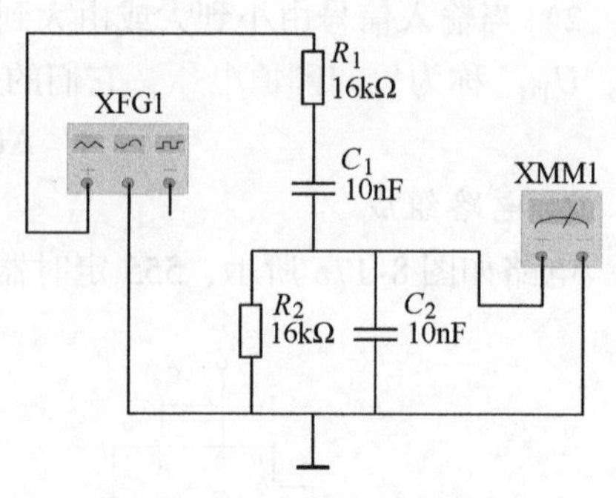

图 8-18 *RC* 串并联选频网络

表 8-2 *RC* 串并联网络幅频特性测量

f/Hz	10	100	400	800	900	1000	1100	1200	1300	2000	3000	8000
U_o/V												
U_f/V												

2）建立如图 8-19 所示 *RC* 桥式正弦波振荡电路，开启仿真开关，双击示波器图标，可以看到振荡正弦波形。通过虚拟示波器面板上的读数指针读出振荡波形的频率，并与理论计算值进行比较。

3）按 Shift + A 键，逐渐减小 RP 阻值，观察振荡波形变化情况，当 RP 的百分比达到多少时电路停振？这时 RP 阻值为多少？为什么？

4）改变 *RC* 数值，重做上述实验，并通过虚拟示波器面板上的移动指针读出振荡波形的频率，并与理论计算值进行比较。

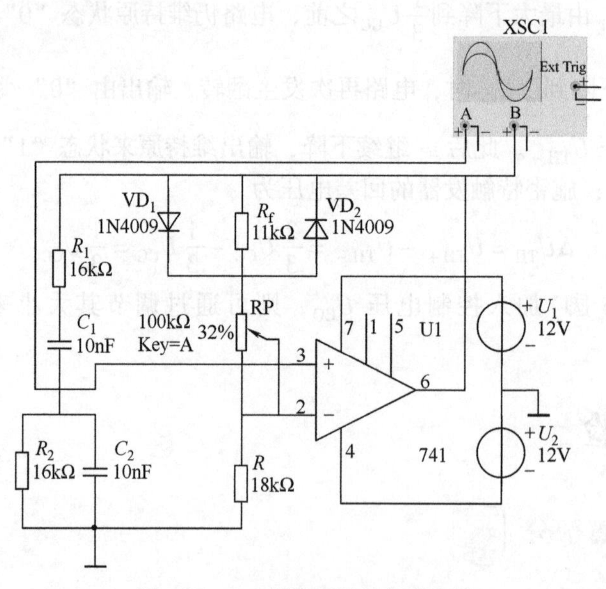

图 8-19 *RC* 桥式正弦波振荡电路

8.3.2 实验室操作部分 

1. 实验目的

1）进一步熟悉555定时器的功能及特点。

2）掌握用555定时器构成单稳态触发器和施密特触发器的方法和原理。

2. 实验仪器

1）数字实验台、万用表、双踪示波器和直流稳压电源。

2）CC7555集成电路1片，电阻、电容、导线若干。

3. 实验内容及步骤

1）按图8-20测试555定时器的功能，$\overline{R}_D$ 端接电平开关，OUT端接电平显示。并将测试结果记录于表8-3中。

表8-3 555定时器功能测试表

序号	复位	阈值电压		触发电压		输出	放电开关
1	0	任意		任意			
2	1	$>\frac{2}{3}U_{CC}$		$>\frac{1}{3}U_{CC}$			
3	1	$<\frac{2}{3}U_{CC}$		$>\frac{1}{3}U_{CC}$			
4	1	任意		$<\frac{1}{3}U_{CC}$			
5	1	$<\frac{2}{3}U_{CC}$		$>\frac{1}{3}U_{CC}$			

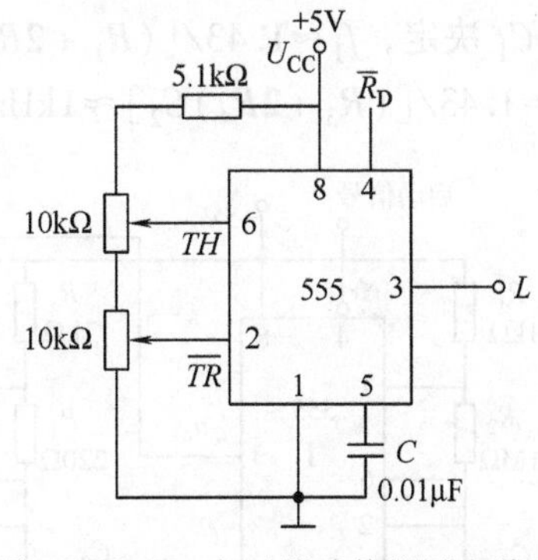

图8-20 555定时器功能测试电路图

2）按图8-21将555定时器接成单稳态触发器，输入信号 u_i 为2kHz、$U_{p\text{-}p}=5V$、$t_{WL}=20\mu s$ 的矩形波。用示波器观察 u_i、u_C、u_o 波形并描绘出来，同时测试单稳态触发器输出脉冲宽度 t_W。

3）按图8-22将555定时器接成施密特触发器，输入信号 u_i 为1kHz、$U_{p\text{-}p}=5V$ 的正弦波。用示波器观察 u_i、u_o 的波形并描绘出来，同时测试施密特触发器的回差 ΔU_{TH}。

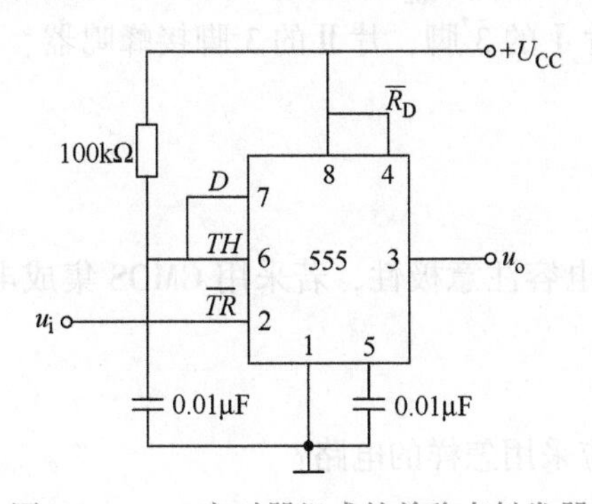

图8-21 555定时器组成的单稳态触发器

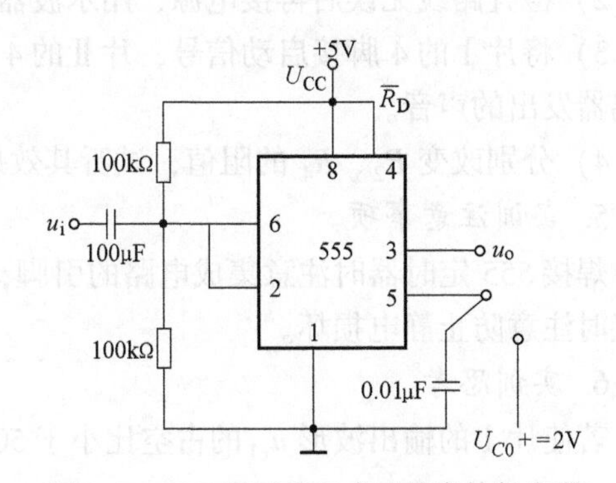

图8-22 555定时器组成的施密特触发器

8.4 技能训练——双态笛音电路的组装与调试

1. 实训目的

1）熟悉555定时器的功能及应用。

2）掌握用555定时器构成多谐振荡器的方法。

3）掌握电路的组装及调试方法。

2. 实训设备与器材

E555定时器两片，电阻、电容若干，直流稳压电源1台，示波器1台，蜂鸣器1个。

3. 实训原理

电路如图8-23a所示。由555定时器构成两级多谐振荡器，第一级的工作频率由R_1、R_2和C_1决定，$f_1 \approx 1.43/[(R_1+2R_2)C_1] \approx 0.7\text{Hz}$；第二级的工作频率由$R_3$、$R_4$和$C_2$决定，$f_2 \approx 1.43/[(R_3+2R_4)C_2] \approx 1\text{kHz}$；改变$R_4$可调输出音频。

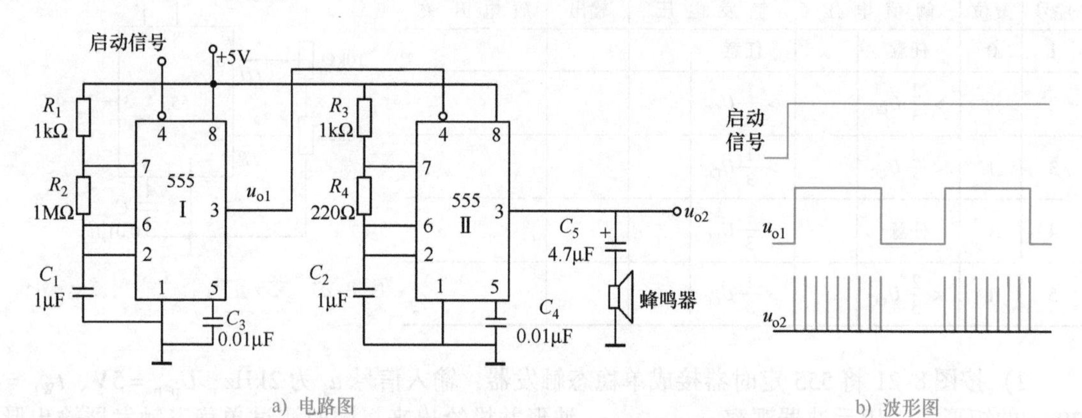

a) 电路图　　b) 波形图

图8-23　用555定时器构成的双态笛音电路

4. 实训步骤

1）按图8-23a接线，先不接蜂鸣器，555定时器的4脚先接高电平。

2）检查路线无误后再接电源，用示波器分别观察u_{o1}、u_{o2}的波形，计算其振荡频率。

3）将片Ⅰ的4脚接启动信号，片Ⅱ的4脚接片Ⅰ的3脚，片Ⅱ的3脚接蜂鸣器，试听蜂鸣器发出的声音。

4）分别改变R_2、R_4的阻值，试听其效果。

5. 实训注意事项

焊接555定时器时注意集成电路的引脚，电解电容注意极性，若采用CMOS集成电路，焊接时注意防止静电损坏。

6. 实训思考

若使片Ⅰ的输出波形u_{o1}的占空比小于50%，应采用怎样的电路？

本章小结

(1) 波形发生电路分为正弦波振荡电路和非正弦波振荡电路。

(2) 正弦波振荡电路要产生自激振荡，必须同时满足：

1) 相位平衡条件：$\varphi_A+\varphi_F=2n\pi\quad(n=0,1,2,\cdots)$。

2) 振幅平衡条件：$|\dot{A}\dot{F}|=1$。

正弦波振荡电路由放大电路、选频网络、反馈网络、稳幅环节组成。

(3) 正弦波振荡电路分为 RC 振荡电路、LC 振荡电路和石英晶体振荡电路。

RC 振荡电路用 RC 串并联网络作为选频网络，一般用于低频信号发生器。

LC 振荡电路利用 LC 并联谐振回路作为选频网络。LC 振荡电路可分为变压器反馈式、电容反馈式和电感反馈式等。LC 振荡电路主要用于产生中高频信号。

石英晶体振荡电路利用石英晶体谐振器作为选频网络。石英晶体振荡电路有并联和串联两种，它的频率稳定性很高，广泛应用于标准频率发生器。

(4) 555 定时器主要由分压器、比较器、触发器、门电路构成，它的基本应用电路有三种：施密特触发器、单稳态触发器和多谐振荡器。多谐振荡器是一种自激振荡电路，不需要外加输入信号，就可以直接产生出矩形脉冲。单稳态触发器和施密特触发器属于脉冲整形变换电路，能够把输入波形整形变换为符合要求的脉冲。

练　习

8-1　电路如图 8-24 所示，根据自激振荡条件，判断电路能否振荡？简述理由。

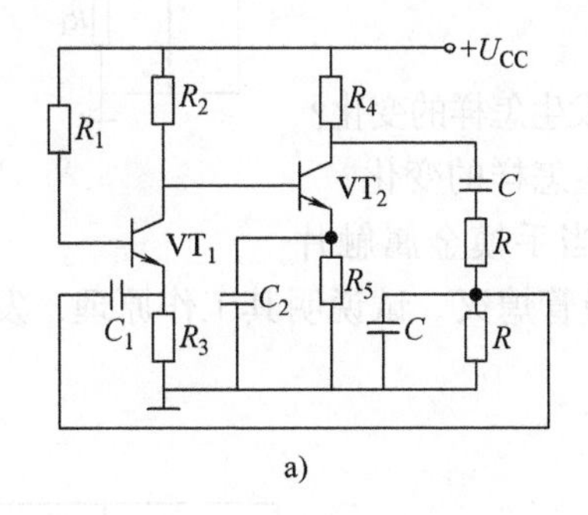

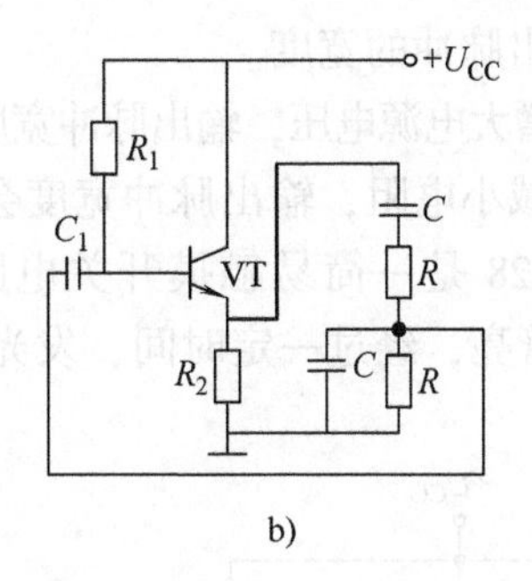

图 8-24　题 8-1 图

8-2　试用振荡的相位条件，判断图 8-25 所示电路能否振荡？

8-3　电路如图 8-26 所示，试问：1）电路名称；2）起振时及稳幅时的条件？3）当 $R=10\text{k}\Omega$，$C=0.1\mu\text{F}$ 时，计算振荡频率；4）若改变振荡频率，应调节哪些元件？

8-4　电路如图 8-14a 所示，当 $R_1=30\Omega$，$R_2=20\Omega$，$C=0.1\mu\text{F}$ 时，振荡频率为多少？若电阻值不变，使频率在 200～1000kHz 范围内变化，试求电容值的调整范围。

8-5　报警电路如图 8-27 所示，图中 a、b 两端用一细铜线接通，此铜线置于盗窃者必

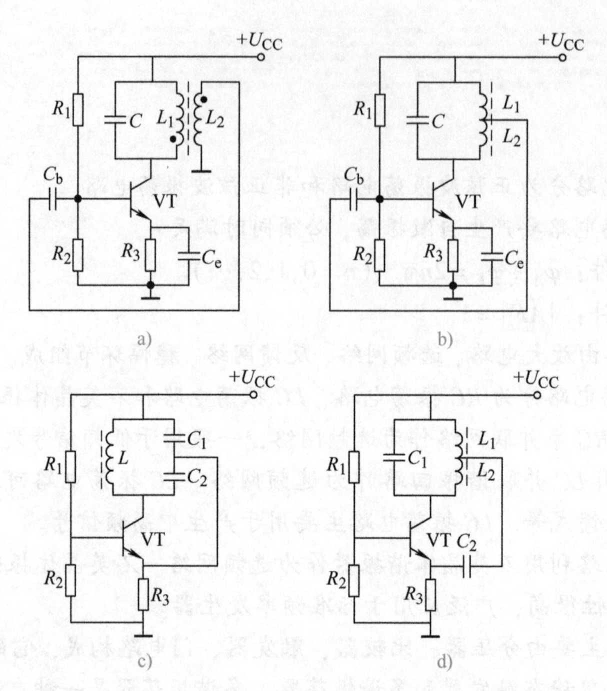

图 8-25 题 8-2 图

经之路。当盗窃者将铜线碰断后，扬声器报警。试估算报警声的频率。

8-6 现有一个 555 定时器，电阻 $R=500\mathrm{k\Omega}$，电容 $C_1=0.01\mu\mathrm{F}$，$C_2=10\mu\mathrm{F}$，$U_{CC}=5\mathrm{V}$，试解下列问题：

（1）用给定的元器件组成一个单稳态触发器，画出其电路图。

（2）求输出脉冲的宽度。

（3）若只增大电源电压，输出脉冲宽度会发生怎样的变化？

（4）若只减小电阻，输出脉冲宽度会发生怎样的变化？

图 8-26 题 8-3 图

8-7 图 8-28 是一简易触摸开关电路，当手摸金属触片时，发光二极管亮，经过一定时间，发光二极管熄灭。试说明其工作原理，发光二极管能亮多长时间？

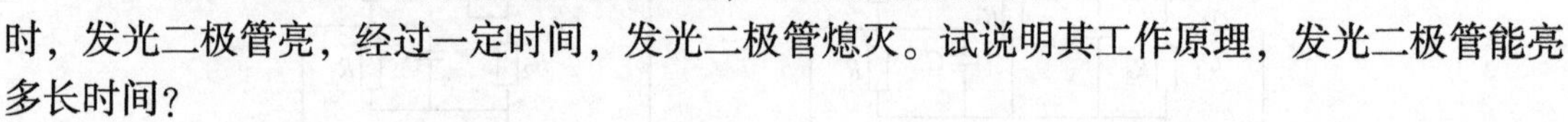

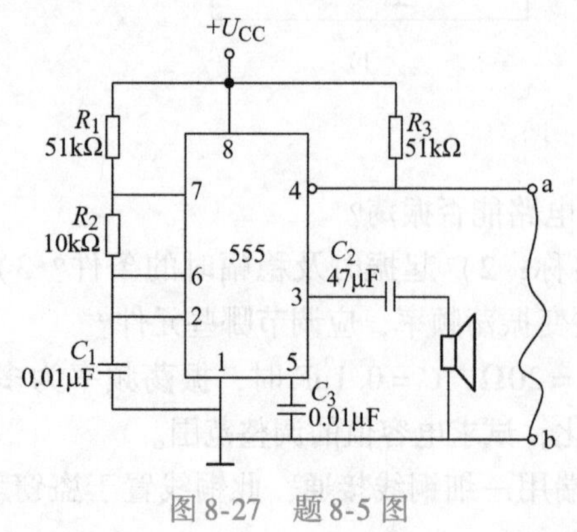

图 8-27 题 8-5 图

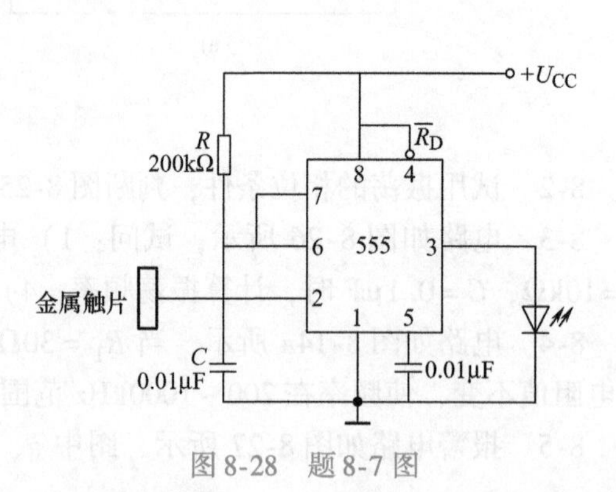

图 8-28 题 8-7 图

8-8 电路如图8-29所示，试分析其工作原理。

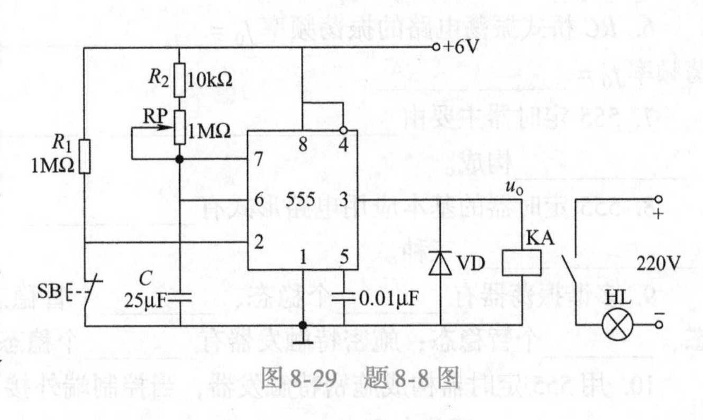

图8-29 题8-8图

8-9 已知施密特触发器的输入波形如图8-30所示，画出对应的输出波形。

8-10 试用555定时器构成一个施密特触发器，以实现图8-31所示的鉴幅功能。要求画出电路图，并标明电路中的相关参数。

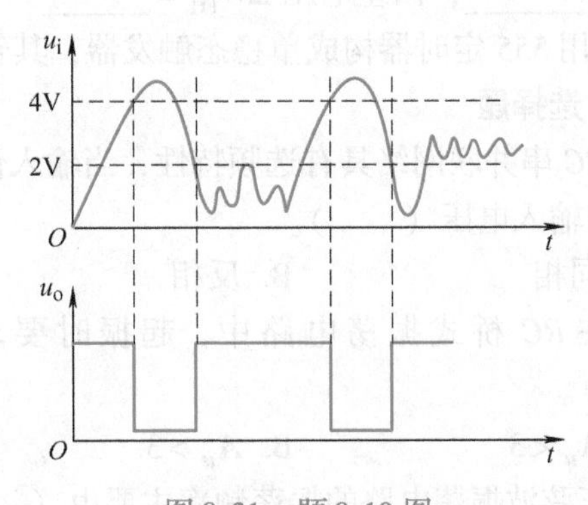

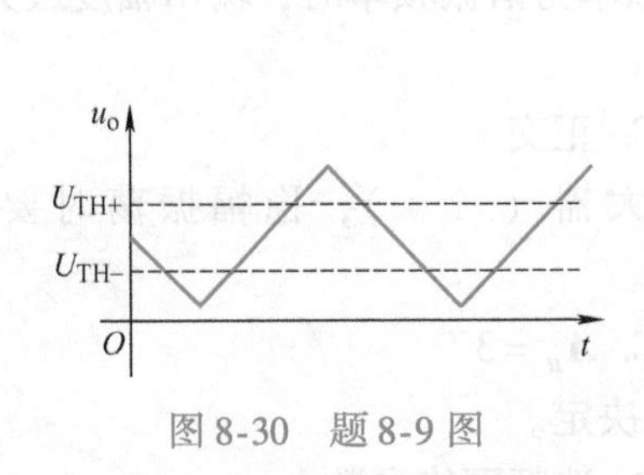

图8-30 题8-9图

图8-31 题8-10图

8-11 图8-32所示电路是一个水位监控器，当水位下降到与探测电极脱离接触时，扬声器发出报警声响；当探测电极浸在水中时，扬声器不报警。试分析该水位监控器的工作原理，并画出水面与探测电极脱离接触时，u_C及u_o的波形图。

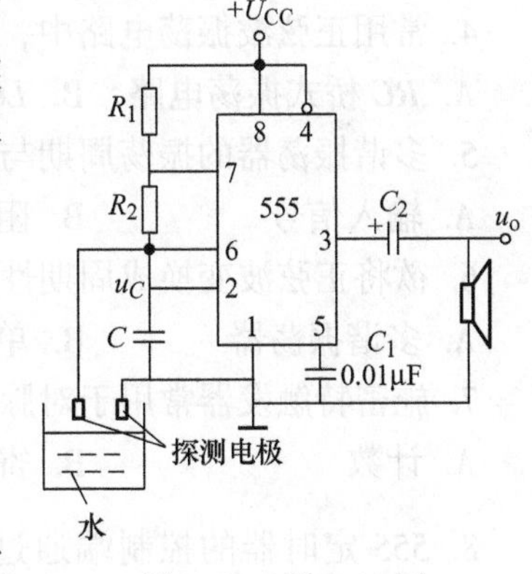

图8-32 题8-11图

一、填空题

1. 波形产生电路也叫自激振荡电路，按照电路输出波形的不同，可分为______振荡电路和________振荡电路。

2. 正弦波振荡电路一般是由______________、______________、______________和______________四部分组成的。

3. 正弦波振荡电路要产生自激振荡，必需同时满足两个条件：______________、______________。

4. *RC*桥式振荡电路利用____________作为选频网络，*LC*振荡电路利用____________作为选频网络，石英晶体振荡电路利用____________作为选频网络。

5. 正弦波振荡电路只在一个频率下满足相位平衡条件，这个频率就是____________，这就要求在*AF*环路中包含一个____________网络。

6. RC 桥式振荡电路的振荡频率 f_0 = ______________，变压器反馈式 LC 振荡电路的振荡频率 f_0 = ______________。

7. 555 定时器主要由____________________、____________________、____________________及______________构成。

8. 555 定时器的基本应用电路形式有____________________、____________________和____________________三种。

9. 多谐振荡器有________个稳态、________个暂稳态；单稳态触发器有________个稳态、________个暂稳态；施密特触发器有________个稳态、________个暂稳态。

10. 用 555 定时器构成施密特触发器，当控制端外接电源 U_{CO}，则其 U_{TH+} = ________；U_{TH-} = ________；回差电压 ΔU_{TH} = ______。

11. 用 555 定时器构成单稳态触发器，其暂稳态维持时间 t_W = ______。

二、选择题

1. RC 串并联网络具有选频特性，当输入信号频率为谐振频率时，输出幅度最大，且输出电压与输入电压（　　）。

A. 同相　　B. 反相　　C. 正交

2. 在 RC 桥式振荡电路中，起振时要求放大器（　　），稳幅振荡时要求放大器(　　)。

A. $\boldsymbol{A_u} < 3$　　B. $\boldsymbol{A_u} > 3$　　C. $\boldsymbol{A_u} = 3$

3. 正弦波振荡电路的振荡频率主要由（　　）决定。

A. 放大倍数　　B. 反馈网络参数　　C. 选频网络参数

4. 常用正弦波振荡电路中，（　　）用于产生几兆赫兹以下的低频信号。

A. RC 桥式振荡电路　　B. LC 振荡电路　　C. 石英晶体振荡电路

5. 多谐振荡器的振荡周期与电路的（　　）有关。

A. 输入信号　　B. 阻容元件　　C. 电源电压

6. 欲将正弦波变换成周期性的矩形波，可用（　　）。

A. 多谐振荡器　　B. 单稳态触发器　　C. 施密特触发器

7. 施密特触发器常用于对脉冲波形的（　　）。

A. 计数　　B. 寄存　　C. 整形与变换

8. 555 定时器的控制端通过 0.01μF 电容接地，当 TH 端电平、$\overline{TR}$端电平分别大于 $\frac{2}{3}U_{CC}$ 和 $\frac{1}{3}U_{CC}$ 时，定时器的输出状态是（　　）。

A. 0　　B. 1　　C. 原状态

9. 555 定时器构成的多谐振荡器输出波形的占空比大小取决于（　　）。

A. 电源电压　　B. 外接的充放电电阻　　C. 定时电容

10. 多谐振荡器可产生（　　）。

A. 正弦波　　B. 矩形脉冲　　C. 三角波

11. 如要从不同幅度的脉冲信号中选取幅度大于某一数值的脉冲信号时，应采用(　　)。

A. 多谐振荡器　　　　B. 单稳态触发器　　　　C. 施密特触发器

12. 555 定时器电路 *CO* 控制端不用时，应当（　　）。

A. 接高电平　　　　B. 直接接地　　　　C. 通过 0.01μF 的电容接地

三、判断下列说法是否正确，正确的在括号中画√，错误的画×。

（　　）1. 只要电路满足正弦波振荡的相位平衡条件，电路就一定能振荡。

（　　）2. 只要电路满足相位平衡条件，且 $|\dot{A}\dot{F}|>1$，就一定能产生自激振荡。

（　　）3. 555 定时器在正常工作时，应该将外部复位端 $\overline{R}_D$ 接低电平。

（　　）4. 多谐振荡器无须外加触发脉冲就能产生周期性脉冲信号。

（　　）5. 单稳态触发器的暂稳态维持时间与输入触发脉冲宽度成正比。

（　　）6. 施密特触发器需外加触发信号来维持其状态的稳定。

（　　）7. 单稳态触发器具有定时作用。

（　　）8. 改变施密特触发器的回差电压而输入信号不变，则触发器输出信号的脉冲宽度也发生变化。

四、分析计算

1. 根据振荡的相位条件，分析图 8-33 所示电路能否振荡。

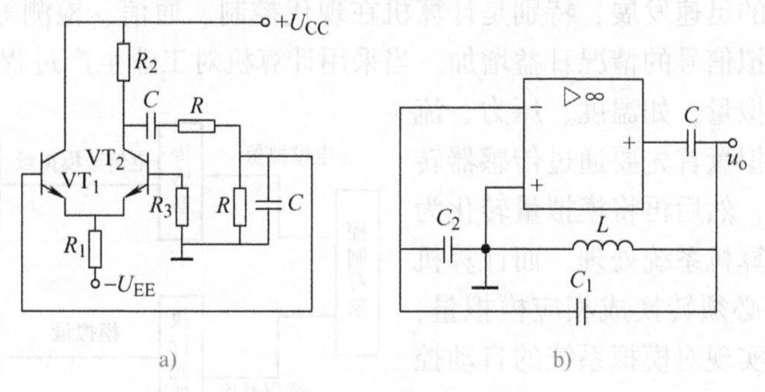

图 8-33　自测四 1 图

2. 用 555 定时器构成一个输出脉宽为 0.2s 的单稳态触发器，定时电容为 0.47μF。要求画出电路图，并标明相关参数。

第9章 数/模和模/数转换电路

学习目标

◇ 熟悉数/模转换、模/数转换的基本工作原理。

◇ 熟悉数/模转换、模/数转换的主要性能指标。

◇ 熟悉 DAC0832、ADC0809 的功能和使用。

9.1 概述

随着科学技术的迅速发展，特别是计算机在现代控制、通信、检测等领域的广泛应用，用数字电路处理模拟信号的情况日益增加。当采用计算机对工业生产过程进行控制时，所遇到的信息大多是模拟量，如温度、压力、流量等，这些非电模拟量首先要通过传感器转换为电信号模拟量，然后再将模拟量转化为数字量，才能由计算机系统处理，而计算机处理后的数字量也必须转换成相应模拟量，才能通过执行元件实现对模拟系统的自动控制，其系统框图如图 9-1 所示。

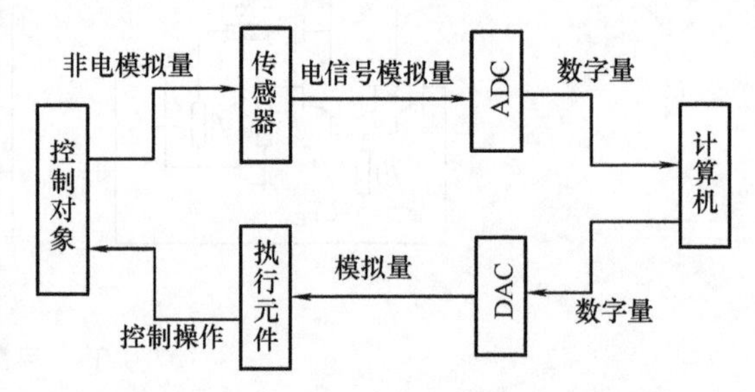

图 9-1 数字控制系统框图

我们把**从模拟信号到数字信号的转换称模/数转换，又称 A/D 转换**，完成模/数转换的电路称模/数转换器，简称 ADC；**把从数字信号到模拟信号的转换称数/模转换，又称 D/A 转换**，完成数/模转换的电路称数/模转换器，简称 DAC。ADC 和 DAC 是数字设备与控制对象之间必不可少的部件，是计算机用于工业控制、数字测量等的重要接口电路。

9.2 数/模转换器

数/模转换器(DAC)是用于接收数字信号，输出一个与输入的数字量成正比的电压或电流的电路。

9.2.1 数/模转换器的基本知识和主要指标

1. 数/模转换器的结构和转换原理

D/A 转换的作用是把输入的数字量转换为与该数字量成比例的电压或电流。如输入信

号是一个 n 位的二进制数 D，其加权展开式为

$$D = D_{n-1} \times 2^{n-1} + D_{n-2} \times 2^{n-2} + \cdots\cdots D_1 \times 2^1 + D_0 \times 2^0 = \sum_{i=0}^{n-1} D_i \times 2^i \tag{9-1}$$

数/模转换器的输出信号 A(电压或电流)应该是与 D 成正比的模拟量，即

$$A = KD = K(D_{n-1} \times 2^{n-1} + D_{n-2} \times 2^{n-2} + \cdots\cdots D_1 \times 2^1 + D_0 \times 2^0) = K\sum_{i=0}^{n-1} D_i \times 2^i \tag{9-2}$$

式(9-2)是数/模转换器的转换关系表达式，式中 K 为电压(或电流)的比例系数。

数/模转换器通常由电阻网络、模拟开关、求和运算放大器和基准电压源等组成，其结构原理框图如图 9-2 所示。图中基准电压源通过电阻网络形成与各位数字成比例的权电流，由高位到低位依次输入相对应的模拟开关，此模拟开关由输入数字量一一对应控制，然后经求和运算放大器输出相应的模拟量，从而实现数字量到模拟量的转换。

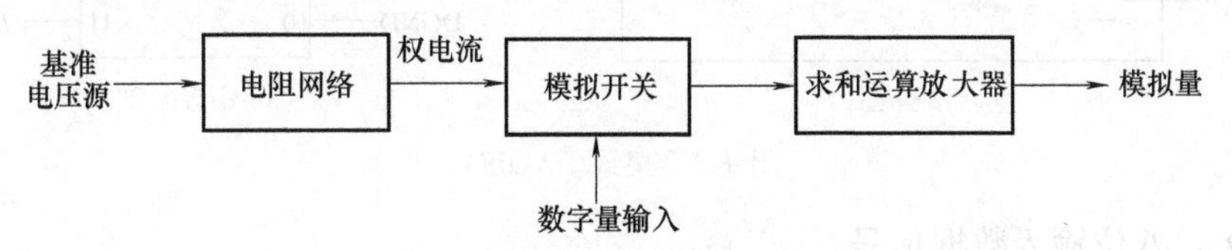

图 9-2　数/模转换器的原理框图

数/模转换器按电阻网络的不同，可分成权电阻网络型、T 形电阻网络型、倒 T 形电阻网络型和权电流型等，倒 T 形电阻网络 DAC 是目前转换速度较高且使用较多的一种。

2. 数/模转换器的主要技术指标

(1) 分辨率　表明 DAC 分辨最小电压的能力，是指最小输出电压(对应输入数字只有最低有效位为 1)与最大输出电压(对应输入数字全为 1)之比。对于 n 位 DAC，其分辨率为

$$\text{分辨率} = \frac{1}{2^n - 1} \tag{9-3}$$

由式(9-3)知，输入位数越多，分辨率数值越小，分辨能力越强。例如一个 10 位的 DAC，其分辨率为$\frac{1}{2^{10}-1} \approx 0.00098$；如果输出模拟电压满量程为 10V，那么其能分辨的最小电压为 $U_{LSB} = U_m \frac{1}{2^n - 1} = 10 \times \frac{1}{2^{10}-1} \text{V} \approx 0.0098\text{V}$。

(2) 转换精度　DAC 的转换精度是指实际输出电压与理论电压之间的偏移程度，通常是指全码输入时输出模拟电压的实际值和理论值之差，即最大转换绝对误差，一般应低于$\frac{1}{2}U_{LSB}$。

(3) 建立时间　在输入数字信号后，输出模拟量达到稳定值所需的时间称为 DAC 的建立时间，也称转换时间，一般为几 ns 到几 μs。

9.2.2 集成 DAC 举例

DAC0832 是采用 CMOS 工艺制成的 8 位数/模转换器，由两个 8 位寄存器(输入寄存器和 DAC 寄存器)、8 位 D/A 转换电路组成，使用时需外接运算放大器。采用两级寄存器，可使 D/A 转换电路在进行 D/A 转换和输出的同时，采集下一数据，从而提高了转换速度。

DAC0832 的结构框图和引脚如图 9-3 所示，各引脚功能如下。

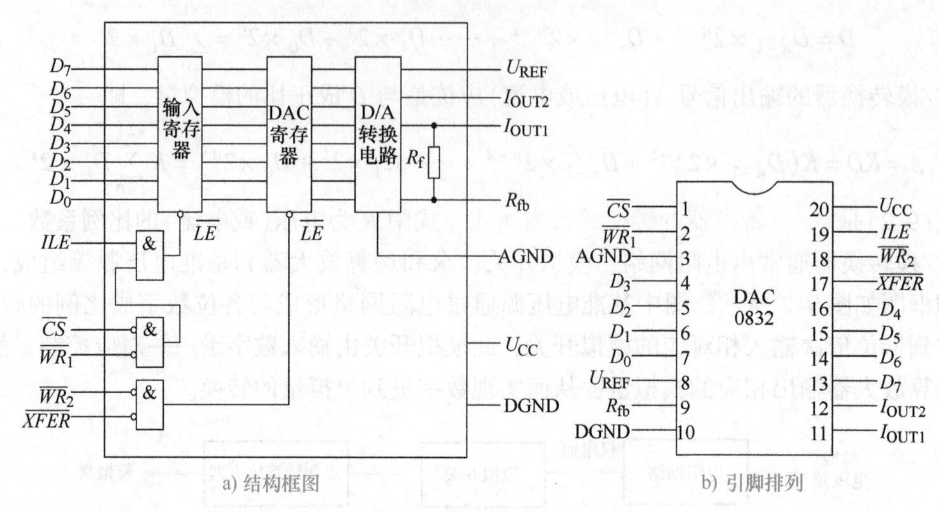

图 9-3 集成 DAC0832

$D_0 \sim D_7$：八位输入数据信号。

I_{OUT1}：模拟电流输出端，此输出信号一般作为运算放大器的一个差分输入信号(一般接反相端)。

I_{OUT2}：模拟电流输出端，它是运算放大器的另一个差分输入信号(一般接地)。

U_{REF}：参考电压接线端，其电压范围为 $-10 \sim +10V$。

U_{CC}：电路电源电压，可在 $+5 \sim +15V$ 范围内选取。

DGND：数字电路地。

AGND：模拟电路地。

$\overline{CS}$：片选信号，输入低电平有效。当$\overline{CS}=1$ 时(即输入寄存器$\overline{LE}=0$)，输入寄存器处于锁存状态，输出保持不变；当$\overline{CS}=0$，且 $ILE=1$、$\overline{WR_1}=0$ 时(即输入寄存器$\overline{LE}=1$)，输入寄存器打开，这时它的输出随输入数据的变化而变化。

ILE：输入锁存允许信号，高电平有效，与$\overline{CS}$、$\overline{WR_1}$ 共同控制来选通输入寄存器。

$\overline{WR_1}$：输入数据选通信号，低电平有效。

$\overline{XFER}$：数据传送控制信号，低电平有效，用来控制 DAC 寄存器，当$\overline{XFER}=0$，$\overline{WR_2}=0$ 时，DAC 寄存器才处于接收信号、准备锁存状态，这时 DAC 寄存器的输出随输入而变。

$\overline{WR_2}$：数据传送选通信号，低电平有效。

R_{fb}：反馈电阻输入引脚，反馈电阻在芯片内部，可与运算放大器的输出直接相连。

DAC0832 由于采用两个寄存器，使应用具有很大的灵活性，具有三种工作方式：双缓冲器型、单缓冲器型和直通型。

9.3 模/数转换器

模/数转换器(ADC)相当于一个编码器，用于将模拟量转换为相应的数字量，是模拟系统到数字系统的接口电路。

9.3.1 模/数转换器的基本知识和主要指标

1. A/D 转换的一般步骤

为将时间和幅值上都连续的模拟量转换为时间和幅值都离散的数字信号，**A/D 转换一般要经过采样、保持、量化、编码四个过程。**

（1）采样与保持　采样是将连续变化的模拟量做等间隔的抽样取值，即将时间上连续变化的模拟量转换为时间上断续的模拟量。采样原理如图 9-4 所示，它是一个受采样脉冲 u_s 控制的开关，其工作波形如图 9-4b 所示。当 u_s 为高电平时，采样开关闭合，输出端 $u_o = u_i$；当 u_s 为低电平时，开关断开，输出电压 $u_o = 0$，所以在输出端得到一种脉冲式的采样信号。显然采样频率 f_s 越高，所取得的信号与输入信号越接近，转换误差就越小。

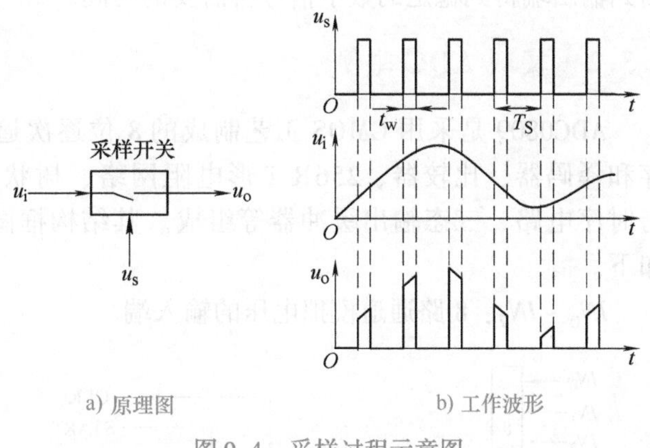

图 9-4　采样过程示意图

为不失真地还原模拟信号，采样频率应不小于输入模拟信号频谱中最高频率的两倍，即

$$f_s \geqslant 2f_{imax} \tag{9-4}$$

将采样后的模拟信号转换为数字信号需要一定时间，所以在每次采样后需将采样电压经保持电路保持一段时间，以便进行转换。

（2）量化与编码　输入模拟信号经采样-保持后得到的是阶梯模拟信号，并不是数字信号，还需要进行量化。将采样-保持后的电压转换为某个规定的最小单位电压整数倍的过程称为量化。在量化过程中不可能正好整数倍，所以量化前后不可避免地存在误差，称为量化误差。量化过程常用两种方法：只舍不入法和四舍五入法。

将量化后的数值用二进制代码表示，称为编码。经编码后的二进制代码就是模/数转换器的输出数字信号。

模/数转换器的种类很多，按其工作原理可分为直接 ADC 和间接 ADC。直接 ADC 将模拟信号直接转换为数字信号，其转换速度较快，典型电路有逐次逼近型 ADC 和并行比较型 ADC。间接 ADC 是先将模拟信号转换成某一中间量(时间或频率)，然后再将中间量转换为数字量，其转换速度较慢，但转换精度较高，抗干扰性较强，常用在测试仪表中，典型电路有单积分型 ADC 和双积分型 ADC。

2. 模/数转换器的主要技术指标

（1）分辨率　指模/数转换器输出数字量的最低位变化一个数码时，对应输入模拟量的变化量。对于 n 位 ADC，其分辨率为

$$\text{分辨率} = \frac{U_m}{2^n} \tag{9-5}$$

式中，U_m 为输入满量程模拟电压。显然 ADC 的位数越多，量化误差越小，转换精度越高，

能分辨的最小模拟电压值越小。例如一个 10 位 ADC 输入模拟电压满量程为 5V，则能分辨的最小输入电压为$\frac{5}{2^{10}}V \approx 4.88mV$。

（2）转换误差　通常以输出误差的最大值形式给出，它表示模/数转换器实际输出的数字量与理论上输出的数字量之间的差别。常用最低有效位 LSB 的倍数表示。

（3）转换速度　指模/数转换器完成一次转换所需要的时间，即从接到转换控制信号开始到输出端得到稳定的数字信号所需要的时间。

9.3.2　集成 ADC 举例

ADC0809 是采用 CMOS 工艺制成的 8 位逐次逼近型 ADC，由 8 位模拟开关、地址锁存和译码器、比较器、256R T 形电阻网络、树状电子开关、逐次逼近型寄存器、控制与时序电路、三态输出缓冲器等组成。其结构框图和引脚图如图 9-5 所示，各引脚功能如下。

$IN_0 \sim IN_7$：8 路通道模拟电压的输入端。

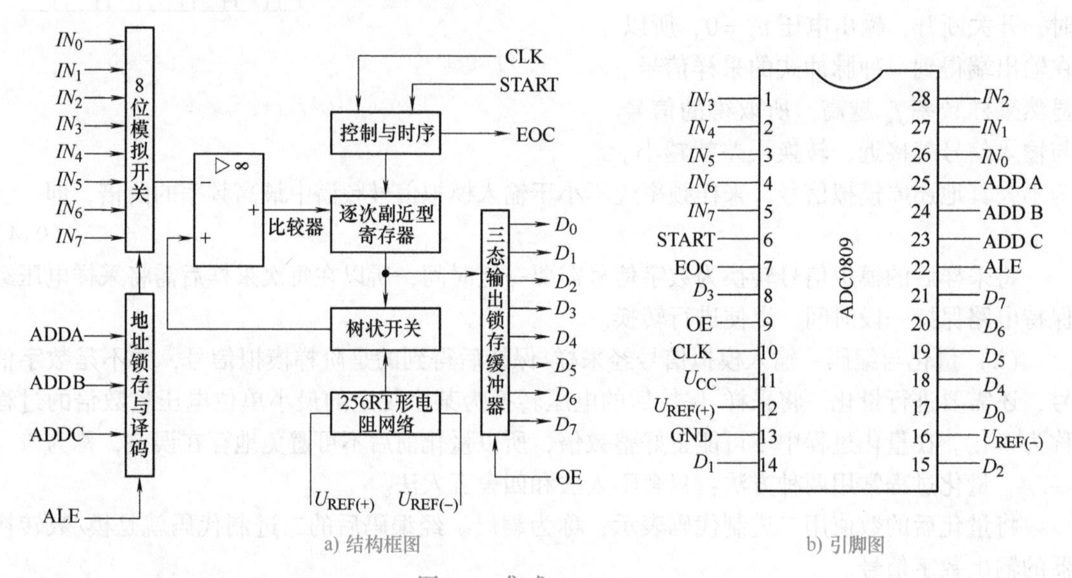

图 9-5　集成 ADC0809

ADDA、ADDB、ADDC：模拟输入通道的地址选择线。

ALE：地址锁存允许信号，高电平有效。当 ALE 接高电平时，将地址信号有效锁存，并经译码器选中其中一个通道。

$U_{REF(+)}$、$U_{REF(-)}$：基准电压的正、负极输入端。

START：启动脉冲信号输入端，信号的上升沿将所有的内部寄存器清零，下降沿时开始 A/D 转换过程。

CLK：时钟脉冲输入端，典型值为 640kHz，此时的转换时间为 100μs。

$D_0 \sim D_7$：8 位数字量输出端，D_7 为高位，D_0 为低位。

EOC：转换结束信号，高电平有效。在 START 输入启动脉冲上升沿后，EOC 端输出低电平，表示转换器正在进行转换，当转换结束，EOC 变为高电平，作为通知数据接收设备取走该数据的信号。

OE：输出允许信号，高电平有效。当OE接高电平时，打开输出锁存器的三态门，将数据送出。

U_{CC}：电路电源电压，可在+5～+15V范围内选取。

GND：电路地。

本章小结

（1）数/模转换器的功能是将输入的二进制数字信号转换成相对应的模拟信号输出。数/模转换器按电阻网络的不同，可分成权电阻网络型、T形电阻网络型、倒T形电阻网络型和权电流型等。集成DAC0832是一个8位倒T型数/模转换器。

（2）模/数转换器的功能是将输入的模拟信号转换成一组多位的二进制数字输出。模/数转换器的种类很多，按其工作原理可分为直接ADC和间接ADC。直接ADC转换速度较快，典型电路有逐次逼近型ADC和并行比较型ADC。间接ADC转换速度较慢，但转换精度较高，抗干扰性较强，常用在测试仪表中，典型电路有单积分型ADC和双积分型ADC。集成ADC0809是一个8通道8位逐次逼近型模/数转换器。

练　　习

9-1　已知8位DAC的输入模拟电压满量程为5V，其分辨率是多少？能分辨的最小电压是多少？当输入数字量为10000001时，输出电压U_o是多少？

9-2　某12位ADC电路满值输入电压为10V，其分辨率是多少？

9-3　已知某电路最小分辨电压为5mV，最大满值输出电压为10V，试问是几位的DAC？

自　　测

一、填空题

1. D/A转换是将＿＿＿＿＿＿信号转换为＿＿＿＿＿＿信号，A/D转换是将＿＿＿＿＿信号转换为＿＿＿＿＿信号。

2. D/A转换器通常由＿＿＿＿＿、＿＿＿＿＿＿、＿＿＿＿＿和＿＿＿＿＿等组成。

3. DAC0832有三种工作方式，分别为＿＿＿＿＿＿、＿＿＿＿＿和＿＿＿＿＿。

4. 将模拟信号转换为数字信号一般要经过＿＿＿＿＿、＿＿＿＿＿、＿＿＿＿＿、＿＿＿＿＿四个过程。

5. A/D转换器的种类很多，按其工作原理可分为＿＿＿＿＿和＿＿＿＿＿。

6. n位DAC的分辨率为＿＿＿＿＿；DAC的位数越多，其分辨能力越＿＿＿＿＿；n位ADC电路满值输入电压为10V，其分辨率为＿＿＿＿＿。

二、选择题

1. 将数字信号转换为模拟信号的器件称为（　　），将模拟信号转换为数字信号的器件称为（　　）。

A. DAC　　B. ADC　　C. VCD

2. 将一个时间上连续变化的模拟量转换为时间上断续（离散）的模拟量的过程称为（　　）。

A. 采样　　B. 量化　　C. 保持　　D. 编码

3. 在8位D/A转换器中，其分辨率是（　　）。

A. 1/8　　B. 1/256　　C. 1/255

4. D/A转换器的主要参数有分辨率、（　　）和建立时间。

A. 参考电压　　B. 输入电阻　　C. 转换精度

5. 下列转换器中，（　　）A/D转换器转换速度较快。

A. 单积分型　　B. 逐次逼近型　　C. 双积分型

6. 用二进制代码表示指定离散电平的过程称为（　　）。

A. 采样　　B. 量化　　C. 保持　　D. 编码

三、判断下列说法是否正确，正确的在括号中画√，错误的画×。

（　　）1. D/A转换器的位数越多，能够分辨的最小输出电压变化量就越大。

（　　）2. 与逐次逼近型ADC比较，双积分型ADC转换速度要慢，精度要高。

（　　）3. D/A转换器的位数越多，转换精度越高。

（　　）4. 为使采样输出信号不失真地代表输入模拟信号，采样频率应不小于输入模拟信号频谱中最高频率的三倍。

（　　）5. 在A/D转换过程中，量化前后不可避免会存在误差。

附　录

附录 A　Multisim 10 软件的认识和使用

Multisim 10 仿真软件为用户提供了丰富的元件库和功能齐全的各类虚拟仪器，进入 Multisim 10 仿真环境，就如同置身于现代化电子实验室之中，足不出户就可以完成各种各样的电路设计、分析和测试。熟练掌握这种测试平台的应用，既可以节约时间又可以大幅度节约成本。下面，在介绍仿真之前，先介绍一下 Multisim 10 的操作界面。

1. Multisim 10 软件操作界面

启动 Windows “开始” 菜单中的 Multisim 10，可以看到如图 A-1 所示的 Multisim 10 操作界面。从图 A-1 中可以看出，Multisim 10 操作界面主要由菜单栏、标准工具栏、绘图工具栏、使用中元器件列表(In Use List)、仿真开关、元器件工具栏、虚拟仪器工具栏、状态栏和电路工作区等项组成。

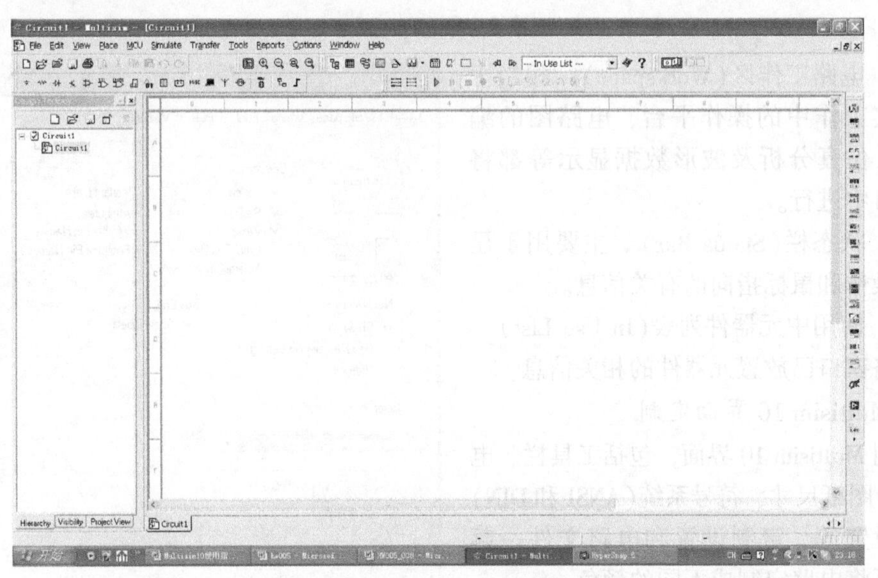

图 A-1　Multisim 10 操作界面

（1）菜单栏(Menu)　如图 A-2 所示，主要提供文件、编辑、显示、放置、单片机、仿真、转换、工具、报告、选项、窗口以及帮助等 12 个所需的命令。

（2）标准工具栏(Standard Toolbar)　如图 A-3 所示，包括新建文件、打开文件、保存文件、打印电路、打印预览以及剪切、复制和粘贴等选项。

File Edit View Place MCU Simulate Transfer Tools Reports Options Window Help

图 A-2 菜单栏

图 A-3 标准工具栏

（3）虚拟仪器工具栏(Instruments Toolbar) 如图 A-4 所示，Multisim 10 提供的虚拟仪器、仪表工具栏中共有虚拟仪器、仪表 18 台，电流检测探针 1 个，4 种 LabVIEW 采样仪器和动态测量探针 1 个。

图 A-4 虚拟仪器工具栏

（4）元器件工具栏(Component) 如图 A-5 所示，包含电源、基本元件、二极管、晶体管、相似元件、TTL 器件、CMOS 器件、杂项数字元件、混合元件、指示器件、电源模块、杂项元件、外围设备、射频器件、机电器件、微处理器、层级模块和电路总线等。

图 A-5 元器件工具栏

（5）电路工作区(Workspace) 相当于一个现实工作中的操作平台，电路图的编辑绘制、仿真分析及波形数据显示等都将在此窗口中进行。

（6）状态栏(Status Bar) 主要用于显示当前操作和鼠标指向的有关信息。

（7）使用中元器件列表(In Use List) 显示电路窗口已放置元器件的相关信息。

2. Multisim 10 界面定制

定制 Multisim 10 界面，包括工具栏、电路颜色、图纸尺寸、符号系统(ANSI 和 DIN)和打印设置等。定制设置和电路文件一起保存，可将电路定制成不同的颜色。

执行菜单栏中的选项(Options)，单击"Sheet Properties"，可对电路(Circuit)中的元器件、网络名、总线入口、背景颜色(如图A-6所示)，工作空间(Workspace)中的显

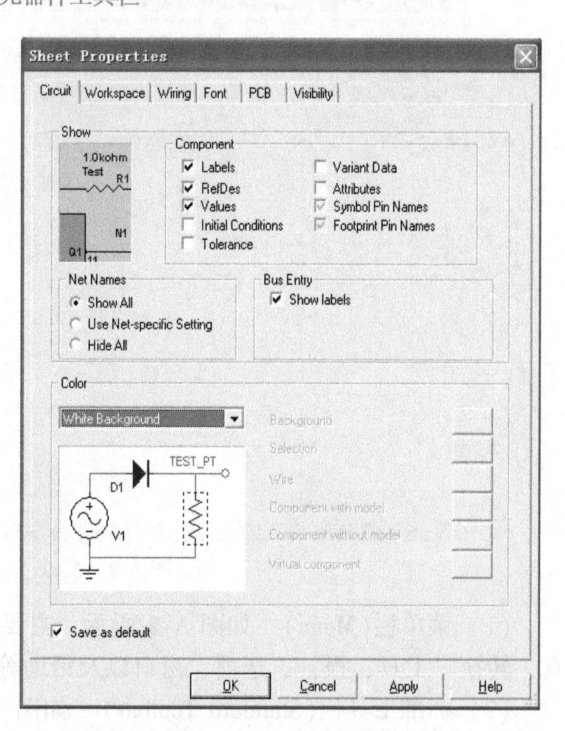

图 A-6 Circuit 选项卡

示方式、纸型、尺寸、方向、单位(如图 A-7 所示)，布线的线型(Wiring)，字体(Font)，印制电路板(PCB)及图纸的可视性(Visibility)进行设定。同时可对选项全局参数选择(Global Preferences)部件项中的元器件放置模式、符号标准、数字仿真设置和定制用户界面(Customize User Interface)进行重新设置(如图 A-8 所示)。

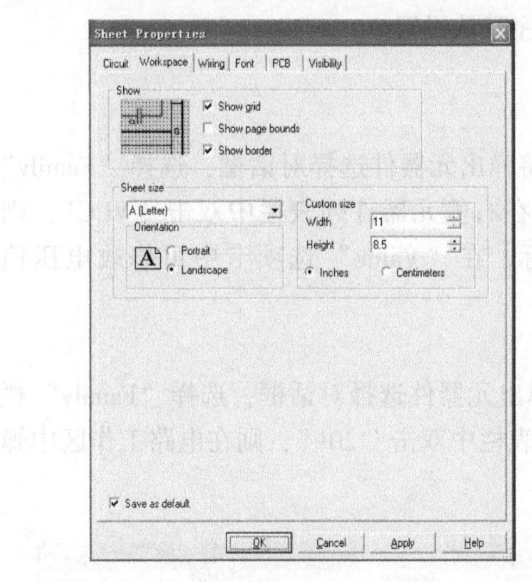

图 A-7　Workspace 选项卡

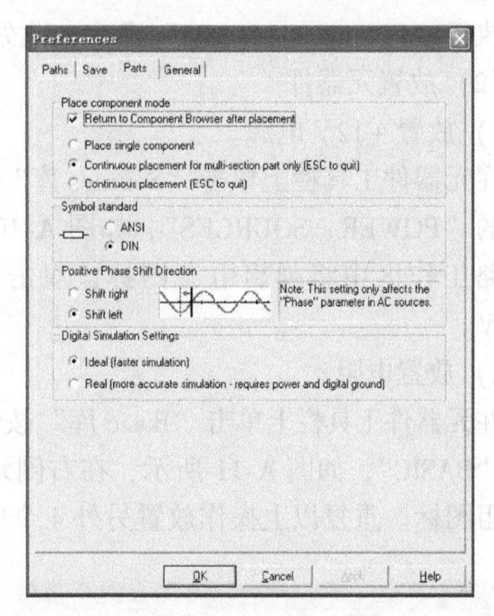

图 A-8　Parts 选项卡

3. Multisim 电路创建

以晶体管单管放大电路为例，简要说明 Multisim 10 的仿真过程，包括建立电路文件、元器件的放置、电路连接、虚拟仪器的使用和电路分析等全过程。

所要仿真的电路如图 A-9 所示⊖，这是一个静态工作点稳定的单管放大电路，包括 1 个晶体管 2N2222A、5 个电阻、3 个电容、1 个 +12V 直流电源、函数信号发生器和示波器。

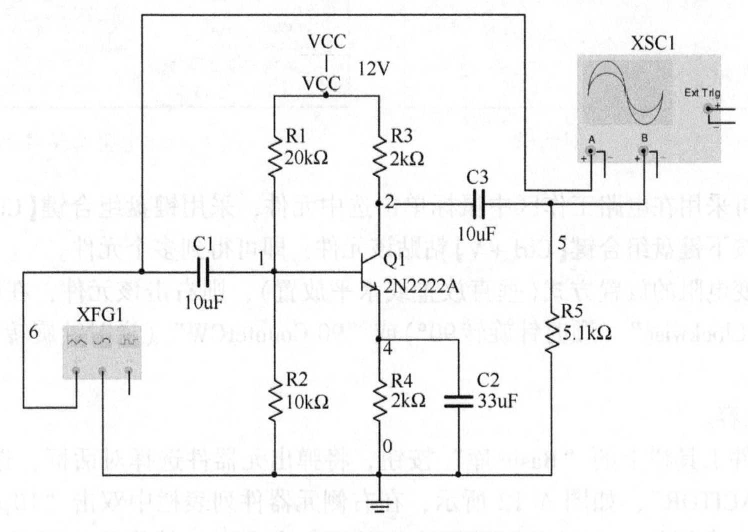

图 A-9　单管放大电路的仿真

⊖ 本附录中元器件符号及电路图采用的是 Multisim 10 软件的符号标准，部分与国家标准不符，特提请读者注意。

具体步骤如下：

（1）建立电路文件 执行“开始/程序/Multisim 10”命令，将启动 Multisim 10，启动后程序将自动建立名为“Circuit 1”的空白电路文件，保存该文件并重新命名。

电路工作区的颜色、尺寸、显示模式等设置可以根据用户的使用习惯进行设置，详细设置可执行“Options/Customize”命令，此处保持程序默认设置。

（2）放置元器件

1）放置 +12V 电源。

在元器件工具栏上单击“Sources 库”按钮，将弹出元器件选择对话框，选择“Family”栏中的“POWER _ SOURCES”，如图 A-10 所示，在右侧元器件列表栏中双击“VCC”，则在电路工作区中将弹出电源图标，双击电源图标，在“Value”选项卡中可修改电压值为 12V。

2）放置电阻。

在元器件工具栏上单击“Basic 库”按钮，将弹出元器件选择对话框，选择“Family”栏中的“BASIC”，如图 A-11 所示，在右侧元器件列表栏中双击“20k”，则在电路工作区中弹出电阻图标。重复以上操作放置另外 4 个电阻。

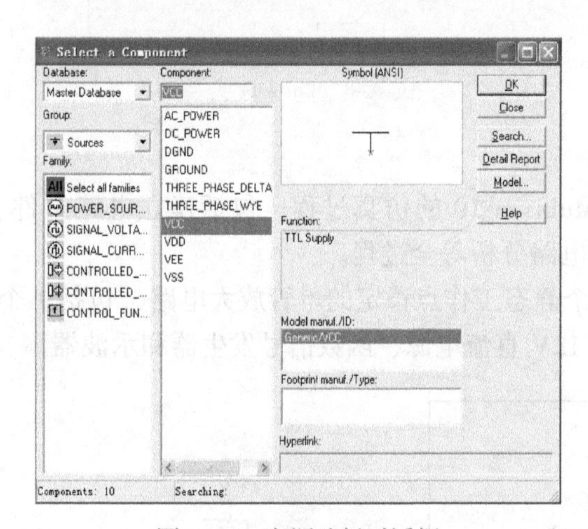

图 A-10 电源选择对话框

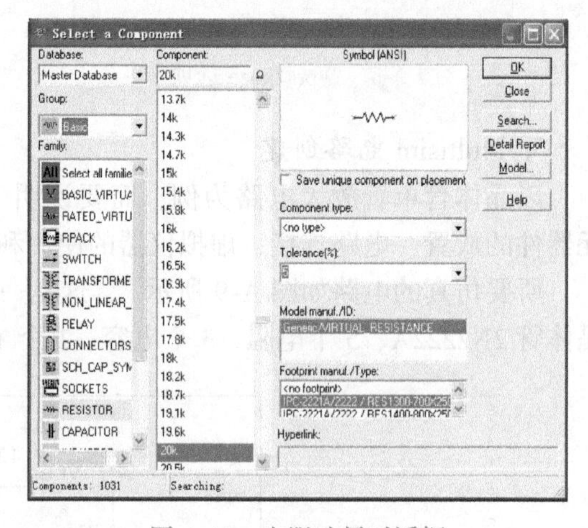

图 A-11 电阻选择对话框

提示：也可采用在电路工作区中鼠标单击选中元件，采用键盘组合键【Ctrl + C】复制该元件，再多次按下键盘组合键【Ctrl + V】粘贴该元件，即可得到多个元件。

如果要改变电阻的放置方式（垂直放置或水平放置），则右击该元件，在弹出的快捷菜单中执行“90 Clockwise”（顺时针旋转 90°）或“90 CounterCW”（逆时针旋转 90°）命令，则可将电阻旋转。

3）放置电容。

单击元器件工具栏上的“Basic 库”按钮，将弹出元器件选择对话框，选择“Family”栏中的“CAPACITOR”，如图 A-12 所示，在右侧元器件列表栏中双击“10μ”，则在电路工作区中弹出电容图标。重复以上操作放置另外 2 个电容，并将其放置到合适位置。同样也可在电路工作区中右击电容元件，从弹出的快捷菜单中选择电容的垂直或水平放置方式。

4）放置NPN型晶体管。

单击元器件工具栏上的“Transistor库”按钮，将弹出元器件选择对话框，选择“Family”栏中的“BJT_NPN”选项，如图A-13所示，在右侧元器件列表栏中双击“2N2222A”，则在电路工作区中弹出晶体管图标，将其拖到电路工作区中的合适位置。

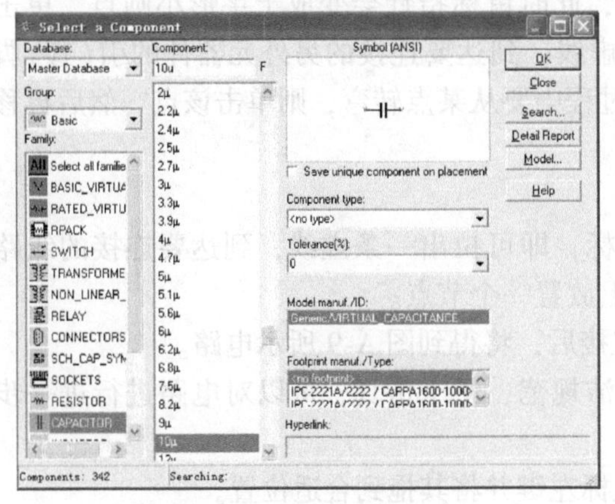

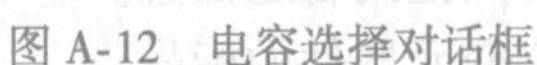
图A-12　电容选择对话框

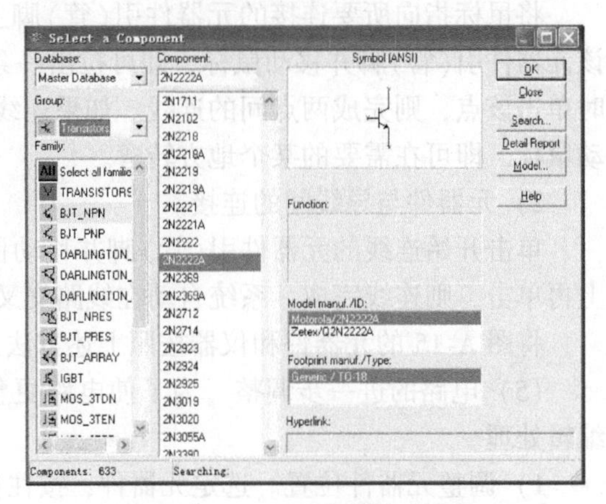

图A-13　晶体管选择对话框

5）放置接地端。

接地端是电路的公共参考点，电路中可以有多个接地符，但实际上都属于同一个接地点，如果电路中没有接地符，仿真将不能进行。

单击元器件工具栏上的“Sources库”按钮，选择“Family”栏中的“POWER_SOURCES”，在右侧元器件列表中双击“GROUND”，则在电路工作区中出现接地符。

（3）放置仪器　分别单击仪器栏函数信号发生器图标和双通道示波器图标，将其拖到电路工作区合适的位置。双击函数信号发生器图标，将弹出参数设置对话框。本例设置函数信号发生器输出频率为1kHz、幅值为5mV的正弦信号，参数设置如图A-14所示。

放置元器件和仪器后，电路工作区窗口如图A-15所示。

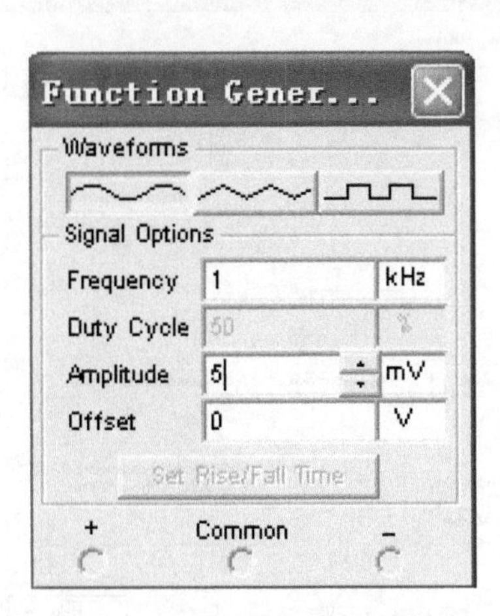

图A-14　函数信号发生器参数设置对话框

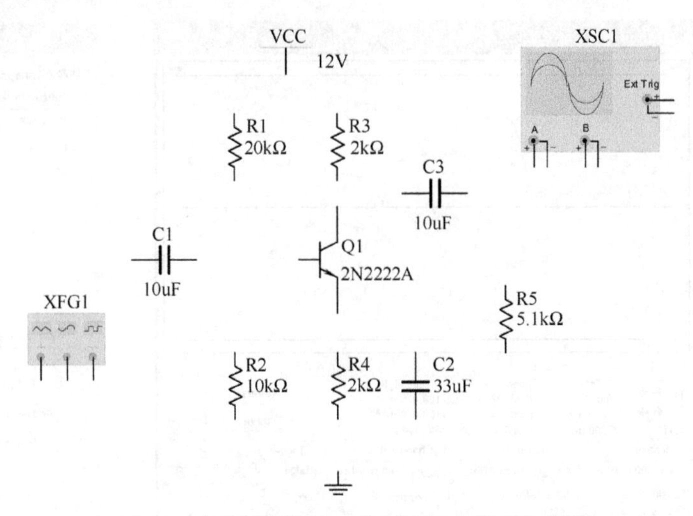

图A-15　放置在电路工作区中的元器件和仪器

其中，函数信号发生器有3个端子，左右2个端子是正负极性电压输出端，中间端子是公共端，一般接地，此处采用正极性输出端。

（4）连线

1）元器件间的连接。

将鼠标指向所要连接的元器件引(管)脚上，此时鼠标指针会变成十字形小圆点，单击该元器件引(管)脚并移动鼠标，即可拉出一条虚线，到达要连接的另外元器件的引(管)脚时单击该点，则完成两点间的连线。如果连线过程中要从某点转弯，则单击该点，然后再移动鼠标，即可在需要的某个地方转弯。

2）元器件与导线间的连接。

单击开始连线的元器件引(管)脚并移动鼠标，即可拉出一条虚线，到达要连接的线路上再单击，则连线完成，系统自动在线路交叉上放置一个节点。

将图A-15的元器件和仪器按照上述方法连接后，将得到图A-9所示电路。

（5）电路的进一步调整　为了使电路更整洁规范，便于仿真，可以对电路进行进一步编辑处理。

1）调整元器件位置。选定元器件，按住鼠标左键并将其拖到合适位置。

2）改变元器件标号。双击元器件，在属性对话框中改变元器件的标号。

3）显示节点编号。在主窗口中执行“Options/Preferences”命令，将弹出“Preferences”对话框。选中“Circuit”，选中“Show”选项区域内的“Show node names”，显示线路上的节点编号。

4）导线和节点的删除。右击想要删除的导线，从弹出的快捷菜单中执行“Delete”命令即可删除；若想删除某节点，则将鼠标指向所要删除的节点并右击，从弹出的快捷菜单中执行“Delete”命令即可。

（6）电路仿真　电路连接好后，此时电路并未工作，需按下电路工作区上方的仿真开关，电路才开始工作，电路工作后，双击示波器，调整示波器的横坐标和纵坐标刻度得到波形，如图A-16所示，可以观察到图A-9所示单管放大电路的放大倍数和波形失真情况。

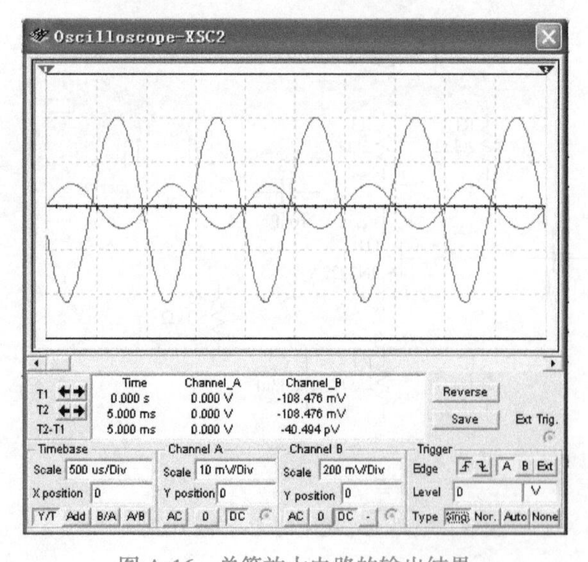

图A-16　单管放大电路的输出结果

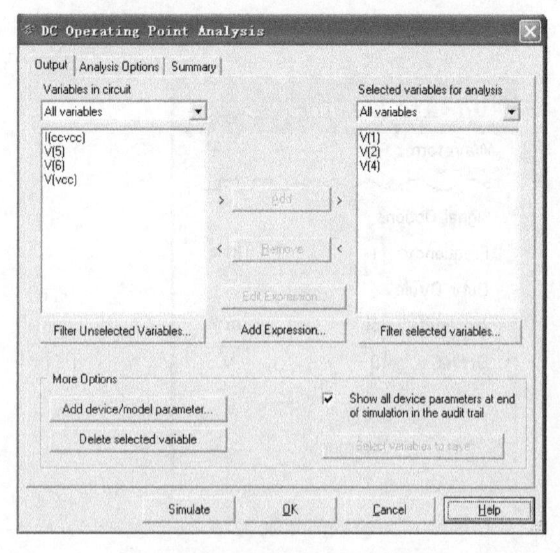

图A-17　输出变量选择对话框

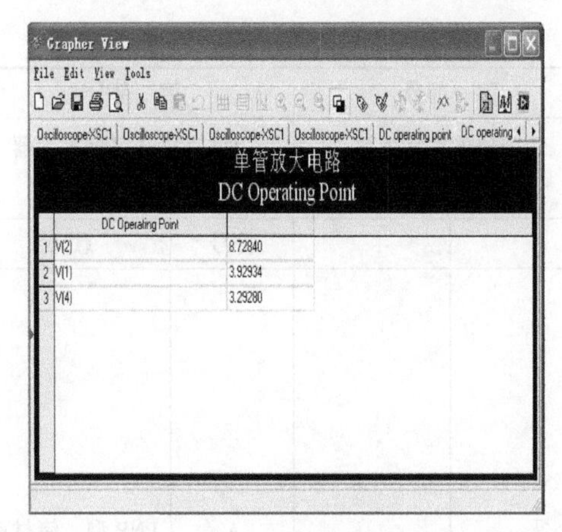

图 A-18 静态工作点计算结果

注意：示波器的默认背景是黑色，此处通过单击示波器面板上的“Reverse”按钮将示波器的背景颜色反色。

执行“Simulate/Analysis/DC Operating Point”命令，将弹出输出变量选择对话框，如图 A-16 所示，要求选择输出节点。在左边栏中选择需要仿真的输出变量，此处选择图 A-17 中 1、2、4 节点为输出，选中后单击“Add Expression…”按钮，添加到右边栏作为输出，然后单击“Simulate”按钮，得出静态工作点计算结果，如图 A-18 所示。

附录 B 半导体分立器件型号命名方法（摘自 GB/T 249—2017）

1. 型号组成原则

半导体分立器件的型号五个组成部分的基本意义如下：

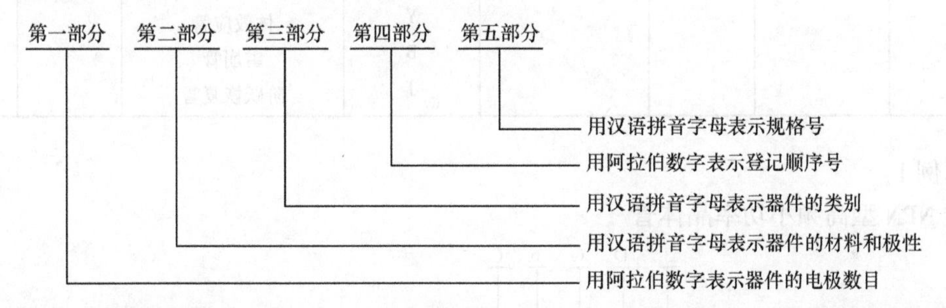

半导体分立器件的型号一般由第一部分到第五部分组成，也可以由第三部分到第五部分组成。

2. 型号组成部分的符号及其意义

1）由第一部分到第五部分组成的器件型号的符号及其意义见表 B-1。

表 B-1 由第一部分到第五部分组成的器件型号的符号及其意义

第一部分		第二部分		第三部分		第四部分	第五部分
用阿拉伯数字表示器件的电极数目		用汉语拼音字母表示器件的材料和极性		用汉语拼音字母表示器件的类别		用阿拉伯数字表示登记顺序号	用汉语拼音字母表示规格号
		符号	意义	符号	意义		
2	二极管	A B C D E	N 型，锗材料 P 型，锗材料 N 型，硅材料 P 型，硅材料 化合物或合金材料	P H V W C Z L	小信号管 混频管 检波管 电压调整管和电压基准管 变容管 整流管 整流堆		

（续）

第一部分		第二部分		第三部分		第四部分	第五部分
用阿拉伯数字表示器件的电极数目		用汉语拼音字母表示器件的材料和极性		用汉语拼音字母表示器件的类别		用阿拉伯数字表示登记顺序号	用汉语拼音字母表示规格号
		符号	意义	符号	意义		
				S	隧道管		
				K	开关管		
				N	噪声管		
				F	限幅管		
				X	低频小功率晶体管（$f_a<3$MHz，$P_c<1$W）		
		A	PNP 型，锗材料	G	高频小功率晶体管（$f_a\geqslant3$MHz，$P_c<1$W）		
		B	NPN 型，锗材料				
3	三极管	C	PNP 型，硅材料	D	低频大功率晶体管（$f_a<3$MHz，$P_c\geqslant1$W）		
		D	NPN 型，硅材料				
		E	化合物或合金材料	A	高频大功率晶体管（$f_a\geqslant3$MHz，$P_c\geqslant1$W）		
				T	闸流管		
				Y	体效应管		
				B	雪崩管		
				J	阶跃恢复管		

示例 1：

硅 NPN 型高频小功率晶体管

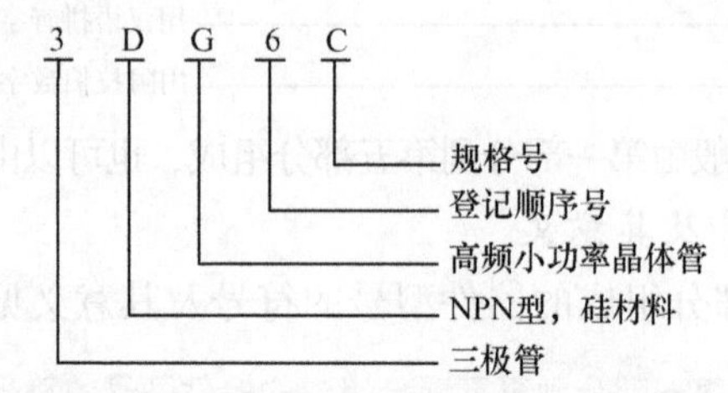

2）由第三部分到第五部分组成的器件型号的符号及其意义见表 B-2。

表 B-2　由第三部分到第五部分组成的器件型号的符号及其意义

第三部分		第四部分	第五部分
用汉语拼音字母表示器件的类别		用阿拉伯数字表示登记顺序号	用汉语拼音字母表示规格号
符号	意义		
CS	场效应晶体管		
BT	特殊晶体管		
FH	复合管		
JL	晶体管阵列		
PIN	PIN 二极管		
ZL	二极管阵列		
QL	硅桥式整流器		

（续）

第三部分		第四部分	第五部分
用汉语拼音字母表示器件的类别		用阿拉伯数字表示登记顺序号	用汉语拼音字母表示规格号
符号	意义		
SX	双向三极管		
XT	肖特基二极管		
CF	触发二极管		
DH	电流调整二极管		
SY	瞬态抑制二极管		
GS	光电子显示器		
GF	发光二极管		
GR	红外发射二极管		
GJ	激光二极管		
GD	光电二极管		
GT	光电晶体管		
GH	光电耦合器		
GK	光电开关管		
GL	成像线阵器件		
GM	成像面阵器件		

示例2：
场效应晶体管

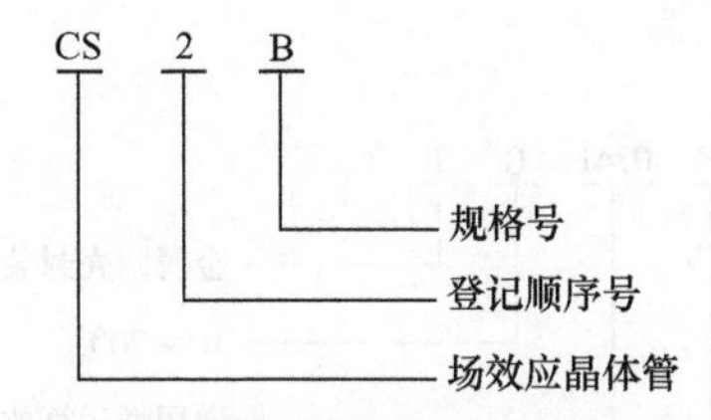

附录C 半导体集成电路型号组成及意义（摘自GB/T 3430—1989）

器件的型号由五个部分组成，其五个组成部分的符号及意义如下：

第0部分		第一部分		第二部分	第三部分		第四部分	
用字母表示器件符号国家标准		用字母表示器件的类型		用阿拉伯数字和字符表示器件的系列和品种代号	用字母表示器件的工作温度范围		用字母表示器件的封装	
符号	意义	符号	意义		符号	意义	符号	意义
C	符合国家标准	T	TTL电路		C	0～70℃	F	多层陶瓷扁平
		H	HTL电路		G	-25～70℃	B	塑料扁平

（续）

第0部分		第一部分		第二部分	第三部分		第四部分	
用字母表示器件符号国家标准		用字母表示器件的类型		用阿拉伯数字和字符表示器件的系列和品种代号	用字母表示器件的工作温度范围		用字母表示器件的封装	
符号	意义	符号	意义		符号	意义	符号	意义
C	符合国家标准	E	ECL 电路		R	−25～85℃	H	黑瓷扁平
		C	CMOS 电路		M	−40～85℃	D	多层陶瓷双列直插
		M	存储器			L	J	黑瓷双列直插
		μ	微型机电路			E	P	塑料双列直插
		F	线性放大器			−55～85℃	S	塑料单列直插
		W	稳压器			−55～125℃	K	金属菱形
		B	非线性电路				T	金属圆形
		J	接口电路				C	陶瓷片状载体
		AD	A/D 转换器				E	塑料片状载体
		DA	D/A 转换器				G	网格阵列
		D	音响、电视电路					
		SC	通信专用电路					
		SS	敏感电路					
		SW	钟表电路					

示例：

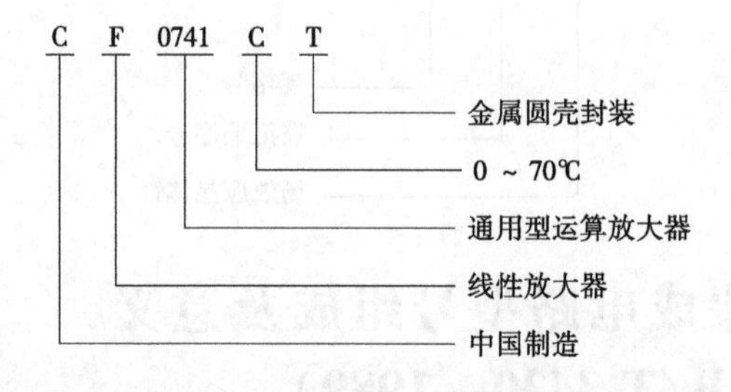

附录 D 常用基本逻辑单元国标符号与非国标符号对照表

名　称	国标符号	旧符号	国外流行符号
与门	A, B — & — Y	A, B — Y	A, B — Y
或门	A, B — ≥1 — Y	A, B — + — Y	A, B — Y

（续）

名　称	国标符号	旧 符 号	国外流行符号
非门	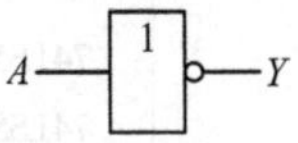 A 1 Y	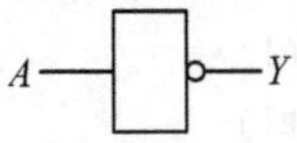 A Y	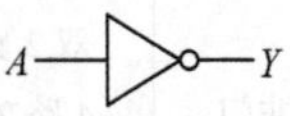 A Y
与非门	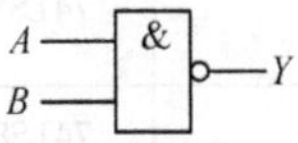 A B & Y	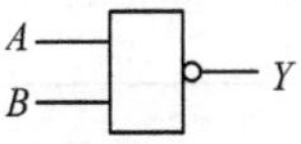 A B Y	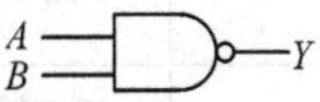 A B Y
或非门	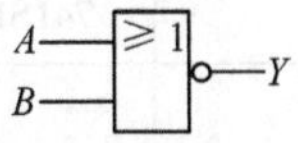 A B ≥1 Y	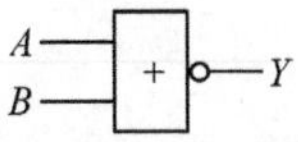 A B + Y	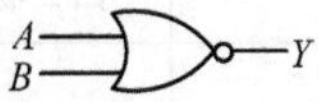 A B Y
与或非门	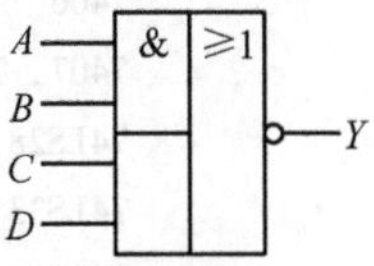 A B C D & ≥1 Y	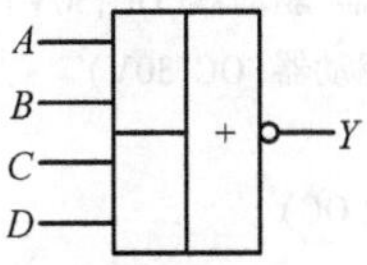 A B C D + Y	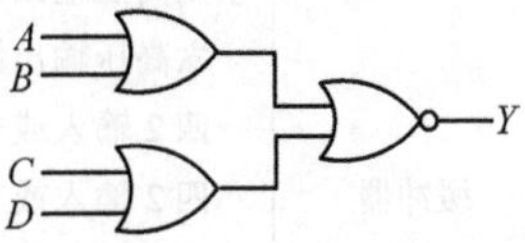 A B C D Y
异或门	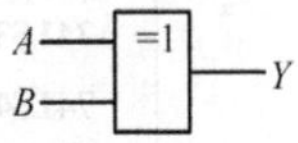 A B =1 Y	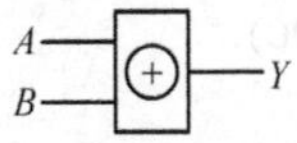 A B ⊕ Y	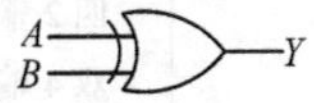 A B Y
同或门	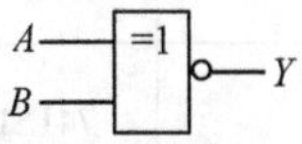 A B =1 Y	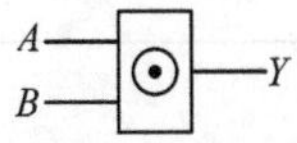 A B ⊙ Y	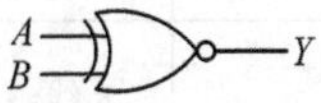 A B Y

附录 E 常用数字集成电路一览表

类　型	功　能	型　号
与非门	四 2 输入与非门	74LS00，74HC00
	四 2 输入与非门（OC）	74LS03，74HC03
	四 2 输入与非门（带施密特触发器）	74LS132，74HC132
	三 3 输入与非门	74LS10，74HC10
	三 3 输入与非门（OC）	74LS12，74ALS12
	双 4 输入与非门（OC）	74LS20，74HC20
	8 输入与非门	74LS30，74HC30
或非门	四 2 输入或非门	74LS02，74HC02
	双 5 输入或非门	74LS260
	双 4 输入或非门（有选通端）	7425
非门	六反相器	74LS04，74HC04
	六反相器（OC）	74LS05，74HC05
与门	四 2 输入与门	74LS08，74HC08
	四 2 输入与门（OC）	74LS09，74HC09
	三 3 输入与门	74LS11，74HC11
	三 3 输入与门（OC）	74LS15，74ALS15
	双 4 输入与门	74LS21，74HC21
或门	四 2 输入或门	74LS32，74HC32

（续）

类　型	功　能	型　号
与或非门	双2路2-2输入与或非门 4路2-3-3-2输入与或非门 2路4-4输入与或非门	74LS51，74HC51 74LS54 74LS55
异或门	四2输入异或门 四2输入异或门（OC）	74LS86，74HC86 74LS136，74ALS136
缓冲器	六高压输出反相缓冲器/驱动器（OC，30V） 六高压输出缓冲器/驱动器（OC，30V） 四2输入或非缓冲器 四2输入或非缓冲器（OC） 四2输入与非缓冲器 四2输入与非缓冲器（OC） 双4输入与非缓冲器	7406 7407，74HC07 74LS28，74ALS33 74LS33，74ALS33 74LS37，74ALS37 74LS38，74ALS38 74LS40，74ALS40
编码器	8线-3线优先编码器 10线-4线优先编码器（BCD码输出） 8线-3线优先编码器（三态输出）	74LS148，74HC148 74LS147，74HC147 74LS348
译码器	4线-10线译码器（BCD码输入） 4线-10线译码器（余3码输入） 4线-16线译码器 双2线-4线译码器 4线-10线译码器/驱动器（BCD输入，OC） 4线-七段译码器/驱动器（BCD输入，OC，15V） 4线-七段译码器/驱动器（BCD输入，上拉电阻） 4线-七段译码器/驱动器（BCD输入，开路输出） 4线-七段译码器/驱动器（BCD输入，OC） 3线-8线译码器（带地址锁存） 3线-8线译码器	74LS42，74HC42 7443 74LS154，74HC154 74LS139，74HC139 74LS145 74LS247 74LS48，74LS248 74LS47 74LS49 74LS137 74LS138，74HC138
数据选择器	16选1数据选择器（有选通输入端，反码输出） 8选1数据选择器（有选通输入端，互补输出） 8选1数据选择器（反码输出） 双4选1数据选择器（有选通输入端） 四2选1数据选择器（有公共选通输入端） 四2选1数据选择器（有公共选通输入端，反码输出） 8选1数据选择器（三态、互补输出）	74150 74LS151，74HC151 74LS152，74HC152 74LS153，74HC153 74LS157，74HC157 74LS158，74HC158 74LS251，74HC251

（续）

类　型	功　能	型　号
运算器	4 位二进制超前进位全加器	4008
触发器	双上升沿 D 触发器(带预置、清除端) 四上升沿 D 触发器(有公共清除端) 八 D 触发器 双上升沿 JK 触发器 双 JK 触发器(带预置、清除端) 与门输入上升沿 JK 触发器(带预置、清除端) 四 JK 触发器	74LS74，74HC74 74LS175，74HC175 74LS273，74HC273 4027 74LS76，74HC76 7470 74276
施密特触发器	双施密特触发器 六施密特触发器 九施密特触发器	4583 4584 9014
计数器	十进制计数器 4 位二进制同步计数器(异步清除) 十进制同步计数器(同步清除) 4 位二进制同步计数器(同步清除) 十进制同步加/减计数器 十进制同步加/减计数器(双时钟)	74LS90，74LS290 74LS161，74HC161 74LS162，74HC162 74LS163，74HC163 74LS190，74HC190 74LS192，74HC192
寄存器	4 位双向移位寄存器(并行存取) 4D 寄存器(三态输出) 4 位双向移位寄存器(三态输出)	74LS194，74HC194 4076 40104，74HC40104
锁存器	8D 锁存器(三态输出、锁存允许数据有回环特性) 4 位双稳态锁存器 RS 锁存器	74LS373，74HC373 74LS75，74HC75 74LS279，74HC279
单稳态触发器	可重触发单稳态触发器(有清除端) 双可重触发单稳态触发器(有清除端) 双单稳态触发器(带施密特触发器)	74LS122 74HC123 74HC221

附录 F　综合训练一——半导体收音机的组装与调试

1. 实训目的

1）读懂收音机电路的基本组成、工作原理及印制电路板的安装图。

2）掌握电子元器件的识别、安装、焊接工艺及相关工具、仪表的使用方法。

3）掌握简单电子产品的整机工艺、装配、调试方法，并达到产品质量要求。

4）学会编制简单电子产品的工艺文件，能按照行业规程要求，撰写报告。

2. 实训设备与器材

1）9018 型六管超外差式收音机原理图如图 F-1 所示。其印制电路板如图 F-2 所示。

2）材料：9018 型六管超外差式收音机 1 台；焊锡、松香、无水酒精等。

3）工具和仪表：20W 电烙铁、烙铁架、尖嘴钳、斜口钳、镊子、螺钉旋具、小刀和万

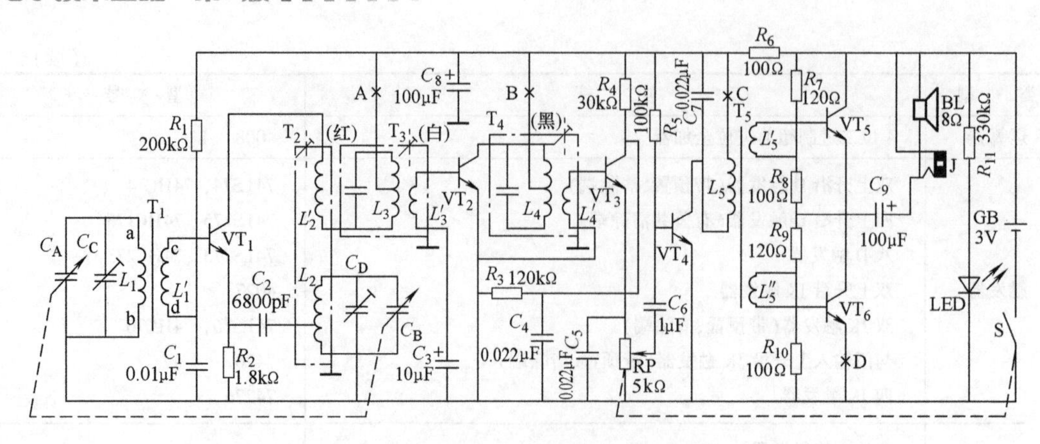

图 F-1　六管超外差式收音机原理图

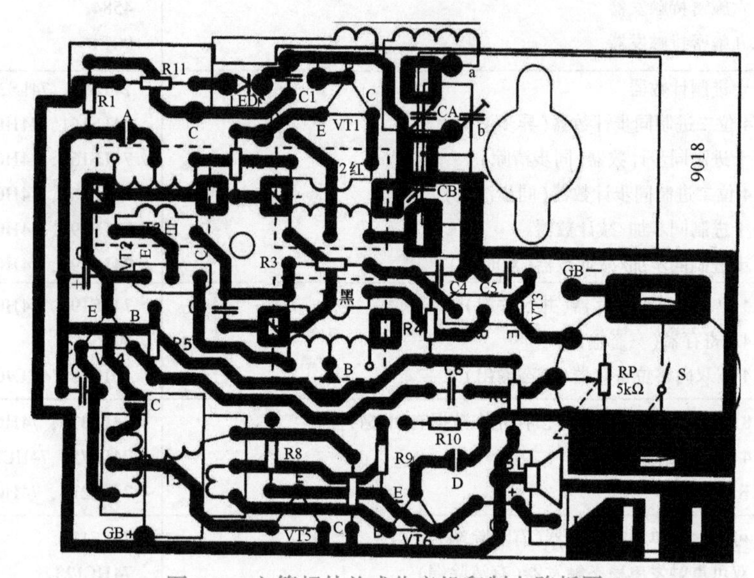

图 F-2　六管超外差式收音机印制电路板图

用表等。

3. 实训步骤与内容

（1）领料　按照 9018 型六管超外差式收音机 1 台清单领料，元器件清单见表 F-1。

表 F-1　元器件清单

名称、代号	型号、规格	数量	名称、代号	型号、规格	数量
晶体管 VT_1（绿） VT_2（蓝） VT_3（蓝）	3DG201A（或 9011G 或 9011F）高频小功率管	3	发光二极管 LED	$\phi 3$（红）	1
			天线磁棒 T_1	P 型 5×13×55	1
			天线线圈 T_1	L_1 100 匝，L_1' 10 匝	1
晶体管 VT_4（紫）	3DG201A（或 9018H）高频小功率管	1	中周红 T_2、白 T_3、黑 T_4	LF10—1（红） TF10—1（白） TF10—2（黑）	3
晶体管 VT_5 VT_6	9013H（或 3DX201）中功率管	2	功放输入变压器 T_5	E14 型：六个引出端	1

（续）

名称、代号			型号、规格	数量	名称、代号	型号、规格	数量
扬声器 BL			YD58—1 ϕ58、0.5W、8Ω	1	电解电容 C_6	CD71(1μF/16V)	1
金属膜普通电阻	R_6、R_8、R_{10}		1/8W、100Ω	3	印制电路板		1
	R_7、R_9		1/8W、120Ω	2	自攻螺钉	ϕ2mm×5mm	1
	R_2		1/8W、1.8kΩ	1	电源正负极弹簧片	（三件）	一套
	R_4		1/8W、30kΩ	1	扬声器网罩、刻度尺		各一
	R_5		1/8W、100kΩ	1			
	R_3		1/8W、120kΩ	1	双联拨盘螺钉	ϕ2.5mm×5mm	3
	R_1		1/8W、200kΩ	1	电位器拨盘螺钉	ϕ1.6mm×5mm	1
	R_{11}		1/8W、330kΩ	1	塑料前盖		1
瓷片电容		C_2	CCX(682μF)	1	塑料后盖		1
		C_1	CCX(0.01μF)	1	双联拨盘		1
		C_4、C_5、C_7	CCX(0.022μF)	3	电位器拨盘		1
双联可变电容器 C_A C_B			CBM—223P	1	磁棒支架		1
					耳机插座 J	ϕ2.5mm	1
电解电容 C_3			CD71(10μF/16V)	2	连接导线		4
电解电容 C_8、C_9			CD71(100μF/16V)	2	带开关电位器	WH-15-5kΩ	1

（2）核对　根据元器件清单表 F-1 对照电路图核实器件及各种紧固件。

（3）检查

1）外观检查。要求元器件外观完整无损，标志清晰，引线无锈蚀和断脚等现象。对电位器，观察引出端子是否松动，转动转轴时感觉是否平滑，不应有过松过紧等情况；对电感线圈，观察表面有无发霉现象，绝缘有无损坏，线圈有无松散，引脚有无折断或生锈等现象。如果电感带有磁心(中周)，还要检查磁心的螺纹是否配合，有无松脱现象。

2）质量检查。电阻、电容、二极管、晶体管等常用元器件的具体检测方法前面已有讲述，这里不重复，要求将检测结果填入实训报告。对多引脚的中周和输入变压器，可根据图 F-3 所示的内部接线关系进行检测。

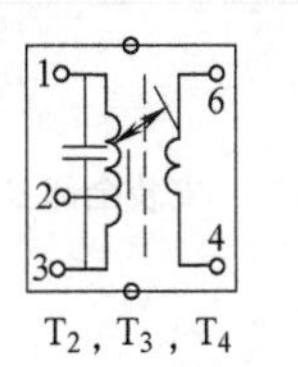

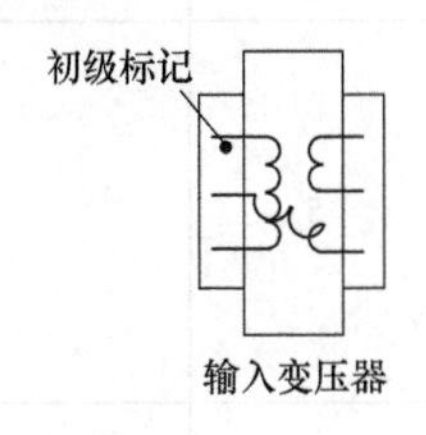

图 F-3　中周、输入变压器内部接线关系

3）元器件说明。中周 LF10－1(红色)、中周 TF10－1(白色)和中周 TF10－2(黑色)在出厂前均已调在规定的频率上，装好后只需微调甚至不调，请不要调乱。T_5 为功放输入变压器，线圈骨架上有凸点标志的为初级，印制电路板上也有圆点作为标志。小功率晶体管的 β 值与色点的对应关系见表 F-2。

表 F-2　小功率晶体管的 β 值与色点的对应关系

色点颜色	黄	绿	蓝	紫	灰	白
β 值	40~50	50~80	80~120	120~180	180~270	270~400

（4）装配　元器件安装质量好坏，直接影响到产品的电路性能与成功率，要按前面章节所讲的焊接技术认真练习后，再进行整机的安装。实践证明，如表 F-3 所示元器件的安装顺序及要点是比较好的一种安装方法。

表 F-3　元器件的安装顺序及要点

序　号	内　容	安装要点
1	安装 T_2、T_3、T_4	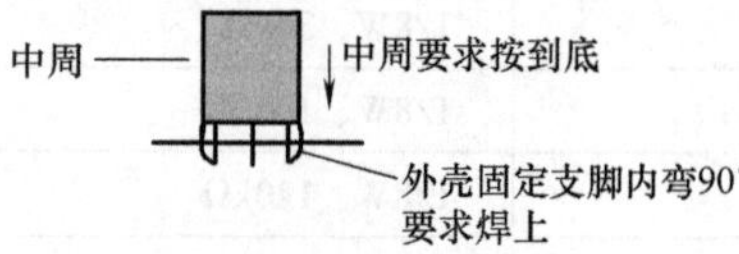 中周 中周要求按到底 外壳固定支脚内弯90°，要求焊上
2	安装 T_5	 经辅导人员检查后可以先焊 引线固定
3	安装 $VT_1 \sim VT_6$	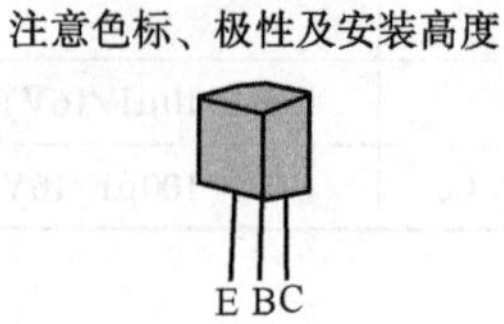 注意色标、极性及安装高度 E B C
4	安装全部 R	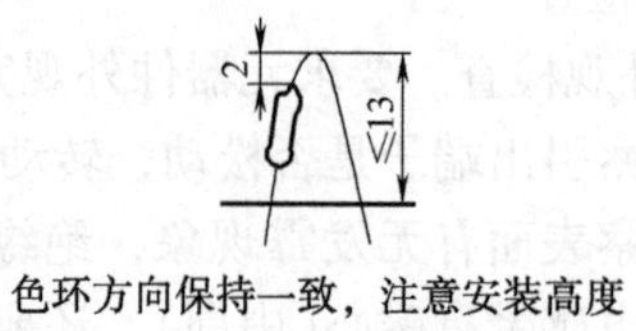 2 ≤ 13 色环方向保持一致，注意安装高度
5	安装全部 C	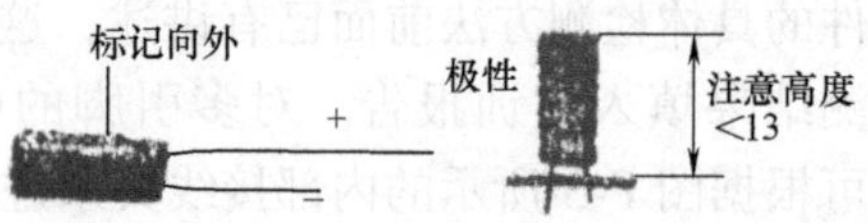 标记向外 极性 注意高度 <13
6	安装双联电容、电位器、磁棒架	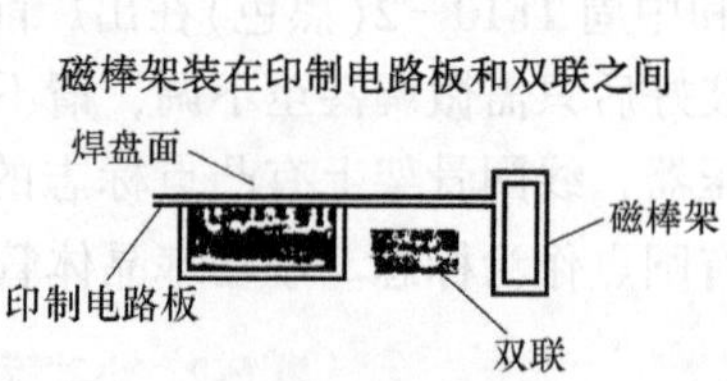 磁棒架装在印制电路板和双联之间 焊盘面 磁棒架 印制电路板 双联
7	焊前检查	检查已安装的元器件位置，特别注意晶体管的管脚，经辅导老师检查无误后方可进行下一步工作

（续）

序 号	内 容	安装要点
8	焊接已插上的元器件	焊接时注意锡量适中 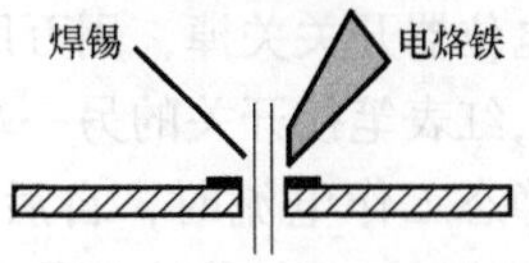 焊锡 电烙铁
9	修理引线	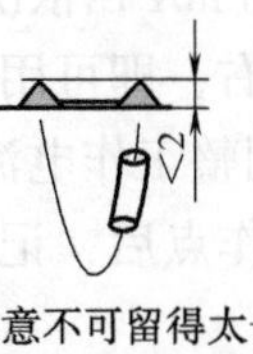 剪断引线多余部分、注意不可留得太长、也不可剪得太短
10	检查焊点	检查有无漏焊点、虚焊点、短接点 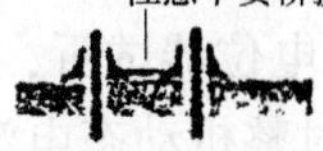 注意不要桥接
11	焊接 T_1、电池引线、装拨盘、磁棒等	
12	其他	固定扬声器、装透镜、金属网罩及拎带等  扬声器 电烙铁 垫纸 塑壳

注意：安装时，所有元器件的高度不得高于中周的高度。

（5）检测　收音机组装完毕后，需要进行检测和调试，可按以下步骤进行：

1）通电前的检测。同学们之间对安装好的收音机进行自检和互检，主要检查焊点有无虚焊、各元器件位置与图样所示位置是否相同；各晶体管及二极管的极性是否焊错等。检查电源有无输出电压(3V)及引出线的极性是否正确。

2）通电后的初步检测。首先调整电路中各级晶体管的偏置电阻，使其静态电流处于最佳工作状态。在测量过程中，将整机静态工作的总电流及各级静态工作电流填入实训报告。整机静态工作的总电流 I_0 及图 F-1 中测试点 A、B、C、D 断口的各级静态工作电流参考值见表 F-4。

表 F-4　各级静态工作电流参考值

名 称	代 号	静态电流 I_C 或 I_E/mA		图中断点号
变频管	VT_1	I_{C1}	0.25～0.4(0.3)	A
中放管	VT_2	I_{C2}	0.4～0.6(0.5)	B
低频管	VT_4	I_{C4}	1.5～3(2)	C
功放管	VT_6	I_{E6}	1～2(1.5)	D

注：工作电压 $U_C=3V$；整机工作电流 $I_0=10mA$。

具体检测方法如下：

① 收音机装上电池(注意正负极性)，测量电源电压(3V)，不得低于2.8V。

② 将可变电容全部旋入或全部旋出，保证测量时无信号输入，扬声器无声。

③ 将电位器开关关掉，用万用表的50mA档，将表笔跨接在电位器开关的两端(黑表笔接电池负极,红表笔接开关的另一端)，若电流指示小于10mA，则说明可以通电。

④ 测静态工作电流时，自后向前一级一级地测量。将电位器开关打开(音量旋至最小)，用万用表的mA档依次测量D、C、B、A四个电流断口的电流值。若数值在表F-4规定的参考范围左右，即可用电烙铁将其缺口补焊连通。

⑤ 若需要调整工作电流时，可选取一只固定电阻和一只电位器串入断点处，调节电位器，找到最佳工作点后，记录固定电阻和电位器阻值之和，用一只等值电阻替换接入电路即可。

⑥ 工作电流检测合格后，用螺钉旋具自后向前逐个触碰各管基极，扬声器均应发出“咯、咯……”的声音，若无声则说明该级有问题。

⑦ 开大音量电位器试听，慢慢转动调谐盘，试听扬声器发出声音大小和音质是否正常，同时测量大音量时整机动态电流是否处于正常范围。

(6) 调试 收音机经过通电检查并正常发声后，可以进行调试工作。具体步骤分为调中周(调中频频率)、调整频率范围和统调等。

1) 调中周。

目的：将各中周的谐振频率统一调整到固定中频465kHz。

方法：简单的调整方法是首先判断振荡是否起振，先用螺钉旋具敲击天线插孔，正常时扬声器应发出响亮的“咯、咯……”声，若停振，则声音很小。其次用螺钉旋具分别触碰双联的两组定片，若扬声器发出同样响亮的“咯、咯……”声，说明已起振；如果不起振，则可能是反馈线圈L_2接反了，可将两头对调试之。若仍不起振，则可能是振荡电压太低或振荡部分元器件有毛病。

当振荡电路起振后，调整各中周。改变天线方向使接收信号弱些，并将音量调至适中，目的是使谐振点明显且各晶体管不至于进入饱和状态。用无感螺钉自后向前逐级微微旋转中周(T_4、T_3)的磁帽，调整磁心使扬声器声音输出最大。重复2~3次，每次均要求声音输出最大。此时中频调整完毕，最后用蜡熔入磁心，将其固定。

若具备高频信号发生器、音频毫伏表和示波器，则可按如下方法调整：

① 将收音机调台指示调至中波段低端535~750kHz无电台处，音量电位器开足。用示波器(示波器接在音量电位器两端)观察，如果此时有广播电台的干扰，应把频率调偏些，避开干扰。

② 用高频信号发生器从天线输入频率为465kHz的调幅信号，从小到大慢慢调节高频信号发生器输出信号幅值，直至扬声器里能听见音频声。

③ 用无感螺钉旋具，按从后级到前级的次序逐级微微旋转中周(T_4、T_3)的磁帽，调整磁心到收音机输出最大(接在音量电位器两端的音频毫伏表指示最大、示波器波形幅值最大或扬声器声音最大)。

④ 减小高频信号发生器输出信号的幅值，重复上述步骤两到三次，直至输出峰点位置不再改变为止，此时中频频率调整完毕。

⑤ 如果中周全部调乱，可将465kHz的调幅信号分别从各中放级和变频级(图中VT_3、VT_2、VT_1)的基极依次输入，并由后级到前级调整中周磁心。调整中周时的可调元器件位置如图F-4所示。

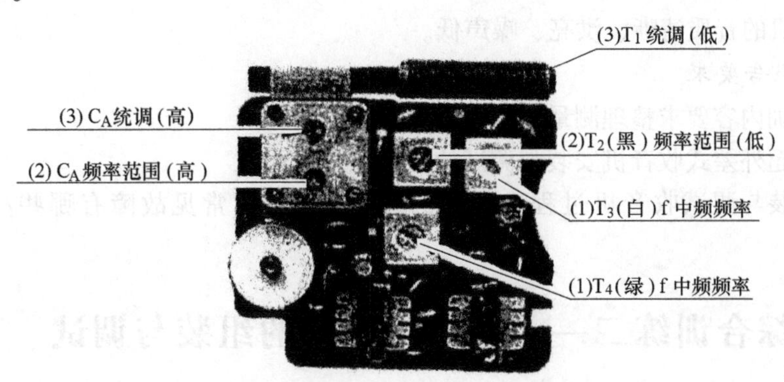

图F-4　调试时的可调元器件位置图

2）调整频率范围。

目的：使双联电容从全部旋入到全部旋出时，收音机所接收的频率范围恰好是整个中波段，即525~1605kHz。实质是校准本振频率与中频频率之差，它是通过调整本机振荡频率来实现的，具体步骤如下：

① 先进行频率低端的调整：将高频信号发生器输出信号频率调到525kHz，或者在低端接收一个电台(如640kHz)，收音机的刻度盘调整到530kHz位置，此时调整中周T_2，使收音机输出的信号最大，即声音最强。

② 再进行高端频率的调整：将高频信号发生器输出信号频率调到1600kHz，或者在高端接收一个电台(如1200kHz)，收音机的刻度盘调整到1600kHz位置，此时调整本振回路微调电容器C_D，使收音机输出的信号最大，即声音最强。

③ 若整个频率刻度均偏高或偏低，还应调整中周T_2的磁心，然后再根据实际情况进行调整。由于低端校准与高端校准有相互影响，因此校准时应反复调整2~3次，直至高低端基本调准为止。

3）统调(调收音机的灵敏度和跟踪调整)。

目的：使本机振荡频率始终比输入回路的谐振频率高出一个固定中频465kHz。方法是在低(600kHz)、中(1000kHz)、高(1500kHz)三端各取一个频点进行调整。

① 低端调整：将高频信号发生器调至600kHz，或者接收一个电台，收音机刻度盘也调至600kHz，调整天线线圈L_1在磁棒上的位置，使收音机输出信号最大，或声音最大。

② 中端和高端调整：方法类似低端调整，不同的是调整双联电容器C_C，高、中、低端要反复调2~3次，调完后即可用蜡将线圈固定在磁棒上。

(7) 收音机产品的验收　按照产品出厂的要求进行验收。

1）外观：机壳及频率盘清洁完整，不得有划伤、烫伤及缺损。

2）印制电路板安装整齐美观，焊接质量好，无损伤。

3）导线焊接要可靠，不得有虚焊，特别是导线与正负极间的焊接位置和焊接质量要好。

4）整机安装合格：转动部分灵活，固定部分可靠，后盖松紧合适。

5）性能指标要求：

① 频率范围：525～1605kHz。

② 灵敏度较高。

③ 收音机的音质清晰、洪亮、噪声低。

4. 实训报告要求

1）按实训内容要求整理测量数据。

2）简述超外差式收音机安装与调试的步骤与方法。

3）在安装与调试收音机过程中遇到的问题有哪些？常见故障有哪些？你是如何排除的？

附录 G 综合训练二——数字电子钟的组装与调试

1. 实训目的

1）熟悉数字电子钟的组成和工作原理。

2）掌握设计简单数字系统的方法。

2. 实训设备与器材

74LS248 显示译码器 6 片、七段显示器(共阴极)6 片、74LS161 计数器 6 片、74LS00、74LS04、74LS20、74LS32、74LS08、74LS20、74LS74、CD4060、晶振（32768Hz）、电阻、电容、导线、开关、直流稳压电源、频率计、示波器、蜂鸣器、万用表。

3. 实训原理

数字电子钟的电路框图如图 G-1 所示，主要由振荡器、分频器、计数器、译码显示电路、校时电路和报时电路等组成。图 G-2 为数字电子钟电路原理图。

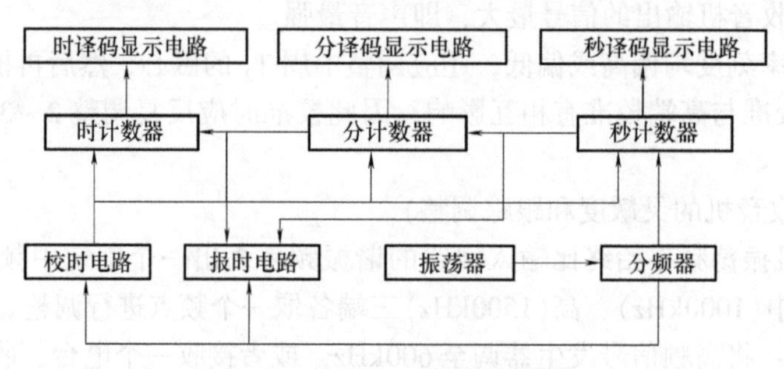

图 G-1 数字电子钟的电路框图

(1) 振荡器 振荡器是数字电子钟的关键，主要用来产生时间标准信号，它的频率稳定性直接影响数字电子钟的精度。为了得到频率稳定性很高的脉冲信号，一般采用石英晶体振荡器，如图 G-3 所示。

(2) 分频器 由于石英晶体振荡器产生的频率很高，要得到秒脉冲，需要用分频电路。如图 G-4 所示电路产生的频率为 32.768kHz，需经过 15 级二分频后才可得到秒脉冲信号，图中采用 CD4060(内有振荡器和 14 级二进制串行计数器)、74LS74 来完成。

(3) 计数器 秒计数器采用两块 74LS161 接成六十进制计数器，如图 G-5 所示，图中 TE、PE、$\overline{LD}$脚接“1”。分计数器也采用两块 74LS161 接成六十进制计数器。时计数器则采

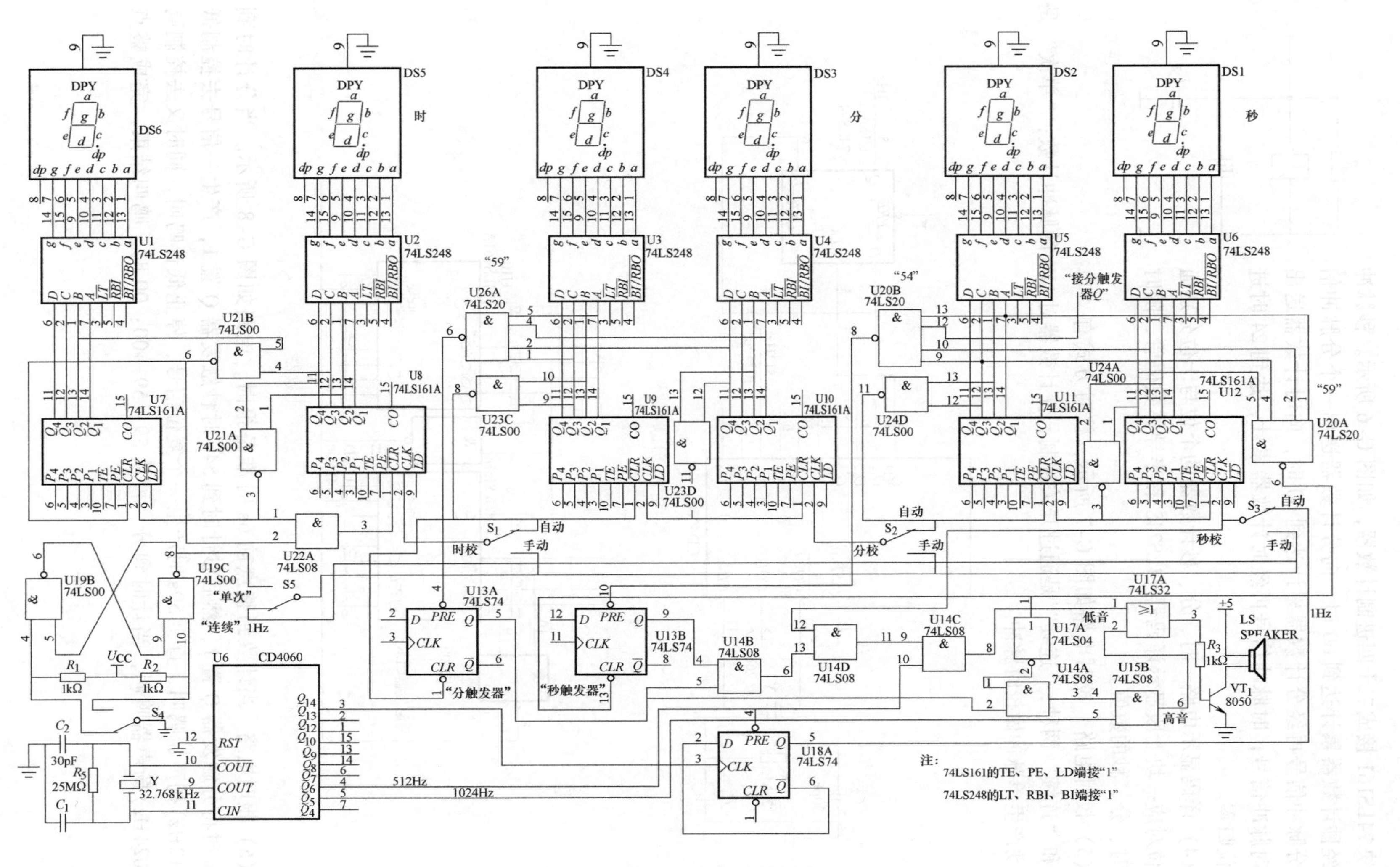

图 G-2 数字电子钟电路原理图

用两块74LS161接成二十四进制计数器，如图G-6所示。秒脉冲信号经秒计数器累计达到60时，向分计数器送出一个分脉冲信号；分脉冲信号再经分计数器累计达到60时，向时计数器送出一个时脉冲信号；时脉冲信号再经时计数器累计，达到24时进行复位归零。

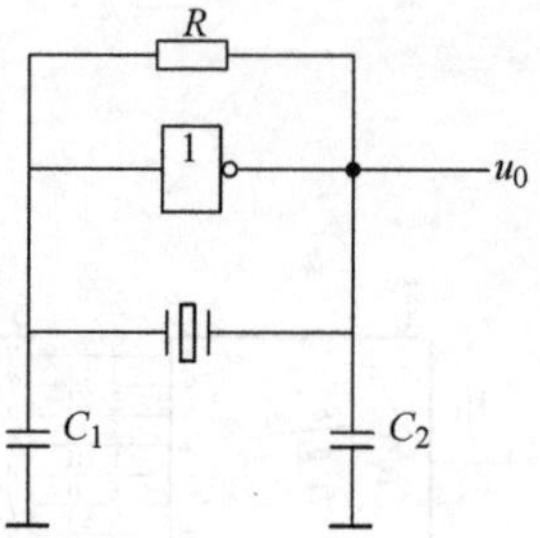

（4）译码显示电路　时、分、秒计数器的个位与十位分别通过每位对应一块七段显示译码器74LS248和半导体数码管，随时显示时、分、秒的数值。

图G-3　石英晶体振荡器

（5）校时电路　校时电路如图G-7所示，校时方式有“单次”和“连续”两种，“连续”是通过开关控制，使计数器对1Hz的脉冲计数；“单次”是用手动产生单脉冲做校时脉冲。

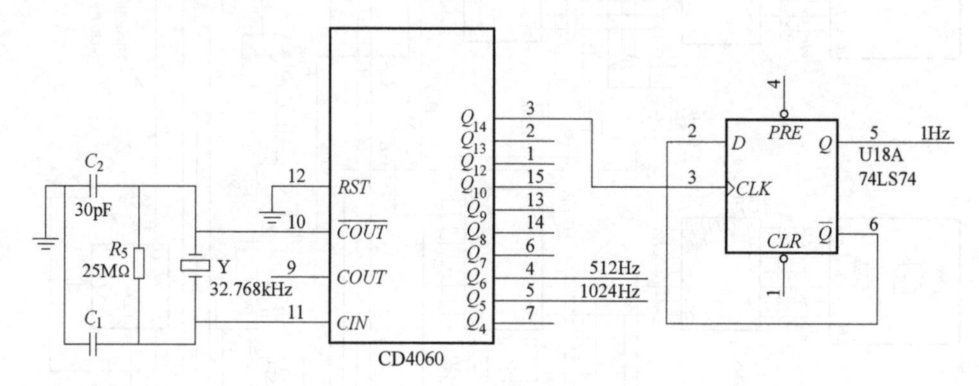

图G-4　分频电路

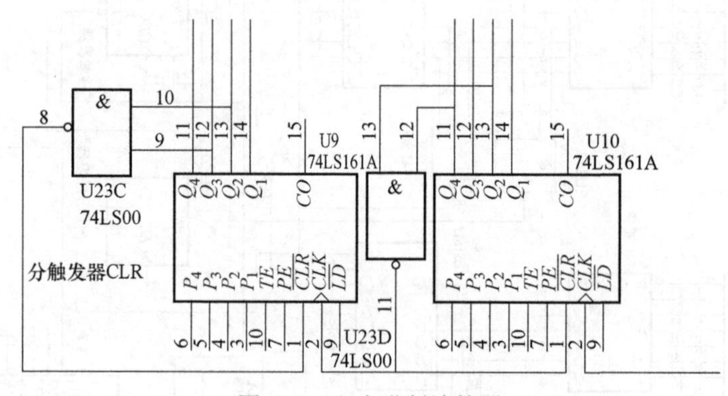

图G-5　六十进制计数器

（6）报时电路　当计数到整点前6s时准备报时，电路如图G-8所示。当分计时到59min时将分触发器Q置1，然后秒计时到54s时秒触发器Q置1，产生一信号去控制低音(512Hz)扬声器鸣叫，直至59s时产生一个复位信号，停止低音鸣叫，同时又去控制高音(1024Hz)扬声器鸣叫，当计时到分、秒从59：59→00：00时，鸣叫结束，完成整点报时。

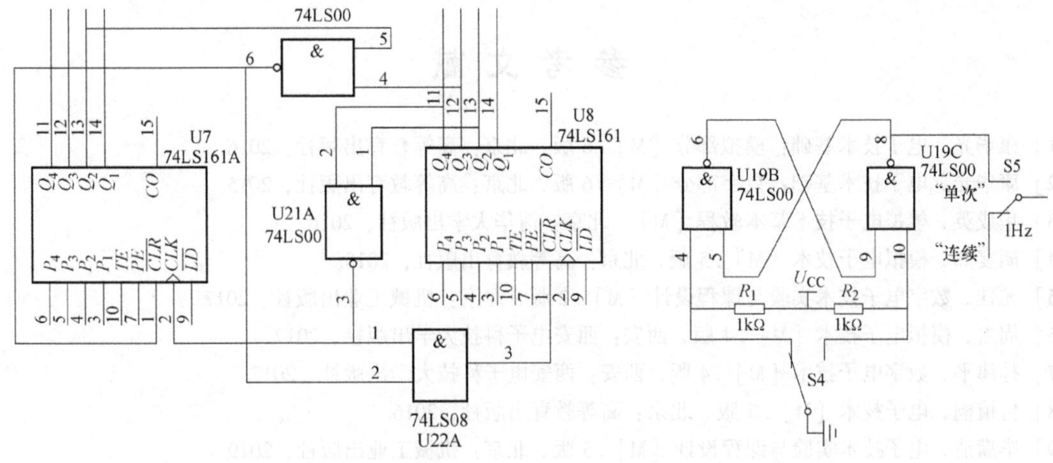

图 G-6　二十四进制计数器

图 G-7　校时电路

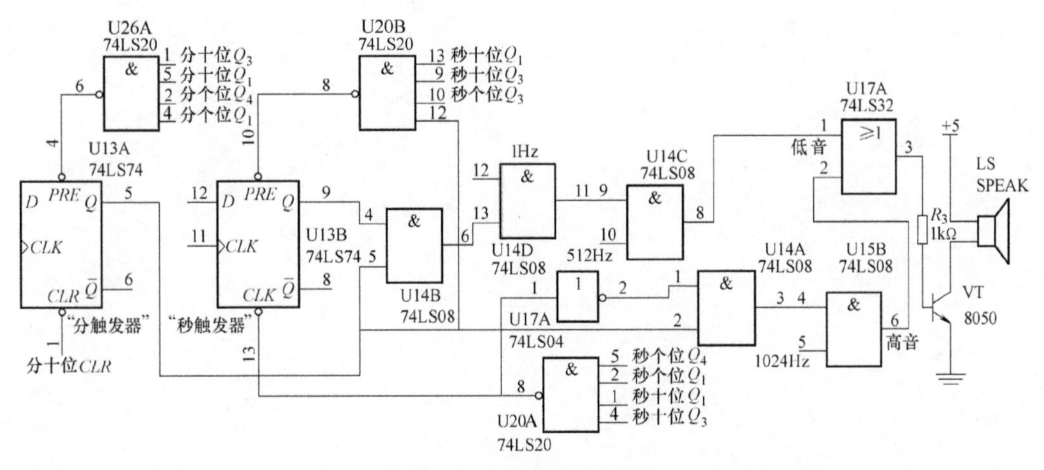

图 G-8　整点报时电路

4. 实训步骤

1）将数字电子钟分模块按图 G-2 所示连接和安装，检查无误后进行通电调试。

2）用数字频率计测量分频器的输出频率，并用示波器观察波形，检查分频器工作是否正常，若正常，则在分频器的输出端即可得到“秒”信号。

3）分别检查时、分、秒的计数显示是否正常。

4）按校时、校分、校秒按钮，检查校准功能是否正常。

5）检查整点报时电路功能是否正常。

6）将“秒”信号输入秒计数器，观察电子钟是否准确正常工作。

5. 实训注意事项

1）安装前先对所装元器件进行检查，确保元器件处于良好状态。

2）安装电解电容、晶体管等时注意极性。

3）安装集成电路注意引脚。

4）安装 CMOS 集成电路时，注意防静电损坏。

5）焊点应光亮圆滑，严防虚、假、错焊及拖锡短路现象。

参 考 文 献

[1] 康华光．电子技术基础：模拟部分［M］．6 版．北京：高等教育出版社，2016.
[2] 康华光．电子技术基础：数字部分［M］．6 版．北京：高等教育出版社，2015.
[3] 华成英．模拟电子技术基本教程［M］．北京：清华大学出版社，2016.
[4] 胡宴如．模拟电子技术［M］．5 版．北京：高等教育出版社，2015.
[5] 尤佳．数字电子技术实验与课程设计［M］．2 版．北京：机械工业出版社，2017.
[6] 周雪．模拟电子技术［M］．4 版．西安：西安电子科技大学出版社，2017.
[7] 孙津平．数字电子技术［M］．4 版．西安：西安电子科技大学出版社，2017.
[8] 付植桐．电子技术［M］．5 版．北京：高等教育出版社，2016.
[9] 毕满清．电子技术实验与课程设计［M］．5 版．北京：机械工业出版社，2019.